"十二五"职业教育国家规划教材
经全国职业教育教材审定委员会审定
高等职业院校教学改革创新示范教材·软件开发系列

ASP.NET 程序设计情境式教程（第2版）

朱香卫　张　建　主编

电子工业出版社
Publishing House of Electronics Industry
北京·BEIJING

内 容 简 介

为了充分体现软件开发的过程，编者精心设计了"信息发布系统"、"网上选课系统"和"网上考试系统"3个递进的学习情境（项目），每个学习情境（项目）均设置"需求分析"、"软件设计"、"编码"、"测试"和"部署、维护"开发软件的5个工作过程及将它们分解的6个工作任务，每个学习情境（项目）均充分围绕1个主线（软件开发的工作过程）来组织教材编写，即本书以3561人才培养模式来组织教材的编写工作。

这3个学习情境，分别是由"岗前培训"、"试用"和"转正"3个行动领域阶段转化而来的。通过学习情境1"信息发布系统"，学生主要获得"编码能力"；通过学习情境2"网上选课系统"，学生主要获得"程序设计能力"；通过学习情境3"网上考试系统"，学生主要获得"系统开发能力"。所以这是一本体现工学结合思想的教材，本书以每个任务涉及的知识来序化教材的内容，突出"以用为本、学以致用、综合应用"的理念，将知识讲解、技能训练和能力提高有机结合起来。

本书为ASP.NET程序设计精品课程配套教材，教学资源丰富，适合作为高职高专院校软件技术专业和计算机网络技术专业ASP.NET程序设计的教材，也可作为广大Web开发人员的参考书籍。

未经许可，不得以任何方式复制或抄袭本书之部分或全部内容。
版权所有，侵权必究。

图书在版编目（CIP）数据

ASP.NET程序设计情境式教程／朱香卫，张建主编．—2版．—北京：电子工业出版社，2015.9
ISBN 978-7-121-26769-7

Ⅰ．①A… Ⅱ．①朱… ②张… Ⅲ．①网页制作工具－程序设计－高等学校－教材 Ⅳ．①TP393.092

中国版本图书馆CIP数据核字（2015）第169653号

策划编辑：左　雅
责任编辑：左　雅　　文字编辑：薛华强
印　　刷：北京七彩京通数码快印有限公司
装　　订：北京七彩京通数码快印有限公司
出版发行：电子工业出版社
　　　　　北京市海淀区万寿路173信箱　邮编　100036
开　　本：787×1 092　1/16　印张：20.25　字数：518千字
版　　次：2011年3月第1版
　　　　　2015年9月第2版
印　　次：2018年3月第3次印刷
定　　价：49.00元

凡所购买电子工业出版社图书有缺损问题，请向购买书店调换。若书店售缺，请与本社发行部联系，联系及邮购电话：(010) 88254888，88258888。
质量投诉请发邮件至zlts@phei.com.cn，盗版侵权举报请发邮件至dbqq@phei.com.cn。
本书咨询联系方式：(010) 88254580，zuoya@phei.com.cn。

前　言

ASP.NET 作为.NET Framework 的一部分，具有.NET Framework 所拥有的一切优势，是 Web 动态网站开发的首选。目前，很多高职高专院校的 ASP.NET 程序设计课程的模式一直沿用传统学科体系的课程模式，与企业需求的 Web 编程职业能力要求有较大的差距。教育部提出高等职业教育应"以服务为宗旨，以就业为导向"树立办学理念，这就要求高等职业教育的课程内容设置要与企业岗位需求相衔接。

任何一个软件公司的从事 Web 开发的新人都要经过"岗前培训"、"试用"和"转正"3 个阶段（行动领域），每个阶段都有"需求分析"、"软件设计"、"编码"、"测试"和"部署、维护"5 个工作过程。以"软件"为载体，将以上的行动领域转化为 ASP.NET 的学习领域，在该学习领域下，设计"信息发布系统"、"网上选课系统"和"网上考试系统"3 个学习情境。这 3 个学习情境分别是由"岗前培训"、"试用"和"转正"3 个行动领域阶段转化而来的，在组织这 3 个学习情境的教学过程中都是按"基于工作过程系统化，项目引领，任务驱动"的原则进行的。

通过学习情境 1"信息发布系统"，学生主要获得"编码能力"；通过学习情境 2"网上选课系统"，学生主要获得"程序设计能力"；通过学习情境 3"网上考试系统"，学生主要获得"系统开发能力"。这 3 个学习情境构成的学习领域是以软件开发职业能力为核心的，学生通过对这 3 个学习情境的学习，即将软件公司新人的"岗前培训"、"试用"和"转正"前移到学校，从而使学生在校期间就积累程序设计经验、积累项目经验，为学生综合素质与企业要求"零距离"打下坚实的基础。

本书不仅有利于高职高专学生更好地适应任职的需要，而且有利于增强高校学生发展的潜力。与其他同类教材相比，本书具有以下特点。

（1）本书充分考虑学生的认知规律，化解知识难点。由于 ASP.NET 程序设计会涉及学习难度较大的知识和技能，所以本书以面向 3 个实际应用的项目任务来组织教材内容，通过 3 个递进的学习情境任务来驱动学生学习。

（2）全书内容由浅入深，并辅以大量的实例操作步骤，所以可操作性与实用性强。

（3）本书定位准确、重点突出，语言精练，通俗易懂。

（4）本书的作者是由有丰富的高校教学经验的"双师型教师"和有企业项目工作经验的"项目经理"组成的。作者按照工学结合的编写思路编写教材，每个情境都按照软件开发的 5 个工作过程进行编写，每个工作过程都有相应的工作任务，每个工作任务都设计了相应的"任务描述"、"技能目标"、"操作要点与步骤"和"相关知识点"等环节，让读者在反复动手实践的过程中，学会应用所学知识解决实际问题，力求达到"授人以鱼，不如授之以渔"的目标，同时达到举一反三的目的。

（5）每个学习情境后都设有为了巩固本学习情境知识和技能的练习园地，在练习园地中设有"基础题"、"实战题"和"挑战题"，目的是为不同层次的学生提供"在学中做，在做中学"的机会。

本书在第 1 版的基础上，进行了以下修订工作。

（1）开发环境采用 Visual Studio 2010、.NET Framework 4.0 以及 ASP.NET 4.0，数据库系统采用 SQL Server 2008。

（2）对 3 个学习情境中数据库表的结构进行了优化，并建立了相应的视图，从而提高了系统的业务处理能力。

（3）3 个学习情境采用三层架构实现，分别是 UI、BLL、DAL。其中 UI（User Interface，用户界面层）为表现层，即 Web 层；BLL（Business Logic Layer，业务逻辑层）为处理业务的层；DAL（Data Access Layer，数据访问层）为数据操作层。让学生亲身体会到采用三层架构能更好地实现开发中的分工，有利于组件的重用，从而提高软件的开发的效率。

（4）修订后的"操作要点与步骤"更能体现程序的开发过程和步骤，令读者充分体会教师对学生操作的详细指导过程。

（5）根据以上的变化，对知识点进行了适当的调整。

本书配套有电子课件、源代码等学习资源，读者可以登录华信教育资源网（www.hxedu.com.cn）免费下载。

本书由朱香卫、张建主编；王乃国、顾伟国副主编。参与本书编写工作的还有章虹、毛辉、王建忠、谢莹、戎思伟、徐向前、朱超等老师，新电信息科技（苏州）有限公司软件顾问徐枫参与教学项目的开发工作。江苏瀚远科技股份有限公司项目经理袁子明为本书的编写提供了宝贵的企业技术资料；在此一并表示深深的敬意和谢意。

为了方便教师教学，下表给出了教学建议学时，教师根据实际教学可酌情调整。

序号	课程情境	课程模块（任务）	模块课时	情境课时
1	情境 1 信息发布系统	任务 1 需求分析	4	36
		任务 2 软件设计	4	
		任务 3 后台编码	10	
		任务 4 前台编码	10	
		任务 5 测试	4	
		任务 6 部署、维护	4	
2	情境 2 网上选课系统	任务 1 需求分析	4	32
		任务 2 软件设计	4	
		任务 3 后台编码	8	
		任务 4 前台编码	8	
		任务 5 测试	4	
		任务 6 部署、维护	4	
3	情境 3 网上考试系统	任务 1 需求分析	4	48
		任务 2 软件设计	4	
		任务 3 后台编码	16	
		任务 4 前台编码	16	
		任务 5 测试	4	
		任务 6 部署、维护	4	

由于时间仓促，加之编者水平有限，虽然我们力求完美，但书中难免有疏漏和错误等不尽如人意之处，敬请读者不吝指正。

编　者

目 录 CONTENTS

学习情境 1　在线考试——信息发布系统 1
  1.1　任务 1：需求分析 1
  1.2　任务 2：信息发布系统设计 3
    1.2.1　子任务 1 信息发布系统总体设计 3
    1.2.2　子任务 2 信息发布系统数据库设计 5
  1.3　任务 3：信息发布系统后台程序实现 8
    1.3.1　子任务 1 系统整体框架搭建 8
    1.3.2　子任务 2 系统首页设计 13
    相关知识点：Label、TextBox、DropDownList、Button、验证控件（RequiredFieldValidator 控件、CompareValidator 控件、RangeValidator 控件、RegularExpressionValidator 控件、CustomValidator 控件、ValidationSummary 控件）、IsPostBack 属性、ASP.NET 页面代码模型、Web 站点类型 25
    1.3.3　子任务 3 信息类别管理页面设计 36
    相关知识点：HyperLink 控件、LinkButton 控件、Repeater 控件、ADO.NET 介绍（Connection 对象、Command 对象、DataReader 对象、DataAdapter 对象、DataSet 对象、DataTable 对象） 43
    1.3.4　子任务 4 信息类别修改页面设计 47
    1.3.5　子任务 5 信息管理页面设计 51
    1.3.6　子任务 6 信息添加页面设计 56
    相关知识点：FreeTextBox 控件、Calendar 控件、Session 模型简介 63
    1.3.7　子任务 7 信息修改页面设计 66
  1.4　任务 4：信息发布系统前台程序实现 69
    1.4.1　子任务 1 首页页面设计 69
    1.4.2　子任务 2 信息详情页面设计 72
  1.5　任务 5：信息发布系统测试 74
    相关知识点：软件测试分类、软件测试范围 76
  1.6　任务 6：部署、维护 79
    1.6.1　子任务 1 安装 IIS 79
    1.6.2　子任务 2 配置 IIS 并部署信息发布系统 80
练习园地 1 83

学习情境 2 在线考试——网上选课系统 ·· 84
2.1 任务 1：需求分析 ·· 84
2.2 任务 2：网上选课系统设计 ·· 86
2.2.1 子任务 1 网上选课系统总体设计 ·· 87
2.2.2 子任务 2 网上选课系统数据库设计 ·· 87
2.3 任务 3：网上选课系统后台程序实现 ·· 99
2.3.1 子任务 1 系统整体框架搭建 ·· 99
相关知识点：ASP.NET 三层架构介绍 ·· 101
2.3.2 子任务 2 网上选课系统母版页设计 ·· 102
相关知识点：母版页、TreeView 控件、SiteMapDataSource 控件、SiteMapPath 控件 ······· 109
2.3.3 子任务 3 基础信息管理页面设计 ·· 111
相关知识点：GridView 控件 ·· 130
2.3.4 子任务 4 基础信息详情查看页面设计 ·· 133
2.3.5 子任务 5 基础信息修改页面设计 ·· 136
相关知识点：RadioButtonList 控件 ·· 140
2.3.6 子任务 6 教学任务分配 ·· 140
相关知识点：ASP.NET 标准服务器控件、HTML 控件和 HTML 服务器控件 ·················· 160
2.3.7 子任务 7 选课审核页面设计 ·· 160
2.4 任务 4：网上选课系统前台程序实现 ·· 167
2.4.1 子任务 1 注册页面设计 ·· 167
2.4.2 子任务 2 学生选课页面设计 ·· 179
2.4.3 子任务 3 教师任务查看页面设计 ·· 187
2.5 任务 5：网上选课系统测试 ·· 194
2.6 任务 6：部署、维护（发布站点预编译） ·· 196
练习园地 2 ·· 198

学习情境 3 在线考试——网上考试系统 ·· 200
3.1 任务 1：需求分析 ·· 200
3.2 任务 2：网上考试系统设计 ·· 202
3.2.1 子任务 1 网上考试系统总体设计 ·· 202
3.2.2 子任务 2 网上考试系统数据库设计 ·· 204
3.3 任务 3：网上考试系统后台程序实现 ·· 216
3.3.1 子任务 1 系统整体框架搭建 ·· 216
3.3.2 子任务 2 网上考试系统母版页设计 ·· 217
相关知识点：Ajax、Timers 控件、ScriptManager 控件、ScriptMangerProxy 控件、
UpdateProgress 控件和 UpdatePanel 控件 ·· 220
3.3.3 子任务 3 章节管理页面设计 ·· 221
相关知识点：Eval 函数 ·· 230

3.3.4　子任务 4 题库管理页面设计 ··· 230

　　相关知识点：自定义控件 ·· 246

　　3.3.5　子任务 5 试卷管理页面设计 ··· 247

　　3.3.6　子任务 6 试卷详情查看页面设计 ·· 261

　　3.3.7　子任务 7 批阅试卷页面设计 ··· 269

3.4　任务 4：网上考试系统前台程序实现 ·· 279

　　3.4.1　子任务 1 考卷选择页面设计 ··· 279

　　3.4.2　子任务 2 网上考试页面设计 ··· 285

　　相关知识点：Input HTML 控件 ·· 298

　　3.4.3　子任务 3 考试结果查询页面设计 ·· 298

3.5　任务 5：网上考试系统测试 ·· 302

3.6　任务 6：部署、维护（创建 Windows 安装程序包部署 Web 应用程序）············ 303

　　相关知识点：<appSettings>节点、<connectionStrings>节点、<configSections>节点、<system.web>节点（<authentication>、<authorization>、<customErrors>、<compilation>、<globalization>（全球化设置）和<sessionState>）·············· 307

练习园地 3 ·· 313

学习情境 1
在线考试——信息发布系统

【学习目标】 按"需求分析"、"软件设计"、"编码"、"测试"和"部署、维护"软件开发的 5 个工作过程进行学习情境 1"信息发布系统"的学习。学生通过对"信息发布系统"学习情境的学习,从而完成软件公司新人"岗前培训"阶段的工作。"信息发布系统"是第 1 个学习情境,之所以实现这个系统,是为了发布选课和考试信息的公告。按照认知规律,在此学习情境中安排了基础性的学习内容: Label、TextBox、DropDownList、Button、HyperLink 和 LinkButton 等标准控件; Repeater 数据绑定控件; RequiredFieldValidator、CompareValidator 和 ValidationSummary 等验证控件。在学习情境 1"信息发布系统"的所有页面对应的代码中都用到了数据库连接等操作。因此,在学习情境 1 中会涉及到 ADO.NET 关于数据库操作方面的知识。另外,为了实现该系统的文字、图片的编辑和发布等实际工作,在学习情境 1 中使用了第三方 FreeTextBox 控件,从而使系统更具实用性。

1.1 任务 1:需求分析

软件开发分为 5 个工作过程,即"需求分析"、"软件设计"、"编码"、"测试"和"部署、维护",也称为软件开发的生命周期。

需求分析是软件开发的起始阶段,也是软件开发最重要的阶段,因为它将直接决定整个软件开发的成败。软件开发的目的是为了满足用户的需求,为了达到这个目的,软件开发人员必须充分理解用户对目标系统的需求。软件的开发首先要做的是确定系统需求,即系统的功能。

用户期望做什么,在需求阶段就应该将用户的功能需求描述清楚。在面向对象的分析方法中,可以使用用例图和时序图来描述。

用例图(User Case)是被称为参与者的外部用户所能观察到的系统功能的模型图,主要用于对系统、子系统或类的功能行为进行建模。

时序图(Sequence Diagram)亦称为序列图,它通过描述对象之间发送消息的时间顺序,显示多个对象之间的动态协作。它可以表示用例的行为顺序,当执行一个用例行为时,时序图中的每条消息对应了一个类操作引起转换的触发事件。

任务 1 描述

按照软件开发要求,完成"信息发布系统"的需求分析。

技能目标

① 能掌握软件的需求分析方法;

② 能熟练运用建模软件（如 Visio、Rational Rose）对系统进行需求分析，并画出系统功能模块图、用例图、时序图。

信息发布系统需求描述如下：

根据用户的要求，需要将选课、考试、放假等学校的相关消息进行显示并能查看信息的详细情况；同时信息发布的后台管理员应具有对信息类别进行维护、管理的功能；对发布的信息进行有效的管理，包括对信息进行编辑修改、删除等功能。

根据用户的要求，信息发布系统完成的主要任务如下。

（1）信息类别及相应信息的显示。当进入主页时，应该能够根据数据库中存放的信息，在信息显示区列出信息标题列表，并且每个信息标题都应该提供超链接。

（2）信息详细内容显示。当单击信息显示区的信息标题后，就可以跳转到相应的信息详细内容的页面，让用户对这个信息有更详细的了解。

（3）在主页面左部显示用户登录窗口。在该窗口中有 3 个文本框分别用来输入用户的账号、密码及验证码，并选择用户身份，输入完成后单击确定按钮，如果通过管理员身份验证，则进入信息发布系统的后台管理页面。

（4）信息类别后台管理。信息发布系统的管理员根据用户的需求随时向数据库的信息类别表中添加信息的类别名称及编号。管理员还可以随时编辑修改信息类别名称及编号，并根据实际情况停用或启用相应的信息类别。

（5）信息后台管理。信息发布系统的管理员根据用户的最新公告随时向数据库的信息表中添加用户的相应考试公告及发布日期等信息。管理员还可以随时编辑修改、删除相应的信息公告及发布日期。

信息发布系统的功能模块图如图 1-1 所示，信息发布系统分为两大模块：一是后台管理模块，二是前台管理模块。后台管理模块分为信息类别管理模块和信息管理模块。其中，信息类别管理模块包括信息类别的增、删、改功能，信息管理模块包括信息的增、删、改功能。前台管理模块包括信息查询列表、相关详细信息显示。

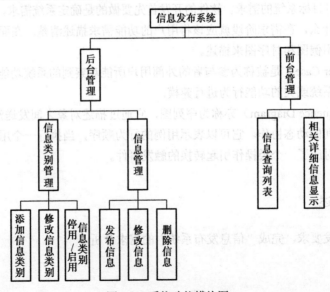

图 1-1 系统功能模块图

用例图在需求分析阶段起着重要作用，整个开发过程都是围绕需求阶段的用例进行的。

通过对信息发布系统的需求分析及功能模块的划分，开发者已经明确了每个模块的大致功能。根据每个模块的功能，采用用例驱动的分析方法，确定信息发布系统的参与者和用例，并建立用例模型，即用可视化的模型将该系统用直观的图形显示出来。

创建用例图之前首先需要确定参与者。对于信息发布系统，有两类参与者：一类是信息的"浏览者"，在信息发布系统中，只需要浏览信息；另一类是管理信息的"后台管理员"，简称"管理员"，网站需要专门的管理者对网站进行日常维护与管理，所以该系统需要有系统管理员的参与来完成对信息发布系统的维护和管理。

根据需求分析，可以创建如图 1-2 所示的浏览者用例图和如图 1-3 所示的管理员用例图。

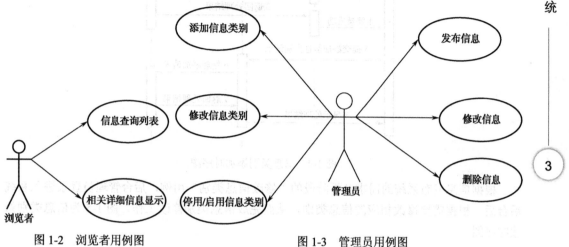

图 1-2　浏览者用例图　　　　　　　　图 1-3　管理员用例图

1.2　任务 2：信息发布系统设计

系统设计作为软件开发流程中需求分析之后的一个环节，通常包括系统概要设计、详细设计和数据库设计。因篇幅原因，本书中的系统设计指的是概要设计和数据库设计。

1.2.1　子任务 1 信息发布系统总体设计

子任务 1 描述

按照软件开发要求，完成"信息发布系统"的总体设计。

技能目标

① 能掌握软件的总体设计的方法；
② 能熟练运用建模软件（如 Visio、Rational Rose）对系统进行需求分析，并画出系统功能模块图、用例图，根据模块图及用例图画出时序图。

根据信息发布系统的需求分析阶段的"添加信息类别"用例，后台管理员登录进入系统

后台后，根据需要添加相应的信息类别，从而完成信息类别添加工作，图1-4为信息类别添加时序图。

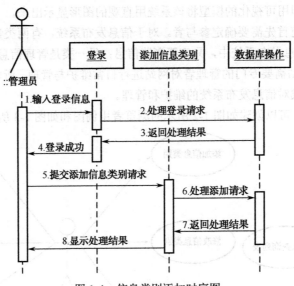

图 1-4 信息类别添加时序图

根据信息发布系统的需求分析阶段的"修改信息类别"用例，后台管理员登录进入系统后台后，根据需要修改相应的信息类别，从而完成信息类别修改工作，图1-5为信息类别修改时序图。

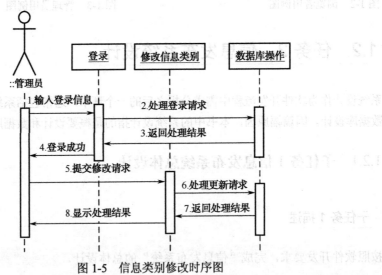

图 1-5 信息类别修改时序图

根据信息发布系统的需求分析阶段的"停用/启用信息类别"用例，后台管理员登录进入系统后台后，根据需要停用/启用相应的信息类别，从而完成停用/启用信息类别工作，图1-6为停用/启用信息类别时序图。

添加信息、修改信息和删除信息的时序图与信息类别添加、修改、停用/启用时序图类似，请参考图1-4、图1-5和图1-6进行设计。

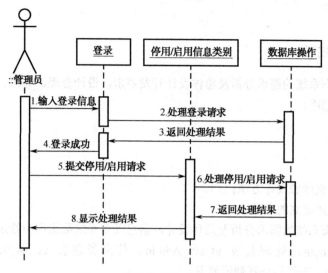

图 1-6 停用/启用信息类别时序图

根据信息发布系统的需求分析阶段的"相关详细信息显示"用例，浏览者根据浏览到的相应信息标题，提交显示信息标题请求，浏览者则可以看到详细信息内容，图 1-7 为显示信息详情时序图。

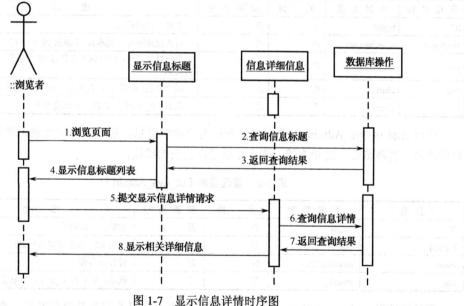

图 1-7 显示信息详情时序图

1.2.2　子任务 2 信息发布系统数据库设计

设计合理的数据库表的结构，不仅有利于信息发布系统的开发，而且有利于提高信息发布系统的性能。

子任务 2 描述

根据信息发布系统的需求分析及总体设计开发要求，设计合理、够用、符合规范的"信息发布系统"数据库。

① 能掌握数据库表设计方法；
② 能掌握视图建立的方法。

根据信息发布系统的需求分析及总体设计，信息发布系统数据库中涉及的数据表有系统登录表 ut_sys_Login、管理员表 ut_sys_Admin、信息类别表 ut_ips_infoType、信息表 ut_ips_infoContent，表结构分别列示如下。

登录表 ut_sys_Login 主要保存用户登录信息，包括用户登录账号、登录密码、用户角色、登录账号的状态等，表 1-1 是登录表的结构。

表 1-1 登录表（ut_sys_Login）

字段名称	数据类型	主 键	是否为空	描 述
ID	bigint	是	否	主键，自动增长
nickName	nvarchar(20)	否	否	用户登录账号（昵称），不超过 20 个字符，唯一约束
pwd	nvarchar(24)	否	否	用户登录密码，用户输入不超过 10 个字符，默认密码为 123456
role	char(1)	否	否	用户角色：0_学生 1_教师 2_管理员 3_其他，默认值为 0
stat	char(1)	否	否	状态：0_停用 1_正常，默认值为 1

管理员表 ut_sys_Admin 主要保存管理员用户详细信息，包括管理员登录系统的 ID，管理员姓名，管理员账号的状态等，表 1-2 是管理员表的结构。

表 1-2 管理员表（ut_sys_Admin）

字段名称	数据类型	主 键	是否为空	描 述
ID	bigint	是	否	主键，自动增长
loginId	bigint	否	否	登录 ID，参照登录表的 ID
name	nvarchar(20)	否	否	管理员名称
stat	char(1)	否	否	状态：0_停用 1_正常，默认值为 1

信息类别表 ut_ips_infoType 主要保存信息的类别，信息类别包括类别编号、类别名称、信息类别的状态等，表 1-3 是信息类别表的结构。

表 1-3 信息类别表（ut_ips_infoType）

字段名称	数据类型	主 键	是否为空	描 述
ID	bigint	是	否	主键，自动增长
typeNo	char(6)	否	否	信息类别编号，唯一
name	nvarchar(50)	否	否	信息类别名称，不超过 50 个字符
stat	char(1)	否	否	状态：0_停用 1_正常，默认值为 1

信息表 ut_ips_infoContent 主要保存信息的内容，主要包括信息类别 ID、信息标题、信息内容、信息发布用户的 ID、信息创建时间、信息发布时间、信息下架时间、修改信息用户的 id、修改信息的时间、信息的浏览量、信息是否置顶、信息的状态等。表 1-4 是信息表的结构。

表 1-4　信息表（ut_ips_infoContent）

字段名称	数据类型	主 键	是否为空	描 述
ID	bigint	是	否	主键，自动增长
infoTypeId	bigint	否	否	信息类别 ID，参照 ut_ips_infoType 表中的 ID
title	nvarchar(100)	否	否	信息标题
infoContent	text	否	否	信息内容
userLoginId	bigint	否	否	发布信息的用户登录 ID
createTime	datetime	否	否	创建时间
publishTime	datetime	否	是	发布时间
endTime	datetime	否	是	下架时间
updateUserLoginId	bigint	否	是	更新信息的用户登录 ID
updateTime	datetime	否	是	更新时间
browserCount	bigint	否	否	信息浏览量
isTop	char(1)	否	否	置顶：0_置顶 1_不置顶
stat	char(1)	否	否	信息状态：0_草稿 1_提交正稿/未审核 2_审核未通过 3_审核通过/发布 4_删除，默认值为 0（注：管理员发布的信息默认为审核通过，直接可以发布）

为了简化 SQL 语句，提高查询数据的速度，在数据库中建立了供页面查询数据使用的视图 uv_ips_infoDetail，该视图是由系统登录表 ut_sys_Login、信息类别表 ut_ips_infoType、信息表 ut_ips_infoContent（即 ut_ips_info）建成。uv_ips_infoDetail 视图涉及了 3 张表的字段，如图 1-8 所示。

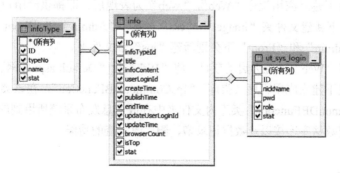

图 1-8　uv_ips_infoDetail 视图涉及的表及字段

视图 uv_ips_infoDetail，即虚表，它充分反映了信息发布系统的信息类别及信息的详细情况，该视图（虚表）的结构如表 1-5 所示。

表 1-5　uv_ips_ infoDetail 视图（虚表）的结构字段说明

视图字段名称	字段所属的表名	源表字段	表间关系
typeNo	ut_ips_infoType	typeNo	1.信息表和信息类别表关联 ut_ips_info.infoTypeId = ut_ips_infoType.ID
typeName		name	
typeStat		stat	

续表

视图字段名称	字段所属的表名	源表字段	表间关系
infoId	ut_ips_info	ID	2.信息表和发布信息的用户登录表关联 ut_ips_info.userLoginId = ut_sys_login.ID
infoTitle		title	
infoContent		infoContent	
infoUserLoginId		userLoginId	
infoCreateTime		createTime	
infoPublishTime		publishTime	
infoEndTime		endTime	
infoUpdateUserLoginId		updateUserLoginId	
infoUpdateTime		updateTime	
infoBrowserCount		browserCount	
infoTop		isTop	
infoStat		stat	
role	ut_sys_Login	role	
loginStat		stat	

1.3 任务3：信息发布系统后台程序实现

1.3.1 子任务1 系统整体框架搭建

子任务1描述

新建解决方案"OnlineExam"，该解决方案存放在"D:\project"目录下。

在解决方案下建立应用程序"Web"，"Web"为表现层，即提供给用户所需的界面信息；在"Web"下新建文件夹"images"、"css"、"js"、"Admin"和"Front"。再在"Web"内的文件夹"Admin"和"Front"下分别新建"ips"子文件夹。

将应用程序"Web"设置为启动项目，将"Web"内"Default.aspx"网页设置为起始页。

在解决方案下建立应用程序（类库）"IpsCommonDBFunction"，在该类库内新建文件夹"ips"。"IpsCommonDBFunction"类库内文件夹中存放信息发布系统所用到的类，这些类中的方法主要是实现数据库连接以及数据记录增、删、改、查的功能。

能熟练运用 Microsoft Visual Studio 2010 建立解决方案以及在该解决方案下建立项目，学会项目文件的规划管理。

操作要点与步骤

▶ **1. 创建解决方案**

创建一个新的解决方案，命名为"OnlineExam"，该解决方案存放在"D:\project"目录下，具体步骤如下。

（1）启动 Visual Studio 2010，选择"文件"→"新建"→"项目"菜单命令，新建项目菜单如图 1-9 所示。

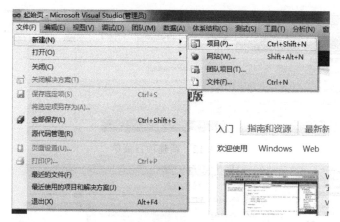

图 1-9　新建项目菜单

打开后的"新建项目"对话框如图 1-10 所示。

图 1-10　"新建项目"对话框

（2）在图 1-10 左侧"已安装的模板"框中单击"其他项目类型"下面的"Visual Studio 解决方案"，然后在中间部分选中"空白解决方案"；在"名称"对应的文本框内输入"OnlineExam"；在"位置"对应的文本框中输入"D:\project"或者单击右侧"浏览"按钮，选择路径"D:\project"；最后单击"确定"按钮，解决方案"OnlineExam"创建成功，如图 1-11 所示。

图 1-11　解决方案创建成功

▶ **2．创建项目**

在解决方案中，需要创建界面表示层（Web 网站）以及表示层和数据库进行交互的项目（IpsCommonDBFunction 类库），具体步骤如下。

（1）在图1-11所示窗口中，右击解决方案"OnlineExam"，选择"添加"→"新建项目"菜单命令，如图1-12所示。单击"新建项目"菜单，则会弹出如图1-13所示"添加新项目"对话框。

图1-12　新建项目菜单

图1-13　"添加新项目"对话框

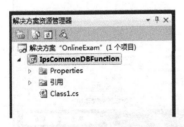

图1-14　"类库"（IpsCommonDBFunction）创建成功界面

（2）在如图1-13所示的对话框中，在左侧的"已安装的模板"框中选择"Visual C#"模板，然后在中间部分选中"类库"选项；在"名称"对应的文本框中输入"IpsCommonDBFunction"；在"位置"对应的文本框中输入"D:\project\OnlineExam"，或者单击"浏览"按钮，选择路径"D:\project\OnlineExam"；最后，单击"确定"按钮，则出现如图1-14所示的"类库"（IpsCommonDBFunction）创建成功界面。

（3）重复步骤1与步骤2，在图1-13所示的"添加新项目"对话框左侧的"已安装的模板"框中选择"Visual C#"模板，再单击展开的"Web"选项，然后在图1-13中间部分选中"ASP.NET Web 应用程序"；然后在图1-13"名称"对应的文本框中输入"Web"；在"位置"对应的文本框中输入"D:\project\OnlineExam"，或者单击"浏览"按钮，选择路径"D:\project\OnlineExam"；最后，单击"确定"按钮，则出现如图1-15所示"ASP.NET Web 应用程序"（Web网站）创建成功的界面。

3. 添加Web项目对类库IpsCommonDBFunction的引用

为了在"Web"应用程序中使用"IpsCommonDBFunction"类库中所有类的功能，需要在"Web"应用程序中添加对"IpsCommonDBFunction"类库的引用，具体步骤如下。

（1）在图 1-15 中右击应用程序"Web"内"引用"选项，出现如图 1-16 所示的"引用"快捷菜单。

（2）在图 1-16 中单击"添加引用"菜单，弹出如图 1-17 所示的"添加引用"对话框。

（3）在图 1-17 中，选择"项目"标签，然后选择项目名称为"IpsCommonDBFunction"的项目选项，单击"确定"按钮，完成"Web"应用程序对"IpsCommonDBFunction"类库的引用。类库引用成功后，则在"Web"应用程序的引用中会出现如图 1-18 所示的"IpsCommonDBFunction"类库名称。

图 1-15 "ASP.NET Web 应用程序"（Web 网站）创建成功界面　　图 1-16 "引用"快捷菜单

图 1-17 "添加引用"对话框　　图 1-18 引用"IpsCommonDBFunction"类库成功界面

4. 设置解决方案下的启动项目及启动项目下的启始页

在实际应用中，一个解决方案中含有多个项目，所以在实际工作中必须设置解决方案中某一个项目作为解决方案的启动项目；如果设置的启动项目中包含网站应用项目，则还需要选择启动网站应用项目的起始页（起始 Web 窗体），具体步骤如下。

（1）在"OnlineExam"解决方案下右击"Web"项目应用程序，则会出现如图 1-19 所示的设置启动项目快捷菜单，单击"设为启动项目"菜单，则将解决方案下的"Web"项目设为启动项目，即每次运行"OnlineExam"解决方案时默认启动项目为"OnlineExam"解决方案下的"Web"项目。

（2）在"Web"项目内右击"Default.aspx"选项，则会弹出如图 1-20 所示的"设为起始页"的快捷菜单,然后单击"设为起始页"的菜单,则"OnlineExam"解决方案每次运行时默认起始页为"Web"网站下的"Default.aspx"网页。

图 1-19 设置启动项目快捷菜单

图 1-20 "设为起始页"的快捷菜单

5. 其他操作

在实际应用中,需要删除创建项目时多余的文件及文件夹;根据实际需要,进行合理的文件规划,比如在"Web"应用程序中,创建存放样式表的"css"文件夹,创建存放图片的"images"文件夹等,具体步骤如下。

(1)删除多余的文件及文件夹。删除"IpsCommonDBFunction"类库中的"Class1.cs"类;删除"Web"应用程序中多余的文件夹,只需保留"App_Data"文件夹及"Default.aspx"、"Web.config"等文件。

(2)在应用程序"Web"内新建文件夹"images"、"css"、"js"、"Admin"、"Front",再分别在应用程序"Web"内的文件夹"Admin"和"Front"下均新建子文件夹"ips";在"IpsCommonDBFunction"类库内新建"ips"和"sys"文件夹;完成以上操作后的项目结构图如图 1-21 所示。

图 1-21 项目结构图

1.3.2　子任务 2 系统首页设计

子任务 2 描述

利用 css+div 进行页面的设计。利用 ASP.NET 标准控件 Label、TextBox、DropDownList、Button 及 ASP.NET 验证控件 RequiredFieldValidator、CompareValidator、ValidationSummary 完成信息发布系统首页（默认页）设计及程序实现。

信息发布系统首页既要有登录系统的登录功能，又要有信息的列表展示功能。本任务只实现页面的设计以及登录功能。登录成功后，页面跳转到信息类别管理页面（如图 1-26 所示）。首页的运行效果图分别如图 1-22～图 1-26 所示，首页的主体页面应该显示信息标题列表信息，在本任务中只显示"信息显示区"，具体实现方法见后续任务。

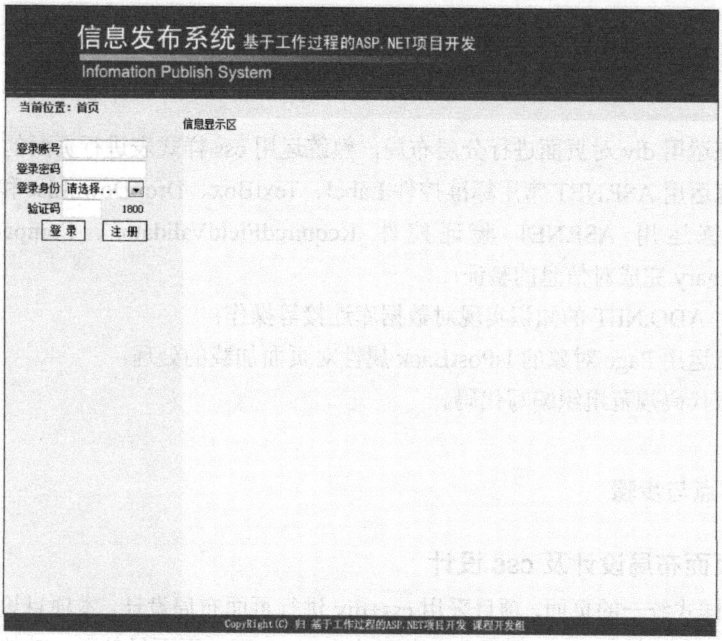

图 1-22　信息发布系统首页

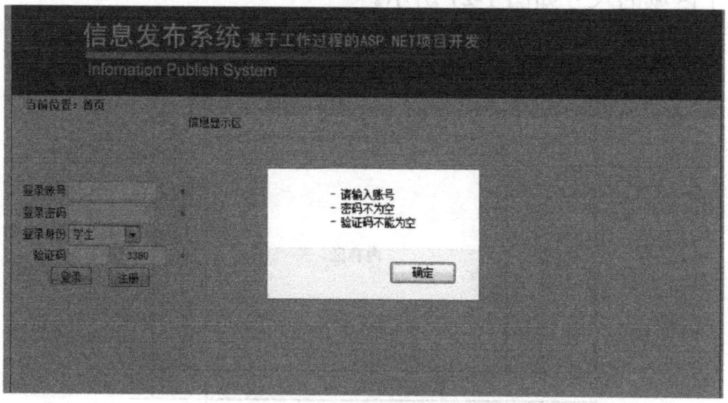

图 1-23　输入提示框

图 1-24　验证码出错提示框　　　　图 1-25　验证未通过提示框

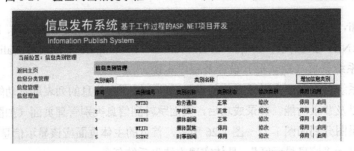

图 1-26　验证通过页面

① 能熟练运用 div 对页面进行分层布局，熟练运用 css 样式表进行页面的设计；
② 能熟练运用 ASP.NET 常用标准控件 Label、TextBox、DropDownList 和 Button 等；
③ 能熟练运用 ASP.NET 验证控件 RequiredFieldValidator、CompareValidator 和 ValidationSummary 完成对信息的验证；
④ 能运用 ADO.NET 的知识实现对数据库连接等操作；
⑤ 能熟练运用 Page 对象的 IsPostBack 属性对页面加载的处理；
⑥ 能按照代码规范组织编写代码。

 操作要点与步骤

1. 页面布局设计及 css 设计

为了设计样式统一的页面，项目采用 css+div 进行页面布局设计，本项目设计的页面内容区域宽为 800px，高为 680px，页面自上向下分为 Logo 区、页面导航区、功能区、内容区及版权声明区，各个区域的尺寸如图 1-27 所示。

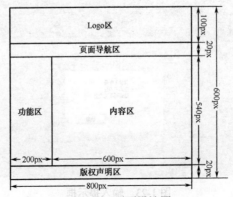

图 1-27　页面设计图

页面设计操作步骤如下。

（1）将资源 logo_ips.jpg 和 copyright.jpg 复制到 images 文件夹中。

（2）新建 css 文件，在 Web 应用程序中的 css 文件夹下新建 css 样式表文件 public.css，打开 public.css 文件，在其中添加各种标签样式和功能区样式。

body 标签样式，代码如下。

```css
body {
    font-size: 12px;
    color: #000033;
    background-color: #F4F7F7;
    background-attachment: fixed;
    borderlight-color:#ffffff;
    scrollbar-darkShadow-color:#919497;
    scrollbar-3d-light-color:#919497;
    scrollbar-arrow-color:white;
    scrollbar-base-color:#E2F3FA;
    scrollbar-face-color:#CDD1D3;
    scrollbar-highlight-color:#F2FAFB;
    scrollbar-shadow-color:#F2FAFB;
    scrollbar-track-color:#F2FAFB;
    text-align:center;
}
```

表格、表格行、表格列标签样式，代码如下。

```css
/*table 样式*/
table {
    border-collapse: collapse;
    border-color: #000000;
    border-width: 1;
    width:100%;
}
tr{
    height:20px;
}
/*th 标签样式*/
TH {
    font-size: 12px;
    border-color: #000000;
    font-weight: normal;
    background-color: #9cd1ef;
    height: 30px;
    padding-left: 4px;
    padding-right: 4px;
    text-align:left;
    font-weight:bold;
}
/*td 标签样式*/
TD {
    font-size: 12px;
    border-color: #000000;
}
/*错误信息显示样式*/
td.error{
    color:red;
    font-weight: bold;
    text-align: right;
}
/*td 导航样式*/
```

```css
td.navigation{
    font-weight:bold;
    height:25px;
    color:red;
}
/*td 页面位置样式*/
td.pagePostion{
    font-weight:bold;
    color:red;
}
/*信息列表前端的点图像样式*/
td.dian{
    background-image: url('../images/dian.gif');
    background-repeat:no-repeat;
    vertical-align:bottom;
    text-align:right;
    width:20px;
}
```

按钮样式，代码如下。

```css
/*button 样式*/
.button {
    font-size: 12px;
    text-align: center;
    border: 1px solid #000000;
    height: 22px;
    color: #000000;
    clip: rect(0px);
    cursor: hand;
    margin: 1px;
    vertical-align: baseline;
}
```

定义页面容器样式，代码如下。

```css
#container {
    margin-right: auto;
    margin-left: auto;
    width: 800px;
    height: 680px;
    border-color: blue;
    border-style: solid;
    border-width: 1px;
}
```

定义 Logo 区内容样式，代码如下。

```css
#logo_ips{
    background-image:url("../images/logo_ips.jpg");
    background-color:Transparent;
    background-repeat:no-repeat;
    width:800px;
    height:100px;
    color:#f9ba0f;
}
```

定义导航区样式，代码如下。

```css
#navigation{
    height:20px;
    background-color: #E9edf0;
}
```

定义页面中间部分及中间部分的功能区和内容区样式，代码如下。

```
#middle{
    width:800px;
    height:540px;
}
```

定义功能区样式,代码如下。
```
#function{
    width:200px;
    height:540px;
    float:left;
    margin-top:0px;
    margin-left:0px;
    text-align:left;
    vertical-align:top;
    background-color: #E9edf0;
}
```

定义内容显示区样式,代码如下。
```
#content{
    width:600px;
    height:540px;
    margin-left:200px;
    margin-top:-540px;
    float:right;
    text-align:left;
    vertical-align:top;
}
```

定义版权声明区样式,代码如下。
```
#copyright{
    background-image:url("../images/copyright.jpg");
    background-color:Transparent;
    background-repeat:no-repeat;
    width:800px;
    height:20px;
    vertical-align: middle;
}
```

▶2. Default.aspx 页面设计

(1)修改 head 标签内网页标题,将网页标题改为"在线考试——信息发布子系统"。

(2)引入层叠样式表 public.css 文件。为避免图片文件路径混乱,本系统引入资源采用绝对路径引入,代码如下。

```
<head id="Head1" runat="server">
    <title>在线考试-信息发布子系统</title>
    <link rel="stylesheet" href="~/css/public.css" type="text/css" />
</head>
```

(3)在 body 区,添加 div 标签,进行页面的布局,代码如下。

```
<div id="container">
    <!-- logo -->
    <div id="logo_ips"></div>
    <!-- 导航区 -->
    <div id="navigation">

    </div>
    <!-- 中间区 -->
    <div id="middle">
        <!-- 功能区 -->
        <div id="function">
```

```
            </div>
            <!-- 内容区 -->
            <div id="content">

            </div>
        </div>
        <!-- copyright -->
        <div id="copyright"></div>
    </div>
```

在 navigation 层添加 1 行 1 列表格，显示页面位置信息，代码如下。

```
<table>
    <tr>
        <td class="pagePostion">  当前位置：首页</td>
    </tr>
</table>
```

（4）在功能区<div id="function"></div>标签内，添加 form 标签，代码如下。

```
<form id="loginForm" runat="server">

</form>
```

（5）在 form 标签内，添加 6 行 4 列的表格，用来组织登录信息，代码如下。

```
<table style="margin-left:0px; margin-top:4px;"></table>
```

第 1 行：放置 ValidationSummary 验证控件，统一显示验证控件的出错信息，代码如下。

```
<tr>
    <td colspan="4">
        <asp:ValidationSummary ID="validationSummary" runat="server"
            ShowMessageBox="True" ShowSummary="False" ValidationGroup="G1" />
    </td>
</tr>
```

第 2 行：放置 Label、TextBox、RequiredFieldValidator 控件，提示用户输入登录账号，并具有验证用户是否输入账号的功能，代码如下。

```
<tr>
    <td style="width:60px; text-align:right;">
        <asp:Label ID="lblNickName" runat="server" Text="登录账号"></asp:Label>
    </td>
    <td colspan="2">
        <asp:TextBox ID="txtNickName" runat="server" Width="90px" ></asp:TextBox>
    </td>
    <td>
        <asp:RequiredFieldValidator ID="rfvNickName" runat="server"
            ControlToValidate="txtNickName" Display="Dynamic" ErrorMessage="请输入账号"
            ForeColor="Red" ValidationGroup="G1">*</asp:RequiredFieldValidator>
    </td>
</tr>
```

第 3 行：放置 Label、TextBox、RequiredFieldValidator 控件，提示用户输入登录密码，并具有验证用户是否输入密码的功能，代码如下。

```
<tr>
    <td style="width:60px; text-align:right;">
        <asp:Label ID="lblPwd" runat="server" Text="登录密码"></asp:Label>
    </td>
    <td colspan="2">
        <asp:TextBox ID="txtPwd" runat="server" Width="90px"
            TextMode="Password"></asp:TextBox>
    </td>
    <td>
        <asp:RequiredFieldValidator ID="rfvPwd" runat="server"
```

```
ControlToValidate="txtPwd" Display="Dynamic"
EnableViewState="False" ErrorMessage="密码不为空" ForeColor="Red"
            ValidationGroup="G1">*</asp:RequiredFieldValidator>
        </td>
    </tr>
```

第 4 行：放置 Label、DropDownList、RequiredFieldValidator 控件，提示用户选择用户的身份信息，并具有验证用户是否选择下拉列表框用户身份信息的功能，代码如下。

```
    <tr>
        <td style="width:60px; text-align:right;">
            <asp:Label ID="lblRole" runat="server" Text="登录身份"></asp:Label>
        </td>
        <td colspan="2">
            <asp:DropDownList id="ddlRole" runat="server" Width="94px">
                <asp:ListItem Selected="True" Value="">请选择...</asp:ListItem>
                <asp:ListItem Value="0">学生</asp:ListItem>
                <asp:ListItem Value="1">教师</asp:ListItem>
                <asp:ListItem Value="2">管理员</asp:ListItem>
            </asp:DropDownList>
        </td>
        <td>
            <asp:RequiredFieldValidator ID="rfvRole" runat="server"
 ControlToValidate="ddlRole"    Display="Dynamic"
 EnableViewState="true" ErrorMessage="验证码不能为空" ForeColor="Red"
 ValidationGroup="G1">*</asp:RequiredFieldValidator>
        </td>
    </tr>
```

第 5 行：放置 Label、2 个 TextBox、RequiredFieldValidator、CompareValidator 控件，具有提示用户按产生的验证码在文本框中输入验证码的功能，并具有验证用户是否输入验证码及比较用户输入的验证码与产生的验证码是否一致的功能（输入验证码验证的目的是为了防范账号攻击），代码如下。

```
    <tr>
        <td style="width:60px; text-align:right;">
            <asp:Label ID="lblpar" runat="server" Text="验证码"></asp:Label>
        </td>
        <td>
            <asp:TextBox ID="txtPar" runat="server" Width="40px"></asp:TextBox>
        </td>
        <td>
            <asp:TextBox ID="txtCrePar" runat="server" Width="40px"
 BackColor="#E9EDF0"    BorderStyle="None"></asp:TextBox>
        </td>
        <td>
            <asp:RequiredFieldValidator ID="rfvPar" runat="server"
 ControlToValidate="txtPar" Display="Dynamic" EnableViewState="true"
 ErrorMessage="验证码不能为空" ForeColor="Red"
 ValidationGroup="G1">*</asp:RequiredFieldValidator>
            <asp:CompareValidator ID="cvPar" runat="server"
                ControlToCompare="txtCrePar" ControlToValidate="txtPar"
 ErrorMessage="验证码有误"   ForeColor="Red">
 *</asp:CompareValidator>
        </td>
    </tr>
```

第 6 行：放置登录和注册 2 个按钮，登录按钮具有提交用户登录信息的功能。注册按钮的功能将在情境 2 中实现，代码如下。

```
<tr>
    <td align="center" colspan="4">
    <asp:Button ID="btnLogin" runat="server" Text=" 登 录 " onclick="btnLogin_Click"
    CausesValidation="True" ValidationGroup="G1" CssClass="button"  />
      <asp:Button ID="btnRegester" runat="server" Text=" 注 册 "
    onClientClick="javascript:alert('注册功能暂未开放');" CssClass="button" />
    </td>
</tr>
```

Default.aspx 页面共用到了 4 个 TextBox、4 个 Label、1 个 DropDownList、1 个 ValidationSummary、4 个 RequiredFieldValidator、1 个 CompareValidator 和 2 个 Button 控件。各个控件的属性如表 1-6 所示。

表 1-6 子任务 2 各控件属性设置

控 件 名	属 性 名	设 置 值
Label1	ID	lblNickName
	Text	登录账号
Label2	ID	lblPwd
	Text	登录密码
Label3	ID	lblRole
	Text	登录身份
Label4	ID	lblpar
	Text	验证码
TextBox1	ID	txtNickName
	Width	90px
TextBox2	ID	txtPwd
	Width	90px
	TextMode	Password
TextBox3	ID	txtPar
	Width	40px
TextBox4	ID	txtCrePar
	Width	40px
	BorderStyle	NONE
	BackColor	#E9EDF0
	ReadOnly	True
DropDownList1	ID	ddlDomain
	选择该控件并单击小右箭头，按如图 1-28 所示对话框添加 3 个编辑项（学生、教师、管理员）以及默认值（请选择…）	
Button1	ID	btnRegister
	Text	注册
Button2	ID	btnLogin
	Text	登录
RequiredFieldValidator1	ID	rfvNickName
	ControlToValidate	txtNickName
	Display	Dynamic
	ForeColor	Red
	ValidationGroup	G1
	Text	*
RequiredFieldValidator2	ID	rfvPwd

续表

控件名	属性名	设置值
RequiredFieldValidator2	ControlToValidate	txtPwd
	Display	Dynamic
	ErrorMessage	密码不为空
	ForeColor	Red
	ValidationGroup	G1
	Text	*
RequiredFieldValidator3	ID	rfvDomain
	ControlToValidate	ddlDomain
	Display	Dynamic
	ForeColor	Red
	ValidationGroup	G1
	ErrorMessage	请选择身份
	Text	*
RequiredFieldValidator4	ID	rfvPar
	ControlToValidate	txtPar
	Display	Dynamic
	ForeColor	Red
	ValidationGroup	G1
	ErrorMessage	请选择身份
	Text	*
CompareValidator1	ID	cvPar
	ControlToCompare	txtCrePar
	ControlToValidate	txtPar
	Display	Dynamic
	ForeColor	Red
	ValidationGroup	G1
	ErrorMessage	验证码有误
	Text	*
ValidationSummary1	ShowMessageBox	True
	ShowSummary	False
	ValidationGroup	G1

 技巧

　　可以通过 table 标签对页面进行辅助布局排版，如 Default.aspx 页面的登录信息部分就采用 table 进行排版。

　（6）在内容区<div id="content"></div>标签内，添加文字"信息显示区"。

🔍 说明

在图 1-28 中添加了 4 个编辑项，其中"请选择"编辑项 Selected 的属性值为 True，Value 的属性值为"请选择…"，"学生"、"教师"和"管理员"编辑项 Selected 的属性值都为 False，而 Value 的属性值分别为空、0、1 和 2。

图 1-28 "ListItem 集合编辑器"设置下拉列表框中的 4 个添加编辑项

🖊 技巧

添加控件有多种方法：
① 选择控件并拖动到窗体的适当位置后松开鼠标；
② 双击控件；
③ 对已经存在的同类型控件可以进行复制、粘贴。

大部分控件上都有标题，其默认的内容为控件的 ID 加序号（第一个为"1"、第二个为"2"……）。

▶ 3. 页面功能实现

完成了界面及各控件的属性设计后，还需要编写页面的后置代码文件 Default.aspx.cs（注：后置代码文件在建立页面文件时自动生成，无须用户再建立），才能实现首页的功能；在页面的后置代码中还调用了 UtSysLogin 类验证用户身份的 queryUserLoginId()方法，该类中的方法主要实现业务处理和数据库交互操作等功能，具体步骤如下。

（1）在 IpsCommonDBFunction 类库的 sys 文件夹中新建 UtSysLogin 类，该类主要完成用户登录 ID 查询的功能。

UtSysLogin 类体属性如下。

```
/// <summary>
/// 数据库连接对象
/// </summary>
private SqlConnection conn = new SqlConnection
("Data Source=(local);DataBase=examOnline;User ID=sa;PWD=1234");
/// <summary>
/// 数据库操作对象
/// </summary>
private SqlCommand comm = new SqlCommand();
/// <summary>
/// 数据适配器
/// </summary>
```

```
private SqlDataAdapter sda = new SqlDataAdapter();
/// <summary>
/// sql 语句
/// </summary>
private string sql = string.Empty;
```

UtSysLogin 类中验证用户身份的 queryUserLoginId()方法如下。

```
/// <summary>
/// 根据用户昵称，密码，角色，查询用户登录表的 ID
/// </summary>
/// <param name="nickName">登录昵称</param>
/// <param name="pwd">登录密码</param>
/// <param name="role">用户角色</param>
/// <returns>用户登录 ID</returns>
public long queryUserLoginId(string nickName, string pwd, string role)
{
    sql = " select id,nickName,pwd,role,stat from ut_sys_login where 1=1 ";
    sql += " and nickName='" + nickName + "' ";
    sql += " and pwd='" + pwd + "' ";
    sql += " and role='" + role + "' ";
    sql += " and stat='1'";
    long userLoginId = 0;
    if (conn.State == 0)
    {
        comm.Connection = conn;
        comm.CommandText = sql;
        sda.SelectCommand = comm;
        DataTable dt = new DataTable();
        sda.Fill(dt);
        userLoginId = Convert.ToInt64(dt.Rows[0]["id"]);
        conn.Close();
    }
    return userLoginId;
}
```

（2）页面后置代码文件 Default.aspx.cs 包括 Page_Load 事件、"登录"按钮事件代码以及产生验证码的方法代码。

Default.aspx 页面首次加载时的 Page_Load 事件，调用 RndNum()方法产生 4 位验证码，并将验证码在 txtCrePar 文本框控件上显示。

Default.aspx 页面首次加载时的 Page_Load 事件代码如下。

```
protected void Page_Load(object sender, EventArgs e)
{
    if (Page.IsPostBack == false)//页面首次加载时
    {
        //产生 4 位验证码，并将验证码在 txtCrePar 文本框控件上显示
        txtCrePar.Text = RndNum(Convert.ToInt16(4));
    }
}
```

Default.aspx.cs 页面后置代码文件中随机产生验证码的 RndNum()方法代码如下。

```
/// <summary>
/// 随机产生 VcodeNum 位验证码方法
/// </summary>
/// <param name="VcodeNum">随机验证码位数</param>
/// <returns>随机验证码字符串</returns>
private string RndNum(int VcodeNum)
{
    string MaxNum = "";
```

```csharp
        string MinNum = "";
        for (int i = 0; i < VcodeNum; i++) //这里的 VcodeNum 是验证码的位数
        {
            MaxNum = MaxNum + "9"; //循环结束 MaxNum 是 VcodeNum 位 9
        }
        MinNum = MaxNum.Remove(0, 1); //将 MaxNum 是 VcodeNum 位 9 去掉最高位的 9 并赋给 MinNum
        Random rd = new Random();
        //随机产生 999～9999 之间的数
        string VNum = Convert.ToString(rd.Next(Convert.ToInt32(MinNum),
            Convert.ToInt32(MaxNum)));
        return VNum;
    }
```

Default.aspx.cs 后置代码文件中包含"登录"按钮的 Click 事件,该事件主要验证用户身份是否合法,以及验证"验证码"输入是否正确。如果用户身份合法,且"验证码"输入正确,则根据相应的身份跳转到相应的页面。

Default.aspx.cs 后置代码文件中包含"登录"按钮的 Click 事件代码如下。

```csharp
protected void btnLogin_Click(object sender, EventArgs e)
{
    if (txtPar.Text == txtCrePar.Text)   //输入的代码与随机产生的校验码一致
    {
        UtSysLogin utSysLogin = new UtSysLogin();
        string role = ddlRole.SelectedValue;
        long loginId = utSysLogin.queryUserLoginId(txtNickName.Text.Trim(), txtPwd.Text.Trim(), role);
        if (loginId > 0)
        {
            //保存登录信息
            Session.Add("loginId", loginId);
            if (role == "2")//如果是管理员
            {
                //转向后台新闻类别管理页面
                Response.Redirect("Admin/ips/InfoTypeManage.aspx");
            }
            else if (role == "1")//如果是教师
            {
                //转发教师主页
            }
            else if (role == "0")//如果是学生
            {
                //转发学生主页
            }
        }
    }
    else
    {
        //如果下拉列表选择的不是管理员,提示出错,然后转向本页
        Response.Write("<script>alert('请输入正确的验证码');</script>");
    }
}
```

"注册" Button 按钮的 Click 事件代码将在第 2 个情境中实现。

以上代码输入完成后,先将页面代码保存,然后按"F5"键或单击工具栏上的"运行"按钮运行该程序,程序运行后,显示如图 1-22 所示的效果。

> 🔍 **说明**
>
> 如图 1-23、图 1-24、图 1-25 所示界面分别为在图 1-22 文本框中未输入内容或输入错误信息，单击"登录"按钮时所出现的提示界面，这些无须编程，由 RequiredFieldValidator、CompareValidator 和 ValidationSummary 等 ASP.NET 验证控件本身的功能实现，详见知识点 1-5。

———— 相关知识点 ————

Label、TextBox、DropDownList、Button、验证控件（RequiredFieldValidator 控件、CompareValidator 控件、RangeValidator 控件、RegularExpressionValidator 控件、CustomValidator 控件、ValidationSummary 控件）、IsPostBack 属性、ASP.NET 页面代码模型、Web 站点类型

知识点 1-1　Label 控件

Label 控件又称标签控件，工具箱中的图标为 **A** Label，主要用来显示文本信息。Label 控件的常用属性及说明如表 1-7 所示，Label 控件的常用事件及说明如表 1-8 所示。

表 1-7　Label 控件常用属性及说明

属 性 名	属 性 说 明
ID	控件的 ID 名称
Text	控件显示的文本
Width	控件的宽度
Visible	控件是否可见
CssClass	控件呈现的样式
BackColor	控件的背景颜色
Enabled	控件是否可用

表 1-8　Label 控件常用事件及说明

事 件 名	事 件 说 明
DataBinding	当服务器控件绑定到数据源时引发的事件
Load	当服务器控件加载到 Page 对象时引发的事件

知识点 1-2　TextBox 控件

TextBox 控件称为文本框，工具箱中的图标为 abl TextBox。TextBox 控件用来提供一个输入框，默认是输入单行文本的。TextBox 控件的常用属性及说明如表 1-9 所示，TextBox 控件的常用事件及说明如表 1-10 所示。

表 1-9　TextBox 控件的常用属性及说明

属 性 名	属 性 说 明
ID	控件的 ID 名称
Text	设定 TextBox 中所显示的内容，或是取得使用者的输入
Rows	本属性在 TextMode 属性设为 MultiLine 才生效，设定多少行
Wrap	默认为 True，文本框中的内容超长会换行。本属性在 TextMode 属性设为 MultiLine 才生效 如果为 False，则文本框中的内容超长不会换行

续表

属 性 名	属 性 说 明
TextMode	SingleLine：默认显示一行文本
	MultiLine：显示多行文本并显示垂直滚动条，即使 Rows=1 也是如此
	Password：显示为*，回发后会清空文本框，该值不区分大小写
Columns	设定 TextBox 的长度为可输入多少字符
MaxLength	设定 TextBox 可以接受的最大字符数目，如果 MaxLength 大于 Columns，则只是显示一部分字符串，可以使用 Home、End、箭头键查看其他部分。默认值为 0，表示不强制限定输入到文本框中的字符数量
ReadOnly	如果为 True，则用户不可以更改它的内容，但可以以编程的方式修改
	默认为 False
ValidationGroup	指定验证组，如设置该属性，则该控件成为验证组的成员
EnableViewState	控件是否自动保存其状态以用于往返过程
AutoPostBack	指示如果用户更改了控件的内容是否自动回发到服务器。默认为 False，则不回发到服务器
	AutoPostBack 设置 True 表示用户更改了控件的内容会自动回发到服务器

🔍 **说明**

子任务 2 中"表 1-6 设置各控件属性值"中 TextBox2 文本框控件的 TextMode 属性值设置为"Password"。

表 1-10　TextBox 控件的常用事件及说明

事 件 名	事 件 说 明
DataBinding	当服务器控件绑定到数据源时引发的事件
Load	当服务器控件加载到 Page 对象时引发的事件
TextChange	默认情况下，文本框的 AutoPostBack 属性被设置为 False；当 AutoPostBack 属性被设置为 True 时，文本框的属性变化，则会发生回传。当文本框控件中的字符变化后，引发该事件

知识点 1-3　DropDownList 控件

DropDownList 控件是下拉列表框控件，工具箱中的图标为 DropDownList。DropDownList 控件允许用户从预定义的多个选项中选择一项，并且在选择前，用户只能看到第一个选项，其余的选项"隐藏"起来。DropDownList 控件的常用属性及说明如表 1-11 所示，DropDownList 控件的常用事件及说明如表 1-12 所示。

表 1-11　DropDownList 控件的常用属性及说明

属 性 名	属 性 说 明
ID	控件的 ID 名称
Text	获取或设置 ListControl 控件的 SelectedValue 属性
SelectedIndex	获取或设置 DropDownList 控件中的选定项的索引
SelectedItem	获取列表控件中索引最小的选定项
SelectedValue	获取列表控件中选定项的值，或选择列表控件中包含指定值的项
EnableViewState	控件是否自动保存其状态以用于往返过程
Items	获取列表控件项的集合
DataSource	获取或设置对象，数据绑定控件从该对象中检索其数据项列表
DataTextField	获取或设置为列表项提供文本内容的数据源字段
DataValueField	获取或设置为各列表项提供值的数据源字段

说明

若要获取选定项的索引值，请读取 SelectedIndex 属性的值。索引是从 0 开始的。如果未选择任何项，则该属性的值为-1。若要获取选定项的内容，请获取该控件的 SelectedItem 属性。该属性返回一个 ListItem 类型的对象。可以通过获取该对象的 Text 属性或 Value 属性来获取选定项的内容。

表 1-12　DropDownList 控件的常用事件及说明

事件名	事件说明
DataBinding	当服务器控件绑定到数据源时发生
SelectedIndexChanged	当列表控件的选定项在信息发往服务器之间变化时发生
TextChanged	当 Text 和 SelectedValue 属性更改时发生

有 2 种方式在页面上添加 DropDownList 控件。

（1）从工具箱"标准"选项卡中通过鼠标拖放或双击操作添加 DropDownList 控件对象，初始添加的 DropDownList 控件不包含选项，可以按"子任务 2"中"表 1-6 各控件属性设置"的操作方法，按如图 1-28 所示对话框添加下拉列表框的 4 个编辑项。

（2）在页面视图中，通过添加如下代码实现"子任务 2"中"表 1-6 各控件属性设置"的同样功能。

```
<asp:DropDownList ID="drDomain" runat="server" >
    <asp:ListItem Selected="True" Value="">请选择...</asp:ListItem>
    <asp:ListItem Value="0">学生</asp:ListItem>
    <asp:ListItem Value="1">教师</asp:ListItem>
    <asp:ListItem Value="2">管理员</asp:ListItem>
</asp:DropDownList>
```

知识点 1-4　Button 控件

Button 控件是 ASP.NET 最常见的控件之一，工具箱中的图标为 Button 。Button 控件的常用属性及说明如表 1-13 所示，Button 控件的常用事件及说明如表 1-14 所示。

表 1-13　Button 控件的常用属性及说明

属性名	属性说明
ID	控件的 ID 名称
Text	获取或设置在 Button 控件中显示的文本标题
CommandArgument	获取或设置可选参数，该参数与 CommandName 一起传递到 Command 事件
CommandName	获取或设置命令名，该命令名与传递给 Command 事件的 Button 控件相关联
PostBackUrl	获取或设置单击 Button 控件时从当前发送到的网页的 URL。默认为空，即本页
EnableViewState	控件是否自动保存其状态以用于往返过程
ValidationGroup	获取或设置在 Button 控件回发到服务器时要进行验证的控件组
CausesValidation	获取或设置一个值，该值指示在单击 Button 控件时是否执行验证

表 1-14　Button 控件的常用事件及说明

事件名	事件说明
Click	在单击 Button 控件时发生
Command	在单击 Button 控件时发生

> 说明

① 对 Button 同时定义了 Click 和 Command 事件，单击 Button 会同时触发这两个事件，但先执行 Click 事件，后执行 Command 事件。

② 不同之处：Command 可以通过设置 CommandName 和 CommandArgument 来区分不同的 Button，可通过包含事件数据的 CommandEventArgs e 来获取或设置，即通过 e.CommandName 来确定是哪一个 Button；而 Click 事件中，可通过包含事件数据的 Object sender 来获取或设置，即通过（Button)sender.CommandName 来确定是哪一个 Button。

对"子任务 2 表 1-6 各控件属性设置"的 3 个 Button 按钮各自增加 CommandName 和 CommandArgument 属性值，如表 1-15 所示。

表 1-15　3 个 Button 按钮各自增加 CommandName 和 CommandArgument 属性值

Button1	CommandName	Register
	CommandArgument	registerarg
Button2	CommandName	Login
	CommandArgument	loginarg
Button3	CommandName	Cancel
	CommandArgument	cancelarg

在代码程序中增加 Button_Command 事件代码如下，然后将 3 个 Button 按钮各自选择 Command 事件为 Button_Command 事件。

```
protected void Button_Command(object sender, CommandEventArgs e)
{
    //根据按钮的 CommandName 进行分支
    switch (e.CommandName)
    {
        case "Register":
            Page.Response.Write("注册代码为空，在第 2 个情境中实现！"+"<br>");
            break;
        case "Login":
            //将"登录"按钮的 Click 事件代码写在此处即可(由于前面已有，故此处省略)
            break;
        case "Cancel":
            //产生是否关闭本窗口的提示对话框
            RegisterStartupScript("提示", "<script>window.close();</script>");
            break;
        default:
            break;
    }
}
```

> 知识点 1-5　验证控件

（1）RequiredFieldValidator 控件。RequiredFieldValidator 控件也称必填验证控件，要求用户必须在页面上要验证的输入控件中填写内容，否则将显示错误信息。工具箱中的图标为 `RequiredFieldValidator`。RequiredFieldValidator 控件的常用属性及说明如表 1-16 所示。

表 1-16　RequiredFieldValidator 控件的常用属性及说明

属 性 名	属 性 说 明
ID	控件的 ID 名称
Text	获取或设置验证失败时验证控件中显示的文本
ControlToValidate	获取或设置要验证的输入控件 ID
ErrorMessage	当验证失败时，在 ValidationSummary 控件中显示的文本 如果未设置 Text 属性，文本也会显示在该验证控件中
Display	验证控件的显示行为。合法的值有： None - 验证消息从不内联显示 Static - 在页面布局中分配用于显示验证消息的空间 Dynamic - 如果验证失败，将用于显示验证消息的空间动态添加到页面
EnableViewState	控件是否自动保存其状态以用于往返过程
EnableClientScript	规定是否启用客户端验证，默认值为 True
Enabled	规定是否启用验证控件，默认值为 True
ValidationGroup	获取或设置此验证控件所属的验证组的名称

技巧

① 验证控件不需要编程就可以达到对要验证的输入控件进行验证的目的。

② ErrorMessage 属性和 Text 属性的不同之处在于，赋值给 ErrorMessage 属性的信息显示在 ValidationSummary 控件中，而赋值给 Text 属性的信息显示在页面主体中。如果不想在验证控件位置显示错误信息，而只在 ValidationSummary 控件中显示错误信息，一定要设置 Text 属性为 "*"，这样可以节省验证控件位置的空间，否则当验证失败时，在 ValidationSummary 控件中显示错误信息的同时，该错误信息也会在验证控件重复显示。

下面介绍的其他验证控件，均与此相同。

（2）CompareValidator 控件。CompareValidator 控件也称比较验证控件，用户在页面上要验证的输入控件中填写内容与其他控件中的值、常数值、特定的数据类型进行比较，经过比较，如果值、常数值、特定的数据类型不匹配，则将显示错误信息。工具箱中的图标为 CompareValidator。CompareValidator 控件的常用属性及说明如表 1-17 所示。

表 1-17　CompareValidator 控件的常用属性及说明

属 性 名	属 性 说 明
ID	控件的 ID 名称
Text	获取或设置验证失败时验证控件中显示的文本
ControlToValidate	获取或设置要验证的输入控件 ID
ControlToCompare	获取或设置要与所验证的输入控件进行比较的输入控件
Type	获取或设置在比较之前将所比较的值转换到的数据类型。可能的值有 String、Integer、Double、Date 和 Currency
ValueToCompare	获取或设置一个常数值，该值要为由用户输入到所验证的输入控件中的值进行比较
Operator	获取或设置要执行的比较操作。可能的值有 DataTypeCheck、Equal、GreaterThan、GreaterThanEqual、LessThan、LessThanEqual 和 NotEqual
ErrorMessage	当验证失败时，在 ValidationSummary 控件中显示的文本 如果未设置 Text 属性，文本也会显示在该验证控件中
Display	验证控件的显示行为。合法的值有： None - 验证消息从不内联显示 Static - 在页面布局中分配用于显示验证消息的空间 Dynamic - 如果验证失败，将用于显示验证消息的空间动态添加到页面

续表

属性名	属性说明
EnableViewState	控件是否自动保存其状态以用于往返过程
EnableClientScript	规定是否启用客户端验证，默认值为 True
Enabled	规定是否启用验证控件，默认值为 True
ValidationGroup	获取或设置此验证控件所属的验证组的名称

（3）RangeValidator 控件。RangeValidator 控件也称范围验证控件，用户在页面上要验证的输入控件中填写内容是否在指定的范围之内，如果不在指定的范围之内，则将显示错误信息。工具箱中的图标为 RangeValidator。RangeValidator 控件的常用属性及说明如表 1-18 所示。

表 1-18 RangeValidator 控件的常用属性及说明

属性名	属性说明
ID	控件的 ID 名称
Text	获取或设置验证失败时验证控件中显示的文本
ControlToValidate	获取或设置要验证的输入控件 ID
Type	获取或设置在比较之前将所比较的值转换到的数据类型。可能的值有 String、Integer、Double、Date 和 Currency
MaximumValue	获取或设置验证范围的最大值
MinimumValue	获取或设置验证范围的最小值
ErrorMessage	当验证失败时，在 ValidationSummary 控件中显示的文本 如果未设置 Text 属性，文本也会显示在该验证控件中
Display	验证控件的显示行为。 合法的值有： None - 验证消息从不内联显示 Static - 在页面布局中分配用于显示验证消息的空间 Dynamic - 如果验证失败，将用于显示验证消息的空间动态添加到页面
EnableViewState	控件是否自动保存其状态以用于往返过程
EnableClientScript	规定是否启用客户端验证，默认值为 True
Enabled	规定是否启用验证控件，默认值为 True
ValidationGroup	获取或设置此验证控件所属的验证组的名称

（4）RegularExpressionValidator 控件。RegularExpressionValidator 控件也称正则验证控件，用户在页面上要验证的输入控件中填写内容是否满足某个"规则"，这个规则使用正则表达式来定义，正则表达式可用于表示字符串模式，如电子邮件地址、社会保障号、电话号码、日期、货币数和产品编码等。如果不满足正则表达式的定义，则将显示错误信息。工具箱中的图标为 RegularExpressionValidator。RegularExpressionValidator 控件的常用属性及说明如表 1-19 所示。

表 1-19 RegularExpressionValidator 控件的常用属性及说明

属性名	属性说明
ID	控件的 ID 名称
Text	获取或设置验证失败时验证控件中显示的文本
ControlToValidate	获取或设置要验证的输入控件 ID
ValidationExpression	获取或设置被指定为验证条件的正则表达式。默认值为空字符串（""）
ErrorMessage	当验证失败时，在 ValidationSummary 控件中显示的文本 如果未设置 Text 属性，文本也会显示在该验证控件中

续表

属 性 名	属 性 说 明
Display	验证控件的显示行为。合法的值有： None - 验证消息从不内联显示 Static - 在页面布局中分配用于显示验证消息的空间 Dynamic - 如果验证失败，将用于显示验证消息的空间动态添加到页面
EnableViewState	控件是否自动保存其状态以用于往返过程
EnableClientScript	规定是否启用客户端验证，默认值为 True
Enabled	规定是否启用验证控件，默认值为 True
ValidationGroup	获取或设置此验证控件所属的验证组的名称

例如：要对文本框中的内容验证是否符合电子邮件的格式，则应将 RegularExpressionValidator 控件的 ValidationExpression 属性设置为："\w+([-+.']\w+)*@\w+([-.]\w+)*\.\w+([-.]\w+)*"。

设置的方法是单击 RegularExpressionValidator 控件属性后面的按钮，然后出现如图 1-29 所示的"正则表达式编辑器"窗口，选择"Internet 电子邮件地址"，则在"验证表达式"的文本框中自动出现："\w+([-+.']\w+)*@\w+([-.]\w+)*\.\w+([-.]\w+)*"。

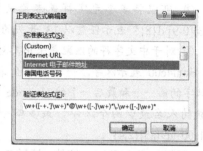

图 1-29 "正则表达式编辑器"窗口

该属性的含义可参照如表 1-20 所示正则表达式的元字符说明进一步理解。

表 1-20 正则表达式的元字符说明

元 字 符	说　　明
.	匹配除\n 以外的任何字符
[abcde]	匹配 abcde 之中的任意一个字符
[a-h]	匹配 a~h 之间的任意一个字符
[^fgh]	不与 fgh 之中的任意一个字符匹配
\w	匹配大小写英文字符及数字 0~9 之间的任意一个，相当于[a-zA-Z0-9]
\W	不匹配大小写英文字符及数字 0~9 之间的任意一个，相当于[^a-zA-Z0-9]
\s	匹配任何空白字符，相当于[\f\n\r\t\v]
\S	匹配任何非空白字符，相当于[^\s]
\d	匹配任何 0~9 之间的单个数字，相当于[0-9]
\D	不匹配任何 0~9 之间的单个数字，相当于[^0-9]

表 1-20 所示正则表达式的元字符说明的元字符都是针对单个字符匹配的，要想同时匹配多个字符，还需要借助限定符。如表 1-21 所示是一些常见的限定符（表中 n 和 m 都是表示整数）。

表 1-21 一些常见的限定符

限 定 符	说　　明
*	匹配 0 到多个元字符，相当于{0,}
?	匹配 0 到 1 个元字符，相当于{0,1}
{n}	匹配 n 个元字符
{n,}	匹配至少 n 个元字符
{n,m}	匹配 n 到 m 个元字符
+	匹配至少 1 个元字符，相当于{1,}

续表

限定符	说明
^	字符串必须以指定的字符开始
$	字符串必须以指定的字符结束

🔍 说明

① 由于在正则表达式中 "\"、"?"、"*" 等字符已经具有一定特殊意义，如果需要用它们的原始意义，则应该对它进行转义，如希望在字符串中至少有一个 "\"，那么正则表达式应该这样写：\\+。

② 可以将多个元字符或者原义文本字符用括号括起来形成一个新的元字符，如 ^(13)[0-9]\d{8}$ 表示任意以 13 开头的手机号码。

③ 对于中文字符的匹配是采用其对应的 Unicode 编码来匹配的，对于单个 Unicode 字符，如\u4e00 表示汉字"一"，\u9fa5 表示汉字"龥"，在 Unicode 编码中这分别是所能表示的汉字的第一个和最后一个 Unicode 编码，在 Unicode 编码中能表示20901个汉字。因为汉族的人名最少两个汉字，最多四个汉字，所以匹配汉族的人名可以用这样的形式：[\u4e00-\u9fa5]{2,4}。

（5）CustomValidator 控件。通过 RequiredFieldValidator 控件结合 CompareValidator 控件、RangeValidator 控件或 RegularExpressionValidator 控件之中的一个或多个就能满足 ASP.NET 开发中的 90%以上的验证要求，但是有一些特殊的验证用上述控件组合无法达到验证要求，如要求用户填写一个奇数。为了满足一些特殊的验证要求，在 ASP.NET 中提供了 CustomValidator 控件（也称自定义验证控件），在这个控件中可以自己编写验证规则，该控件为用户提供自定义的验证方法，这样的验证方法具有最高的灵活性。工具箱中的图标为 CustomValidator。CustomValidator 控件的常用属性及说明如表 1-22 所示。

表 1-22 CustomValidator 控件的常用属性及说明

属性名	属性说明
ID	控件的 ID 名称
Text	获取或设置验证失败时验证控件中显示的文本
ControlToValidate	获取或设置要验证的输入控件 ID
ValidationExpression	获取或设置被指定为验证条件的正则表达式。默认值为空字符串 ("")
ErrorMessage	当验证失败时，在 ValidationSummary 控件中显示的文本 如果未设置 Text 属性，文本也会显示在该验证控件中
Display	验证控件的显示行为。 合法的值有： None - 验证消息从不内联显示 Static - 在页面布局中分配用于显示验证消息的空间 Dynamic - 如果验证失败，将用于显示验证消息的空间动态添加到页面
EnableViewState	控件是否自动保存其状态以用于往返过程
ClientValidationFunction	获取或设置用于验证的自定义客户端脚本方法的名称
EnableClientScript	规定是否启用客户端验证，默认值为 True
Enabled	规定是否启用验证控件，默认值为 True
ValidateEmptyText	获取或设置一个布尔值，该值指示是否应该验证空文本
ValidationGroup	获取或设置此验证控件所属的验证组的名称

CustomValidator 还支持 ServerValidate 事件，该事件当执行验证时引发。可以通过处理 ServerValidate 事件来将自定义验证方法和 CustomValidator 控件相关联。例如，要对文本框

TextBox1 输入长度为 18 位的身份证号码，并且用户必须选择"同意"单选选项。

页面文件代码如下。

```
身份证号码：<asp:TextBox ID="TextBox1" runat="server"></asp:TextBox>
<asp:CustomValidator ID="CustomValidator1" runat="server" Text="警告：证件号码长度错误！" ControlToValidate="TextBox1" OnServerValidate= "CustomValidator1_ServerValidate" ValidateEmptyText="True">
</asp:CustomValidator><br /><br />
是否同意该声明？<br />
<asp:RadioButton ID="RadioButtonAccept" runat = "server" Text="同意" GroupName= "Group1" Checked="True"></asp:RadioButton>
    <asp:RadioButton ID="RadioButtonRefuse" runat = "server" Text="不同意" GroupName= "Group1">
    </asp:RadioButton>
    <asp:CustomValidator ID = "CustomValidator2" runat = "server" Text=" 警告：你需要同意系统声明！" OnServerValidate="CustomValidator2_ServerValidate"> </asp: CustomValidator>
```

在 CustomValidator1_ServerValidate 事件中编写自定义的验证规则，运行后，输入的身份证号码不足 18 位，且选择"不同意"单选选项，单击"提交"Button 按钮后，则出现如图 1-30 所示的自定义验证控件测试页面。

图 1-30　自定义验证控件测试页面

自定义验证控件测试页面代码如下。

```
/// 自定义验证策略：TextBox1 输入长度为 18 位
protected void CustomValidator1_ServerValidate(object source,
    ServerValidateEventArgs args)
    {
        try
        {
            if((args.Value.Length !=18))    //判断用户的输入是否为 18 位
            {
                args.IsValid = false;        //验证失败
            }
            Else                              //否则
            {
                args.IsValid = true;         //如果为 18 位，则自定义验证控件验证成功
            }
        }   catch
        {
            args.IsValid = false;            //发生异常时，验证失败
        }
    }
/// 自定义验证策略：用户必须选择"同意"单选选项
protected void CustomValidator2_ServerValidate(object source,
                            ServerValidateEventArgs args)
```

```
            {
                try
                {
                    if (RadioButtonAccept.Checked)    //判断用户选择了"同意"单选选项
                        args.IsValid = true;          //则自定义验证控件验证成功
                    else                              //否则
                        args.IsValid = false;         //验证失败
                }
                catch
                {
                    args.IsValid = false;             //发生异常时，验证失败
                }
            }
```

🔍 **说明**

① 在 ServerValidate 事件处理程序中有 source 和 args 两个参数，第 2 个参数是 ServerValidateEventArgs 类的一个实例。该类有 2 个属性：Value，表示被验证的表单字段的值；IsValid，表示验证成功或失败。

② CustomValidator 验证控件设置了 ValidateEmptyText 属性为 True，所以 CustomValidator 验证控件可以不需要 RequiredFieldValidator 控件就能实现必填验证；另外，RequiredFieldValidator 验证控件无法验证单选框、复选框等控件，所以可以采用 CustomValidator 验证控件对单选框、复选框等控件验证。

（6）ValidationSummary 控件。ValidationSummary 控件也称验证摘要控件，它并不能验证数据，但可以用来显示其他验证控件的验证结果，换言之 ValidationSummary 控件是用来显示页面上各种验证控件显示的出错信息，在使用该控件之前需要先设置好其他验证控件的 ErrorMessage 属性。该控件在工具箱中的图标为 ValidationSummary 。ValidationSummary 控件的常用属性及说明如表 1-23 所示。

表 1-23 ValidationSummary 控件的常用属性及说明

属 性 名	属 性 说 明
ID	控件的 ID 名称
ShowMessageBox	布尔值，指示是否在消息框中显示验证摘要
ShowSummary	布尔值，规定是否显示验证摘要
HeaderText	ValidationSummary 控件中的标题文本
Validate	执行验证并且更新 IsValid 属性
ClientValidationFunction	获取或设置用于验证的自定义客户端脚本方法的名称
DisplayMode	如何显示摘要。合法值有： BulletList List SingleParagraph
ValidationGroup	获取或设置 ValidationSummary 对象为其显示验证消息的控件组
Enabled	规定是否启用验证控件，默认值为 True
ValidationGroup	获取或设置此验证控件所属的验证组的名称

🔍 **说明**

如果 ShowMessageBox 和 ShowSummary。属性都设置为 True，则在消息框和网页上都显示验证摘要。

知识点 1-6 Page 类 IsPostBack 属性

因为 HTTP 协议是无状态的协议，PostBack 模型可以让开发者像开发有状态的应用程序一样开发 Web 页面。PostBack 模型提供了一个将网页上的控件属性从 Web 浏览器发送到 Web 服务器和当响应从 Web 服务器发回给浏览器时还原这些属性值的机制。PostBack 模型是为提供动态内容的状态呈现而设计的，它将页面和控件信息从 Web 浏览器提交到 Web 服务器，并在服务器触发端触发事件，然后在发回该提交操作的响应过程中将重新注入控件的属性值。AutoPostBack 属性是用户与控件的交互是否应该发起对服务器的往返请求。

EnableViewState 属性决定了控件在 PostBack 过程中是否保留其状态。

Page 类的 IsPostBack 有一个 Bool 类型的属性，用来判断针对当前 Form 的请求是第一次还是非第一次请求。当 IsPostBack==True 时表示非第一次请求，称为 PostBack，当 IsPostBack==False 时表示第一次请求。通常在 Page_Load 事件中对 IsPostBack 进行判断，因为第一次请求时会执行 Page_Load 事件，在非第一次请求时也会执行 Page_Load 事件。如表 1-24 所示列出常见场景 Page 类 IsPostBack 属性值的情况。

表 1-24 常见场景 Page 类 IsPostBack 属性值

场　　景	IsPostBack 属性值
使用 Server.Transfer 进行迁移时迁移到的页面	False
Post 方式提交如果 Request 中没有请求值，即 Request.Form =null	False
Get 方式提交如果 Request 中没有请求值，即 Request.QueryString =null	False
使用 Response.Redirect 方式向自身页面迁移时	False
发生跨页提交（CrossPagePostBack），当访问 PreviousPage 属性时，对于源 Page 页	True
发生跨页提交（CrossPagePostBack）时目标页面	False
使用 Server.Execute 迁移到的页面	False
如果有请求值但是不包括 "__VIEWSTATE" 等一些特殊的键或值	False

知识点 1-7 Web 站点类型

如表 1-25 所示总结了 Web 站点类型的适用场景及其优缺点。

表 1-25 Web 站点类型的适用场景及其优缺点

Web 站点类型	适用场景及其优缺点
本地 IIS Web 站点	在本地计算机创建 Web 页面并且已经安装了 IIS。如果想使 Web 站点可以被其他计算机访问到，也可以创建本地 IIS Web 站点。 优点： 其他计算机可以访问 Web 站点； 可以测试 IIS 的特性，如基于 HTTP 的验证、应用程序池和 ISAPI 过滤器。 缺点： 必须具备管理权限才能创建或者调试 IIS Web 站点
文件系统 Web 站点	在没有安装 IIS 的本地计算机或者一个共享驱动器中创建页面。 创建一个文件系统 Web 站点，然后将 IIS 虚拟目录指向存储 Web 站点页面的文件夹。 优点： Web 站点只能被本地计算机访问到，减少了安全威胁； 不必在本机上安装 IIS； 不需要具备管理权限就可以创建或者调试 Web 站点。 缺点： 不能测试 IIS 特性，如基于 HTTP 的验证、应用程序池和 ISAPI 过滤器

Web 站点类型	适用场景及其优缺点
FTP 站点	Web 站点已经配置成 FTP 服务器并处于远程计算机上。 不能创建一个 FTP Web 站点，只能打开它。 优点： 可以在部署 Web 站点的服务器上测试 Web 站点。 缺点： 不能产生文件副本，除非自己复制它们
远程 Web 站点	创建一个使用远程计算机 IIS 的 Web 站点。 优点： 可以在部署 Web 站点的服务器上测试 Web 站点； 多位开发人员可以同时参与开发同一个 Web 站点。 缺点： 调试的配置可能比较复杂

1.3.3 子任务 3 信息类别管理页面设计

子任务 3 描述

利用 ASP.NET 标准控件 TextBox、HyperLink 控件、Button 及 ASP.NET 数据类控件 Repeater 控件完成信息发布系统后台信息类别管理页面设计及程序设计。

信息发布系统后台信息类别管理页面及运行效果图如 1.3.2 子任务 2 的图 1-26 所示，在该图的类别编码后的文本框中输入要增加的类别编码，类别名称后的文本框中输入要增加的类别名称，单击该图中的"增加信息类别"按钮进行信息类别的添加，添加成功后将显示"信息类别名称插入成功"消息框，并且会在图 1-26 所示的 Repeater 控件中显示刚增加的信息类别内容。在图 1-26 的 Repeater 控件中单击"删除"按钮，将显示"是否真的删除信息类别名称×××"消息框，如果单击"是"，则选中行的信息类别被删除。如果在图 1-26 所示的 Repeater 控件中单击"启用"按钮，则对应的"信息类别"被启用；单击"停用"按钮，则对应的"信息类别"被停用。在图 1-26 所示的 Repeater 控件中单击"修改"按钮，则导航到如图 1-31 所示的"信息类别修改"页面。

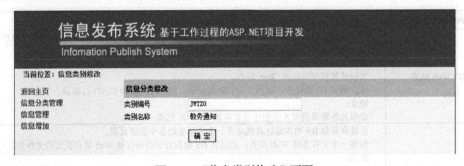

图 1-31 "信息类别修改"页面

技能目标

① 能按照代码规范组织代码的编写；
② 能熟练运用 ASP.NET 常用标准控件 TextBox、HyperLink 控件和 Button 控件等；

③ 能熟练运用 ASP.NET 数据类控件 Repeater 控件绑定数据信息类别信息；
④ 能运用 ADO.NET 的知识实现对数据库连接等操作；
⑤ 能熟练运用 Page 对象的 IsPostBack 属性对页面加载的处理。

操作要点与步骤

1. 添加 InfoTypeManage.aspx 窗体

鼠标右键单击应用程序"Web"内的文件夹"Admin/ips"，在弹出的快捷菜单中选择"添加新项"命令，出现如图 1-32 所示的对话框，选择"Web 窗体"模板，在"名称"文本框中输入"InfoTypeManage.aspx"，单击"添加"按钮，则添加新的 InfoTypeManage.aspx 页面成功。

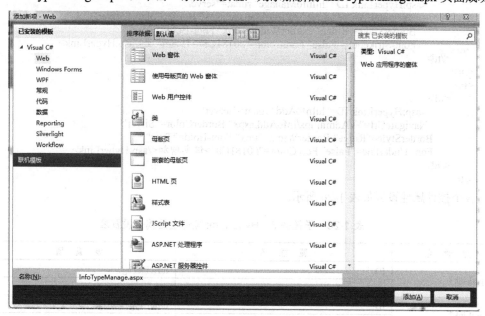

图 1-32 添加新页面

信息类别管理页面和 Default.aspx 页面布局风格相似，只是 function 层和 content 层内的内容不同，在 function 层内主要显示用户的功能菜单内容，在 content 层内主要显示相应页面的内容。

2. function 层功能实现

管理员在信息发布系统中主要具有信息分类管理、信息管理、信息添加等功能。采用 HyperLink 控件实现相应功能的链接导航，具体步骤如下。

在<div id="function"></div>标签内插入 4 行 1 列的表格，代码如下。

```
<table style="margin-left:10px; margin-top:10px;">
</table>
```

第 1 行：放置 1 个 HyperLink 控件，实现"返回主页"超链接功能，代码如下。

```
<tr>
    <td>
        <asp:HyperLink ID="hlHomePage" runat="server" NavigateUrl="~/Default.aspx"
BorderColor="Silver" BorderStyle="Ridge" Font-Bold="True"
ForeColor="#0181C8" BorderWidth="0px"
            Font-Underline="False">返回主页</asp:HyperLink>
```

            </td>
        </tr>

第 2~4 行：放置 3 个 HyperLink 控件，分别实现"信息分类管理"、"信息管理"、"信息添加"等超链接功能，代码如下。

```
<tr>
    <td >
        <asp:HyperLink ID="hlInfoTypeManage" runat="server"
            NavigateUrl="~/Admin/ips/InfoTypeManage.aspx"   BorderStyle="Ridge"
BorderWidth="0px" Font-Bold="True"   Font-Underline="False"
ForeColor="#0181C8">信息分类管理</asp:HyperLink>
    </td>
</tr>
<tr>
    <td>
        <asp:HyperLink ID="hlInfoManage" runat="server"
            NavigateUrl="~/Admin/ips/InfoManage.aspx" BorderColor="Silver"
            BorderStyle="Ridge" BorderWidth="0px" Font-Bold="True"
            Font-Strikeout="False" ForeColor="#0181C8">信息管理</asp:HyperLink>
    </td>
</tr>
<tr>
    <td>
        <asp:HyperLink ID="hlInfoAdd" runat="server"
            NavigateUrl="~/Admin/ips/InfoAdd.aspx" BorderColor="Silver"
            BorderStyle="Ridge" BorderWidth="0px" Font-Bold="True"
            Font-Underline="False" ForeColor="#0181C8">信息增加</asp:HyperLink>
    </td>
</tr>
```

各个控件属性设置如表 1-26 所示。

表 1-26　子任务 3　HyperLink 控件主要属性设置表

控件名	属性名	设置值
HyperLink1	ID	hlHomePage
	NavigateUrl	~/Admin/ips/InfoManage.aspx
HyperLink2	ID	hlInfoTypeManage
	NavigateUrl	~/Admin/ips/InfoTypeManage.aspx
HyperLink3	ID	hlInfoManage
	NavigateUrl	~/Admin/ips/InfoManage.aspx
HyperLink4	ID	hlInfoAdd
	NavigateUrl	~/Admin/ips/InfoAdd.aspx

3. content 层功能实现

内容层主要实现信息类别的添加和信息类别的显示以及信息类别的修改、启用、停用等功能，步骤如下。

（1）在<div id="content"></div>标签内插入 form，代码如下。

```
<form id="infoTypeManageForm" runat="server">

</form>
```

（2）在 form 标签内插入 4 行 5 列的表格。

第 1 行：显示"信息类别管理"列表信息，代码如下。

```
<tr>
    <th colspan="5">信息类别管理</th>
</tr>
```

第 2 行：放置 2 个 TextBox 控件和 1 个 Button 控件，实现用户可在文本框中输入"信息类别编码"及"信息类别名称"等信息，通过 Button 控件提交按钮，实现添加"信息类别"的功能，代码如下。

```
<tr>
<td>类别编码</td>
<td>
    <asp:TextBox ID="txtTypeNo" runat="server" Width="160px"></asp:TextBox>
</td>
<td>类别名称</td>
<td>
    <asp:TextBox ID="txtTypeName" runat="server" Width="160px"></asp:TextBox>
</td>
<td>
    <asp:Button ID="btnSumbit" runat="server" Text="增加信息类别"
        OnClick="btnSubmit_Click" CssClass="button"/>
</td>
</tr>
```

第 3 行：采用 Repeater 控件，实现显示"信息类别列表"功能，代码如下。

```
<tr>
    <td colspan="5">
        <asp:Repeater ID="rpInfoTypeList" runat="server">
        </asp:Repeater>
    </td>
</tr>
```

设置 Repeater 控件的 HeaderTemplate 部分，代码如下。

```
<HeaderTemplate>
    <table>
        <tr style=" background-color:#009AFF; height:30px;">
            <td style="width: 100px;">序号</td>
            <td style="width: 100px;">类别编号</td>
            <td style="width: 100px;">类别名称</td>
            <td style="width: 100px;">类别状态</td>
            <td style="width: 100px;">修改类别</td>
            <td style="width: 100px;">停用|启用</td>
        </tr>
</HeaderTemplate>
```

设置 Repeater 控件的 ItemTemplate 部分，代码如下。

```
<ItemTemplate>
<tr>
<td><%# Eval("id")%></td>
<td><%# Eval("typeNo")%></td>
<td><%# Eval("name")%></td>
<td><%# Eval("stat")%></td>
<td> <a href='InfoTypeModify.aspx?infoTypeID=<%# Eval("id") %>'
 target="_blank">修改</a>
</td>
<td>
<asp:LinkButton ID= "lbnDisable" CommandName='<%# Eval("name")%>'
        CommandArgument='<%# Eval("id") %>' OnCommand= "lbnDisable_Click "
        OnClientClick= "return confirm('你确定要停用该类别？'); "  runat="server">
        停用 </asp:LinkButton> | <asp:LinkButton ID= "lbnEnable"
CommandName='<%# Eval("name")%>' CommandArgument='<%# Eval("id") %>'
        OnCommand= "lbnEnable_Click " OnClientClick= "return
confirm('你确定要启用该类别？'); "  runat="server"> 启用 </asp:LinkButton>
</td>
```

```
</tr>
</ItemTemplate>
```

设置 Repeater 控件的 FooterTemplate 部分，代码如下。

```
<FooterTemplate>
    </table>
</FooterTemplate>
```

content 层内用到了 2 个 TextBox、1 个 Button、1 个 Repeater 控件以及嵌套在 Repeater 控件内的 2 个 LinkButton 控件，各控件属性设置如表 1-27 所示。

表 1-27　子任务 3　内容层控件主要属性设置表

控件名	属性名	设置值
TextBox1	ID	txtTypeNo
	Width	160px
TextBox2	ID	txtTypeName
	Width	160px
Button1	ID	btnSumbit
	CssClass	button
	Text	增加信息类别
Repeater1	ID	rpInfoTypeList
LinkButton1	ID	lbnDisable
	CommandName	<%# Eval("name")%>
	CommandArgument	<%# Eval("id") %>
	OnCommand	lbnDisable_Click
	OnClientClick	return confirm('你确定要停用该类别？');
LinkButton2	ID	lbnEnable
	CommandName	<%# Eval("name")%>
	CommandArgument	<%# Eval("id") %>
	OnCommand	lbnEnable_Click
	OnClientClick	return confirm('你确定要启用该类别？');

4. 页面功能实现

完成了 InfoTypeManage.aspx 页面及各控件的属性设计后，还需要编写页面后置代码文件 InfoTypeManage.aspx.cs，页面后置代码文件将调用类 UtIpsInfoType 中的方法，类中的方法主要实现处理业务和数据库交互的功能，具体步骤如下。

（1）在 IpsCommonDBFunction 类库的 ips 文件夹中新建 UtIpsInfoType 类，该类中的方法实现查询所有类别信息的功能。

UtIpsInfoType 类的属性及方法如下。

```
/// <summary>
/// 数据库连接对象
/// </summary>
private SqlConnection conn = new SqlConnection
("Data Source=(local);DataBase=examOnline;User ID=sa;PWD=1234");
/// <summary>
/// 数据库操作对象
/// </summary>
private SqlCommand comm = new SqlCommand();
/// <summary>
/// 数据适配器
/// </summary>
```

```csharp
private SqlDataAdapter sda = new SqlDataAdapter();
/// <summary>
/// sql 语句
/// </summary>
private string sql = string.Empty;
```

UtIpsInfoType 类的根据 sql 查询某个类别信息列表的方法如下。

```csharp
/// <summary>
/// 根据 sql 命令，查询结果
/// </summary>
/// <param name="sql">sql 语句</param>
/// <returns>dataset</returns>
public DataTable getInfoTypeBySql(string sql)
{
    DataTable dt = new DataTable();
    if (conn.State == 0)
    {
        conn.Open();
        comm.Connection = conn;
        comm.CommandText = sql;
        sda.SelectCommand = comm;
        sda.Fill(dt);
        conn.Close();
    }
    return dt;
}
```

UtIpsInfoType 类查询所有信息类别列表的方法如下。

```csharp
/// <summary>
/// 获取所有的类别
/// </summary>
/// <returns>datatable</returns>
public DataTable getAllInfoType()
{
    string sql = "select id,typeNo,name,stat from ut_ips_infoType where 1=1";
    return getInfoTypeBySql(sql);
}
```

UtIpsInfoType 类进行非查询（插入、修改、删除）信息类别的方法如下。

```csharp
/// <summary>
/// 非查询（插入、修改、删除）信息类别
/// </summary>
/// <param name="sql">sql 语句</param>
public void nonQueryInfoType(string sql)
{
    if (conn.State == 0)
    {
        conn.Open();
        comm.Connection = conn;
        comm.CommandText = sql;
        comm.ExecuteNonQuery();
        conn.Close();
    }
}
```

（2）页面后置代码文件 InfoTypeManage.aspx.cs 的实现。

信息类别管理页面后置代码文件主要包含 Page_Load、添加信息类别按钮的 Click 事件、停用信息类别按钮的 Click 事件、启用信息类别按钮的 Click 事件等。

实例化 UtIpsInfoType 类，建立 UtIpsInfoType 类的对象 utIpsInfoType，以便调用 UtIpsInfoType 类中的方法，代码如下。

```csharp
/// <summary>
/// 信息类别业务处理对象
/// </summary>
UtIpsInfoType utIpsInfoType = new UtIpsInfoType();
/// Page_Load 事件代码如下:
protected void Page_Load(object sender, EventArgs e)
{
    //加载时，绑定 Reapter 控件，显示所有信息类别;
    DataTable dt = utIpsInfoType.getAllInfoType();
    //将类别状态修改为中文
    for(int i=0;i<dt.Rows.Count;i++)
    {
        DataRow dr = dt.Rows[i];
        if (dr["stat"].ToString() == "1")
            dr["stat"] = "正常";
        else
            dr["stat"] = "停用";
    }
    //绑定到 rpInfoTypeList 控件，显示信息
    rpInfoTypeList.DataSource = dt.DefaultView;
    rpInfoTypeList.DataBind();
}
```

添加类别信息按钮的 Click 事件代码如下。

```csharp
protected void btnSubmit_Click(object sender, EventArgs e)
{
    string sql = "insert into ut_ips_infoType (name,typeNo,stat) values ( '"
        + txtTypeName.Text.Trim() + "','" + txtTypeNo.Text.Trim() + "','1')";
    utIpsInfoType. nonQueryInfoType(sql);
    rpInfoTypeList.DataSource = utIpsInfoType.getAllInfoType();
    rpInfoTypeList.DataBind();
    string sMessage = "信息类别名称   " + txtTypeName.Text.Trim() + "   插入成功！";
    string sURL = "InfoTypeManage.aspx";
    Response.Write("<script>alert('" + sMessage + "');location.href='" + sURL + "'</script>");
}
```

停用信息类别按钮的 Click 事件代码如下。

```csharp
protected void lbnDisable_Click(object sender, CommandEventArgs e)
{
    //获得信息类别名称
    string typeName = e.CommandName.ToString();
    //得到类别的编号
    long typeId = Convert.ToInt64(e.CommandArgument.ToString());
    modifyStat(typeName, typeId, "0");    //0 表示停用
}
```

启用信息类别按钮的 Click 事件代码如下。

```csharp
protected void lbnEnable_Click(object sender, CommandEventArgs e)
{
    //获得信息类别名称
    string typeName = e.CommandName.ToString();
    //得到类别的编号
    long typeId = Convert.ToInt64(e.CommandArgument.ToString());
    modifyStat(typeName, typeId, "1"); //1 表示启用
}
```

修改信息类别状态的 modifyStat 方法代码如下。

```csharp
/// <summary>
/// 修改状态
/// </summary>
```

```
/// <param name="typeName">类别名称</param>
/// <param name="typeId">类别 ID</param>
/// <param name="stat">类别状态</param>
private void modifyStat(string typeName,long typeId,string stat)
{
    string sql = "update ut_ips_infoType set stat='" + stat + "' where ID=" + typeId;
    utIpsInfoType.nonQueryInfoType(sql);
    string sMessage = "信息分类名称   " + typeName + "   修改操作成功！";
    string sURL = "InfoTypeManage.aspx";
    Response.Write("<script>alert('" + sMessage + "');location.href='" + sURL + "'</script>");
}
```

说明

对应 Repeater 控件<ItemTemplate>模板中，LinkButton OnCommand= " lbnDisable_Click"事件代码以及 LinkButton OnCommand= "lbnEnable_Click"事件代码分别实现信息类别停用功能及信息类别启用功能。

5. 页面运行

用户以管理员身份登录进入"信息类别管理"页面，该页面运行效果如图 1-26 所示。

相关知识点

HyperLink 控件、LinkButton 控件、Repeater 控件、ADO.NET 介绍（Connection 对象、Command 对象、DataReader 对象、DataAdapter 对象、DataSet 对象、DataTable 对象）

知识点 1-8　HyperLink 控件

HyperLink 控件又称超级链接控件，工具箱中的图标为 A HyperLink，主要用于创建页面链接。不同于 LinkButton 控件，HyperLink 控件不向服务器端提交表单。HyperLink 控件的主要优点是可以在服务器代码中设置链接属性，使用 HyperLink 控件的另一个优点是可以使用数据绑定来指定链接的目标 URL。HyperLink 控件的常用属性及说明如表 1-28 所示，HyperLink 控件的常用事件及说明如表 1-29 所示。

表 1-28　HyperLink 控件的常用属性及说明

属 性 名	属 性 说 明
ID	控件的 ID 名称
Text	获取或设置 HyperLink 控件的文本标题
Enabled	控件是否可用
ImageUrl	获取或设置为 HyperLink 控件显示的图像的路径
NavigateUrl	获取或设置单击 HyperLink 控件时链接到的 URL
Target	指示要在其中显示链接网页的目标窗口或框架的 ID。可以通过名称指定窗口，也可以使用预定义的目标值（如"_top"、"_parent"等）来指定

表 1-29　HyperLink 控件的常用事件及说明

事 件 名	事 件 说 明
Click	在 Hyperlink 上单击鼠标左键时发生
KeyDown	在焦点位于此元素上并且用户按下键时发生

知识点 1-9 LinkButton 控件

LinkButton 控件又称链接按钮控件，工具箱中的图标为 LinkButton。LinkButton 控件是 Button 控件和 HyperLink 控件的结合，实现具有超级链接样式的按钮。LinkButton 控件的功能与 Button 控件、HyperLink 控件相同，是一个类似超链接的控件。此控件没有 HyperLink 控件的 NavigateUrl 属性，但有 Button 控件的 OnClick 事件。HyperLink 控件会即时将用户"导航"到目标 URL，控件不会回送到服务器上。LinkButton 控件则首先将控件发回到服务器，然后将用户"导航"到目标 URL。如果在"到达"目标 URL 之前需要进行服务器端处理，则使用 LinkButton 控件；如果无须进行服务器端处理，则可以使用 HyperLink 控件。

LinkButton 控件格式如下：

```
<ASP:LinkButton ID ="程序代码控制的名称" runat="server"
text="按钮上的文字"
command="命令名称"
commandargument="命令参数"
OnClick="事件程序名称"> 按钮上的文字 </ASP:LinkButton>
```

LinkButton 控件的常用属性及说明如表 1-30 所示，HyperLink 控件的常用事件及说明如表 1-31 所示。

表 1-30 LinkButton 控件的常用属性及说明

属 性 名	属 性 说 明
ID	控件的 ID 名称
Text	获取或设置显示在 LinkButton 控件上的文本标题
CommandArgument	获取或设置与关联的 CommandName 属性一起传递到 Command 事件处理程序的可选参数
CommandName	获取或设置与 LinkButton 控件关联的命令名。此值与 CommandArgument 属性一起传递到 Command 事件处理程序
OnClientClick	获取或设置在引发某个 LinkButton 控件的 Click 事件时所执行的客户端脚本
PostBackUrl	获取或设置单击 LinkButton 控件时从当前页发送到的网页的 URL
ValidationGroup	获取或设置在 LinkButton 控件回发到服务器时要进行验证的控件组

表 1-31 LinkButton 控件的常用事件及说明

事 件 名	事 件 说 明
Click	在单击 LinkButton 控件时发生
Command	在单击 LinkButton 控件时发生
Load	当服务器控件加载到 Page 对象中时发生

知识点 1-10 Repeater 控件

Repeater 控件又称重复列表控件，工具箱中的图标为 Repeater，主要用于模板化的数据绑定列表，是一个数据绑定容器控件，用于生成各个项的列表。使用模板来定义网页上的各个项的布局。当该页运行时，该控件为数据源中的每个项重复此布局。

Repeater 控件是"无外观的"，即它不具有任何内置布局或样式，也就不会产生任何数据控制表格来控制数据的显示。因此，必须在控件的模板中明确声明所有 HTML 布局标记、格式标记和样式标记。必须将 Repeater 控件绑定到数据源，Repeater 控件包含 5 个模板，如表 1-32 所示。

表 1-32 Repeater 控件的 5 个模板及说明

模 板	说 明
ItemTemplate	包含要为数据源中每个数据项都要呈现一次的 HTML 元素和控件
AlternatingItemTemplate	包含要为数据源中每个数据项都要呈现一次的 HTML 元素和控件。通常，可以使用此模板为交替项创建不同的外观，如指定一种与在 ItemTemplate 中指定的颜色不同的背景色
HeaderTemplate 和 FooterTemplate	包含在列表的开始和结束处分别呈现的文本和控件
SeparatorTemplate	包含在每项之间呈现的元素。典型的示例可能是一条直线（使用 hr 元素）

知识点 1-11 ADO.NET 介绍

ADO.NET 是对 Microsoft ActiveX Data Objects（ADO）的一个跨时代的改进，它提供了平台互用性和可伸缩的数据访问。由于传送的数据都是 XML 格式的，因此任何能够读取 XML 格式的应用程序都可以进行数据处理。

（1）Connection 对象。Connection 对象也称为数据库连接对象，Connection 对象的功能是负责对数据源的连接。所有 Connection 对象的基类都是 DbConnection 类，对于 SQL Server 数据库文件的连接，则要用到 System.Data.SqlClient 命名空间上的 SqlConnection 类，该类继承 Connection 对象的基类抽象类 DbConnection。

Connection 对象有两个重要属性：ConnectionString，表示用于打开 SQL Server 数据库的字符串；State，表示 Connection 的状态，有 Closed 和 Open 两种状态。

Connection 对象有两个重要方法：Open( )方法，指示打开数据库；Close( )方法，指示关闭数据库。

在实际开发中经常要写数据库连接字符串 ConnectionString，其实有一个很简单的技巧，即利用 Visual Studio 2010 连接向导配置连接到 Access 数据库文件、ODBC 数据源、SQL Server 数据库、SQL Server 手机版数据库、SQL Server 数据库文件、Oracle 数据库文件及其他数据库文件的连接字符串 ConnectionString。

如果要连接的数据库服务器与开发者所使用的机器是同一台机器，那么可以使用"（local）"或者"."或者"127.0.0.1"。如果在一台机器上运行着同一种数据库的不同版本，比如说在"jsj"这台主机上同时运行着 SQL 2008 和 SQL Express 两种版本，并且它们所使用的 Windows 服务名分别为"SQL2008"和"SQLExpress"，那么要连接到 SQL 2008 这个数据库上所使用的服务器名就应该填写"jsj\SQL2008"（"主机名\实例名"或者"主机 IP\实例名"的方式）。

（2）Command 对象。Command 对象也称为数据库命令对象，所有 Command 对象的基类都是 DbCommand 类，对于 SQL Server 数据库文件操作的 Command 对象，则要用到 System.Data.SqlClient 命名空间上的 SqlCommand 类，该类继承 Command 对象的基类抽象类 DbCommand。

Command 对象主要执行包括添加、删除、修改及查询数据的操作的命令。也可以用来执行存储过程。用于执行存储过程时需要将 Command 对象的 CommandType 属性设置为 CommandType.StoredProcedure，默认情况下 CommandType 属性为 CommandType.Text，表示执行的是普通 SQL 语句。

Command 主要有以下三个方法。

① ExecuteNonQuery()：执行一个 SQL 语句，返回受影响的行数，这个方法主要用于执

行对数据库执行增加、更新、删除操作。注意，查询时不是调用这个方法。

② ExecuteReader()：执行一个查询的 SQL 语句，返回一个 DataReader 对象。

③ ExecuteScalar()：从数据库检索单个值。这个方法主要用于统计操作。

在操作数据库时，为了提高性能，都遵循一个原则：数据库连接对象应该尽可能晚打开，尽可能早关闭。

（3）DataReader 对象。DataReader 对象是一个读取行的只读流的方式，绑定数据时比使用数据集方式性能要高，因为它是只读的，所以如果要对数据库中的数据进行修改就需要借助其他方法将所作的更改保存到数据库。

DataReader 对象的基类都是 DataReader 类，对于 SQL Server 数据库文件操作的 DataReader 对象，则要用到 System.Data.SqlClient 命名空间上的 SqlDataReader 类，该类继承 DataReader 对象的基类的抽象类 DataReader。DataReader 对象不能通过直接实例化，必须借助与其相关的 Command 对象来创建实例，如用 SqlCommand 实例的 ExecuteReader()方法可以创建 SqlDataReader 实例。

因为 DataReader 对象读取数据时需要与数据库保持连接，所以在使用 DataReader 对象读取完数据之后应该立即调用它的 Close()方法关闭，并且还应该关闭与之相关的 Connection 对象。在.NET 类库中提供了一种方法，在关闭 DataReader 对象的同时自动关闭掉与之相关的 Connection 对象，使用这种方法时可以为 ExecuteReader()方法指定一个参数，例如：

SqlDataReader reader =command.ExecuteReader(CommandBehavior.CloseConnection);

CommandBehavior 是一个枚举，上面使用了 CommandBehavior 枚举的 CloseConnection 值，它能在关闭 SqlDataReader 时关闭相应的 SqlConnection 对象。

DataReader 对象读取数据有 3 种方式。

① 按查询时列的索引用指定的方式来读取列值，无须做相应转换，如 GetByte（int i）就是读取第 i 列的值并且转换成 Byte 类型的值。这种方法的优点是指定列后直接将该列的值直接读取出来了，无须再转换，缺点是一旦指定的列不能按照指定的方式转换时就会抛出异常，如数据库里字段的类型是 String 类型或者该字段的值为空时，按照 GetByte(i)这种方式读取会抛出异常。

② 按照列索引的方式读取，在读取时并不进行值转换，如 reader[5]就是读取第 5 列的值（这里 reader 是一个 Reader 对象的实例），这样得到的值是一个 Object 类型的值，因为在数据库中可能存储各种类型的值，而 Object 是所有类的基类，所以这个方法不会抛出异常。如果要得到它的正确类型，还需要根据数据库里的字段进行相应转换。

③ 按照列名的方式读取，并且在读取时也不进行相应转换，得到的是 Object 类型的值。

以上 3 种方式各有特点，第 1 种方式最直接，但是有可能抛出异常；第 2 种方式比第一种稍微灵活一些，根据读取到值为空（在.NET 里用 DBNull 类来表示，可以表示数据库中任意数据类型的空值），不进行相应的类型转换，避免出现异常；第 3 种方式按照列的名字来读取数据，也需要按照第 2 种方式进行一定的转换。就性能来说第 1 种最高，第 2 种稍低，第 3 种最低，就灵活性来说第 3 种最灵活，第 2 种次之，第 1 种最不灵活。实际开发中应根据实际情况选择合适的方式。

（4）DataAdapter 对象。DataAdapter 对象也称为数据适配器对象，DataAdapter 对象的基类是 DbDataAdapter，对于 SQL Server 数据库文件的操作，则要用到 System.Data.SqlClient 命名空间上的 SqlDataAdapter 类，该类继承 DataAdapter 对象的基类的抽象类 DbDataAdapter。

DataAdapter 对象利用数据库连接对象（Connection）连接的数据源，使用数据库命令对象（Command）规定的操作从数据源中检索出数据送往数据集对象（DataSet），或者将数据集中经过编辑后的数据送回数据源。

数据适配器将数据填入数据集时调用方法 Fill()，语句为：

dataAdapter1.Fill(dataTable); //直接填充表

或者

dataAdapter1.Fill(dataSet11, "Products");//填充 dataSet11 数据集中的"Products"表

当 dataAdapter1 调用 Fill()方法时，将使用与之相关联的命令组件所指定的 SELECT 语句从数据源中检索行，然后将行中的数据添加到 DataSet 中的 DataTable 对象中或者直接填充到 DataTable 的实例中，如果 DataTable 对象不存在，则自动创建该对象。

当执行上述 SELECT 语句时，与数据库的连接必须有效，但不需要用语句将连接对象打开。如果调用 Fill()方法之前与数据库的连接已经关闭，则将自动打开它以检索数据，执行完毕后再自动将其关闭。如果调用 Fill()方法之前连接对象已经打开，则检索后继续保持打开状态。

注意：一个数据集中可以放置多张数据表。但是每个数据适配器只能够对应于一张数据表。

（5）DataSet 对象。DataSet 对象也称为数据集对象，DataSet 对象用于表示那些储存在内存中的数据，它相当于一个内存中的数据库。它可以包括多个 DataTable 对象及 DataView 对象。DataSet 主要用于管理存储在内存中的数据及对数据的断开操作。

由于 DataSet 对象提供了一个离线的数据源，从而减轻了数据库及网络的负担，在设计程序时可以将 DataSet 对象作为程序的数据源。

（6）DataTable 对象。DataTable 是 ADO.NET 库中的核心对象，就像普通的数据库中的表一样，它也有行和列。它主要包括 DataRow 和 DataColumn，分别代表行和列。

① 数据行（DataRow）。数据行是给定数据表中的一行数据，或者说是数据表中的一条记录。它可能代表一个学生、一位用户、一张订单或者一件货物的相关数据。DataRow 对象的方法提供了对表中数据的插入、删除、更新和查看等功能。提取数据表中的行的语句为：

DataRow dr = dt.Rows[n];

其中，DataRow 代表数据行类；dr 是数据行对象；dt 代表数据表对象；n 代表行的序号（序号从 0 开始）。

② 数据列（DataColumn）。数据表中的数据列（又称字段）定义了表的数据结构，可以用它确定列中的数据类型和大小，还可以对其他属性进行设置。例如：确定列中的数据是否是只读的、是否是主键、是否允许空值等；还可以让列在一个初始值的基础上自动增值，增值的步长还可以自行定义，某列的值需要在数据行的基础上进行。

1.3.4　子任务 4　信息类别修改页面设计

 子任务 4 描述

利用 ASP.NET 标准控件 TextBox、HyperLink 控件、Button 控件完成信息类别修改页面设计及程序设计。

信息发布系统后台信息类别修改页面及运行效果如 1.3.3 子任务 3 的图 1-31 所示，在该图的类别名称后的文本框中显示要修改的信息类别名称，修改显示的信息类别名称，单击该图中的"确定"按钮，显示"信息分类名称修改成功！"消息框后返回并刷新"InfoTypeManage.aspx"页面。

① 能按照代码规范组织代码的编写；
② 能熟练运用 ASP.NET 常用标准控件 TextBox、HyperLink 控件和 Button 控件等；
③ 能运用 ADO.NET 的知识实现对数据库连接等操作；
④ 能熟练运用 Page 对象的 IsPostBack 属性对页面加载的处理。

▶ 1. 添加 InfoTypeModify.aspx 窗体

在"Web"项目的"Admin/ips"文件夹内，添加名为"InfoTypeManage.aspx"的 Web 窗体。

▶ 2. 信息类别修改页面的 function 层和 content 层功能实现

信息类别修改页面的 function 层和信息类别管理页面的 function 层一致，请参见信息类别管理的 function 层实现方法。

content 层的功能主要是实现信息类别修改，具体步骤如下。

（1）在 content 层插入 form 标签，代码如下。

```
<form id="InfoTypeModifyForm" runat="server">

</form>
```

（2）在 form 标签内插入 4 行 2 列的表格。

第 1 行：主要显示"信息类别修改"列表信息，代码如下。

```
<tr>
    <th colspan="2">信息类别修改</th>
</tr>
```

第 2 行：在文本框中显示信息类别编号，以供用户修改，代码如下。

```
<tr>
    <td>类别编号</td>
    <td>
        <asp:TextBox ID="txtTypeNo" runat="server" Width="200px"></asp:TextBox>
    </td>
</tr>
```

第 3 行：在文本框中显示信息类别名称，以供用户修改，代码如下。

```
<tr>
    <td>类别名称</td>
    <td>
        <asp:TextBox ID="txtTypeName" runat="server" Width="200px"></asp:TextBox>
    </td>
</tr>
```

第 4 行：放置 1 个 Button 按钮控件，以供用户提交修改后的信息类别，代码如下。

```
<tr>
    <td></td>
```

```
            <td>
                <asp:Button ID="btnSumbit" runat="server" Text=" 确 定 "
OnClick="btnSubmit_Click" CssClass="button"/>
            </td>
        </tr>
```

content 层内用到了 2 个 TextBox、1 个 Button，各控件属性设置如表 1-33 所示。

表 1-33 子任务 4 内容层控件主要属性设置表

控件名	属性名	设置值
TextBox1	ID	txtTypeNo
	Width	200px
TextBox2	ID	txtTypeName
	Width	200px
Button1	ID	btnSumbit
	CssClass	button
	Text	确定

3. 页面功能实现

完成了信息类别修改页面 InfoTypeModify.aspx 及各控件的属性设计后，还需要编写页面后置代码文件 InfoTypeModify.aspx.cs，页面的后置代码文件将调用类 UtIpsInfoType 中的 getInfoTypeById()方法，该方法主要实现根据类别 ID 查询类别编号和类别名称的功能，步骤如下。

（1）修改 IpsCommonDBFunction 类库的 ips 文件夹中 UtIpsInfoType 类文件，在该类文件中添加根据类别 id 查询类别编号和类别名称以及修改类别的方法。

在 UtIpsInfoType 类中，添加根据类别 ID 查询类别编号和名称的 getInfoTypeById()方法，代码如下：

```
/// <summary>
/// 根据 infoTypeId，查询类别编号和类别名称
/// </summary>
/// <param name="infoTypeId">类别 ID</param>
/// <returns>类别编号和类别名称数组</returns>
public string[] getInfoTypeById(long infoTypeId)
{
    string[] value = { string.Empty, string.Empty };
    sql = "select id,typeNo,name,stat from ut_ips_infoType where (ID=" + infoTypeId + ")";
    DataTable dt = getInfoTypeBySql(sql);
    value[0] = dt.Rows[0]["typeNo"].ToString();
    value[1] = dt.Rows[0]["name"].ToString();
    return value;
}
```

在 UtIpsInfoType 类中，添加修改类别的方法 modifyInfoType()，代码如下：

```
/// <summary>
/// 修改类别
/// </summary>
/// <param name="sql">修改类别的 sql 语句</param>
public void modifyInfoType(string sql)
{
    if (conn.State == 0)
    {
        conn.Open();
```

```csharp
            comm.Connection = conn;
            comm.CommandText = sql;
            comm.ExecuteNonQuery();
            conn.Close();
        }
    }
}
```

（2）页面后置代码文件 InfoTypeModify.aspx.cs 的实现。信息类别修改页面后置代码文件主要包含 Page_Load 事件、修改信息类别按钮的 Click 事件。

建立 UtIpsInfoType 类的对象 utIpsInfoType，以便调用 UtIpsInfoType 类中的方法。代码如下：

```csharp
/// <summary>
/// infoType 业务操作类
/// </summary>
UtIpsInfoType utIpsInfoType = new UtIpsInfoType();
/// <summary>
/// 类别 ID
/// </summary>
long infoTypeID;
```

Page_Load 事件代码如下：

```csharp
protected void Page_Load(object sender, EventArgs e)
{
    //从 url 中获取类别 ID
    if (Request.QueryString["infoTypeID"] != null)
    {
        infoTypeID = Convert.ToInt64(Request.QueryString["infoTypeID"].ToString());
        if (!Page.IsPostBack)
        {
            string[] value = utIpsInfoType.getInfoTypeById(infoTypeID);
            txtTypeNo.Text = value[0];
            txtTypeName.Text = value[1];
        }
    }
}
```

修改信息类别按钮的 Click 事件代码如下：

```csharp
protected void btnSubmit_Click(object sender, EventArgs e)
{
    string sql = "update ut_ips_infoType set name='" + txtTypeName.Text.Trim() + "',";
    sql += "typeNo='" + txtTypeNo.Text.Trim() + "' ";
    sql += "where id=" + infoTypeID;
    utIpsInfoType.modifyInfoType(sql);
    string sMessage = "信息类别修改成功！";
    Response.Write("<script language=javascript>alert('" + sMessage +
"');history.go(-1);window.opener.location.reload();window.opener=null;window.close();</script>");
}
```

▶4. 页面运行

用户以管理员身份登录进入"信息类别管理"页面，单击欲修改的"信息类别"行的"修改"按钮，出现如图 1-31 所示的效果。

1.3.5　子任务 5　信息管理页面设计

子任务 5 描述

利用 ASP.NET 标准控件 TextBox、HyperLink、DropDownList、Button 及 ASP.NET 数据类控件 Repeater 完成信息发布系统后台"信息管理"页面设计及程序设计。

信息发布系统后台"信息管理"页面及运行效果如图 1-33 所示；在该图左边的链接中，单击"信息增加"HyperLink 链接按钮，显示"信息添加"页面；在如图 1-33 所示的页面中单击"修改"链接按钮，打开"信息修改"页面；在如图 1-33 所示的页面中单击"删除"链接按钮，显示"是否真的删除信息名称×××"消息框，如果单击"是"按钮，则对应的"信息"被删除；在如图 1-33 所示的页面中单击信息标题，可以浏览该信息的"信息"详情页面。

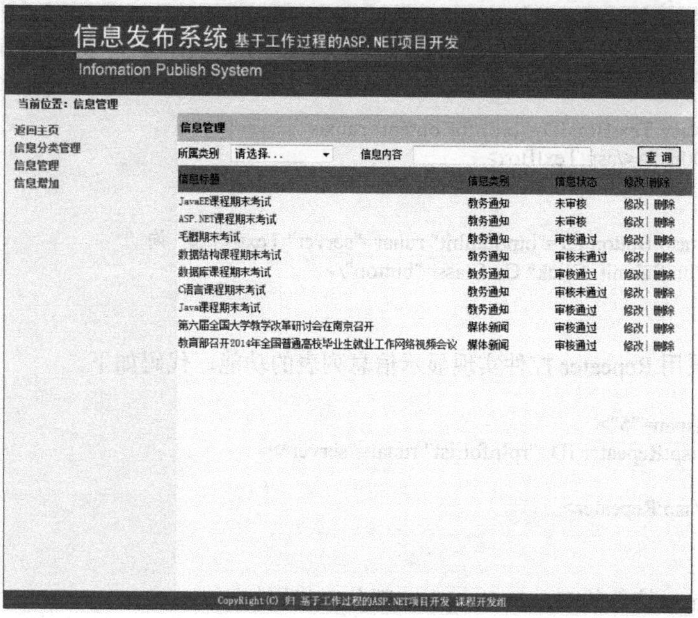

图 1-33　信息管理页面

技能目标

同子任务 3。

操作要点与步骤

▶ 1. 添加 InfoManage.aspx 窗体

在"Web"项目的"Admin/ips"文件夹内，添加名为"InfoManage.aspx"的 Web 窗体。

▶ 2. content 层功能实现

(1) 在<div id="content"></div>标签内插入 form,代码如下。

```
<form id="infoManageForm" runat="server">

</form>
```

(2) 在 form 标签内插入 3 行 5 列的表格。

第 1 行:显示"信息管理"列表信息,代码如下。

```
<tr>
    <th colspan="5">信息管理</th>
</tr>
```

第 2 行:在下拉列表框中选择"信息类别"选项,单击"查询"按钮进行分类查询。也可根据信息类别及在信息内容对应的文本框中输入信息内容,单击"查询"按钮进行模糊查询,代码如下。

```
<tr>
    <td>所属类别</td>
    <td>
        <asp:DropDownList ID="ddlInfoType" runat="server" Width="120px">
        </asp:DropDownList>
    </td>
    <td>信息内容</td>
    <td>
        <asp:TextBox ID="txtInfoContent" runat="server" Width="200px"></asp:TextBox>
    </td>
    <td>
        <asp:Button ID="btnSumbit" runat="server" Text=" 查 询 " OnClick="btnSubmit_Click" CssClass="button"/>
    </td>
</tr>
```

第 3 行:采用 Repeater 控件实现显示信息列表的功能,代码如下。

```
<tr>
    <td colspan="5">
        <asp:Repeater ID="rpInfoList" runat="server">

        </asp:Repeater>
    </td>
</tr>
```

设置 Repeater 控件的 HeaderTemplate 部分,代码如下。

```
<HeaderTemplate>
    <table>
        <tr style="background-color:#009AFF; height:30px;">
            <td style="width:340px;">信息标题</td>
            <td style="width:100px;">信息类别</td>
            <td style="width:80px;">信息状态</td>
            <td style="width:80px;">修改/删除</td>
        </tr>
</HeaderTemplate>
```

设置 Repeater 控件的 ItemTemplate 部分,代码如下。

```
<ItemTemplate>
    <tr>
        <td>
            <a href='../../../Front/ips/InfoDetailView.aspx?InfoID=<%# Eval("infoId") %>' target="_blank"> <%# Eval("infoTitle") %>
            </a>
```

```
            </td>
            <td><%# Eval("typeName") %></td>
            <td><%# Eval("infoStat") %></td>
            <td>
                <a href='InfoModify.aspx?InfoID=<%# Eval("infoId") %>'
                   target="_slef">修改</a>/               <asp:LinkButton ID= "lbnDelete"
                CommandName='<%# Eval("infoTitle")%>' CommandArgument='<%#
                Eval("infoId") %>' OnCommand= "lbnDelete_Click " OnClientClick=
                "return confirm( '你确定要删除这条新闻记录?'); "  runat="server">
                删除  </asp:LinkButton>
            </td>
        </tr>
</ItemTemplate>
```

设置 Repeater 控件的 FooterTemplate 部分，代码如下。

```
<FooterTemplate>
        </table>
</FooterTemplate>
```

content 层内用到了 1 个 DropDownList、1 个 TextBox、1 个 Button、1 个 Repeater 控件以及嵌套在 Repeater 控件内的 1 个 LinkButton 控件，各控件属性设置如表 1-34 所示。

表 1-34 子任务 5 内容层控件主要属性设置表

控件名	属性名	设置值
DropDownList1	ID	ddlInfoType
	Width	120px
TextBox1	ID	txtInfoContent
	Width	200px
Button1	ID	btnSumbit
	CssClass	button
	Text	查询
Repeater1	ID	rpInfoList
LinkButton1	ID	lbnDelete
	CommandName	<%# Eval("infoTitle")%>
	CommandArgument	<%# Eval("infoId") %>
	OnCommand	lbnDelete_Click
	OnClientClick	return confirm('你确定要删除这条新闻记录?');

3. InfoManage.aspx 页面功能实现

完成了 InfoManage.aspx 页面及各控件的属性设计后，还需要编写页面后置代码文件 InfoManage.aspx.cs 代码，页面的后置代码文件将调用 UtIpsInfoType 类的 getInfoTypeBySql() 方法，实现信息所属类别的下拉列表项的绑定。另外，为了实现查询、修改、删除信息以及查看信息详情等功能，还需要新建 UtIpsInfoDetail 类。

（1）在 IpsCommonDBFunction 类库的 ips 文件夹中新建 UtIpsInfoDetail 类，该类主要实现根据 sql 语句查询信息列表、根据 sql 语句更新信息等功能。

UtIpsInfoDetail 类体属性与 UtIpsInfoType 类体属性相同。

UtIpsInfoDetail 类中实现"根据 sql 语句查询信息列表"功能的方法代码如下。

```
/// <summary>
/// 根据 sql 语句，查询信息
/// </summary>
/// <param name="sql">sql 语句</param>
```

```csharp
/// <returns>信息列表</returns>
public DataTable getInfoListBySql(string sql)
{
    DataTable dt = new DataTable();
    if (conn.State == 0)
    {
        conn.Open();
        comm.Connection = conn;
        comm.CommandText = sql;
        sda.SelectCommand = comm;
        sda.Fill(dt);
        conn.Close();
    }
    return dt;
}
```

UtIpsInfoDetail 类中实现"更新信息"功能的方法代码如下。

```csharp
/// <summary>
/// 根据 sql 语句，更新 info 信息
/// </summary>
/// <param name="sql">待更新的 sql 语句</param>
public void updateInfo(string sql)
{
    if (conn.State == 0)
    {
        conn.Open();
        comm.CommandText = sql;
        comm.Connection = conn;
        comm.ExecuteNonQuery();
        conn.Close();
    }
}
```

（2）信息管理页面后置代码文件 InfoManage.aspx.cs 的代码实现。

信息管理页面后置代码文件主要包含 Page_Load 事件、查询信息按钮的 Click 事件、删除信息按钮的 Click 事件等。

添加页面后置代码文件 InfoManage.aspx.cs 类体属性，代码如下。

```csharp
/// <summary>
/// 信息类别业务处理类
/// </summary>
UtIpsInfoType utIpsInfoType = new UtIpsInfoType();
/// <summary>
/// 信息业务处理类
/// </summary>
UtIpsInfoDetail utIpsInfoDetail = new UtIpsInfoDetail();
/// <summary>
/// 信息类别 id
/// </summary>
long infoTypeId;
/// <summary>
/// sql 语句变量
/// </summary>
string sql = string.Empty;
```

Page_Load 事件代码如下。

```csharp
protected void Page_Load(object sender, EventArgs e)
{
    if (!Page.IsPostBack)
    {
```

```
            //加载时，绑定 Repeater 控件，显示新闻列表；
            sql = "select infoId,infoTitle,typeName,infoStat from uv_ips_infoDetail where 1=1 ";
            sql += "and typeStat='1' ";//类别状态正常
            sql += "and infoStat<>'0' and infoStat<>'4' ";//不查询草稿和删除的信息
            sql += "and infoEndtime>getdate() ";         //下架日期在当前日期之后
            sql += "order by infoTop,infoPublishtime";//排序
            data2Page(sql);
        }
    }
```

将数据绑定到页面的 data2Page()方法代码如下。

```
/// <summary>
/// 根据 sql 语句，将数据绑定到页面
/// </summary>
/// <param name="sql">sql 语句</param>
private void data2Page(string sql)
{
    DataTable dtInfo = utIpsInfoDetail.getInfoListBySql(sql);
    //修改 info 状态
    for (int i = 0; i < dtInfo.Rows.Count; i++)
    {
        DataRow dr = dtInfo.Rows[i];
        if (dr["infoStat"].ToString() == "1")
            dr["infoStat"] = "未审核";
        else if (dr["infoStat"].ToString() == "2")
            dr["infoStat"] = "审核未通过";
        else if (dr["infoStat"].ToString() == "3")
            dr["infoStat"] = "审核通过";
    }
    //将 info 数据绑定到控件
    rpInfoList.DataSource = dtInfo;
    rpInfoList.DataBind();
    sql = "select id,name from ut_ips_infoType where stat=1";
    DataTable dtInfoType = utIpsInfoType.getInfoTypeBySql(sql);
    //添加"请选择..."行
    DataRow drInfoType = dtInfoType.NewRow();
    drInfoType["id"] = 0;
    drInfoType["name"] = "请选择...";
    dtInfoType.Rows.InsertAt(drInfoType, 0);
    //将 intoType 数据绑定到控件
    ddlInfoType.DataSource = dtInfoType;
    ddlInfoType.DataTextField = "name";
    ddlInfoType.DataValueField = "id";
    ddlInfoType.DataBind();
}
```

查询信息按钮的 Click 事件代码如下。

```
protected void btnSubmit_Click(object sender, EventArgs e)
{
    infoTypeId = Convert.ToInt64(this.ddlInfoType.SelectedValue);//取出下拉列表框中选项的值（信息类别 ID）
    sql = "select infoId,infoTitle,typeName,infoStat from uv_ips_infoDetail where 1=1 ";
    sql += "and typeStat='1' ";                //类别状态正常
    sql += "and infoStat<>'0' and infoStat<>'4' ";//不查询草稿和删除的信息
    sql += "and infoEndtime>getdate() ";       //下架日期在当前日期之后
    if (ddlInfoType.SelectedValue != "0")      //页面上选择了信息类别
        sql += " and infoTypeId=" + ddlInfoType.SelectedValue;
    if (txtInfoContent.Text.Trim() != "")      //页面上信息内容文本框输入了内容
        sql += " and infoContent like '%" + txtInfoContent.Text.Trim() + "%'";//按照信息内容进行模糊查询
```

```
        sql += " order by infotop,infopublishtime";//排序
        data2Page(sql);
}
```

删除信息按钮的 Click 事件代码如下。

```
protected void lbnDelete_Click(object sender, CommandEventArgs e)
{
    string infoTitle = e.CommandName.ToString(); //得到需要删除信息的标题
    int infoId = int.Parse(e.CommandArgument.ToString());//得到需要删除信息的编号（Id）
    sql = "update ut_ips_info set stat ='4' where id=" + infoId;
    utIpsInfoDetail.updateInfo(sql);
    string sMessage = "信息 " + infoTitle + " 删除成功！ ";
    string sURL = "InfoManage.aspx";
    Response.Write("<script>alert('" + sMessage + "');location.href='" + sURL + "'</script>");
}
```

▶4. 页面代码的保存与运行

用户以管理员身份登录进入系统后台，在左侧单击"信息管理"选项，打开信息管理页面，显示如图 1-33 所示的效果图。

1.3.6 子任务 6 信息添加页面设计

子任务 6 描述

利用 ASP.NET 标准控件 Label、TextBox、DropDownList、Button 及 ASP.NET 验证控件 RequiredFieldValidator、ValidationSummary 完成信息发布系统后台信息增加页面设计及程序设计；另外，在本任务中用到第三方 FreeTextBox 控件，完成图片及文字的编辑工作。

在图 1-33 所示的页面中，单击左侧的"信息增加" HyperLink 链接按钮，可显示信息发布系统后台"信息添加"页面，运行效果如图 1-34 所示。

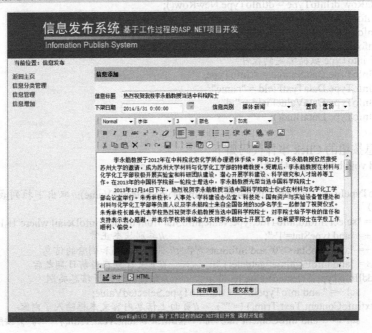

图 1-34 "信息添加"页面

① 能熟练运用 Microsoft Visual Studio 建立网站，理解网站的类型；
② 能熟练运用 ASP.NET 常用标准控件 Label、TextBox、DropDownList 和 Button 等；
③ 能熟练运用 ASP.NET 验证控件 RequiredFieldValidator、CompareValidator 和 ValidationSummary 完成对信息的验证；
④ 能熟练使用第三方 FreeTextBox 控件，完成图片及文字的编辑工作，为以后的实际应用打下坚实的基础；
⑤ 能运用 ADO.NET 的知识实现对数据库连接等操作；
⑥ 能熟练运用 Page 对象的 IsPostBack 属性对页面加载的处理；
⑦ 能按照代码规范组织代码的编写。

▶1. 添加 InfoAdd.aspx 窗体

在"Web"项目的"Admin/ips"文件夹内，添加名为"InfoAdd.aspx"的 Web 窗体。

▶2. 设置 ValidateRequest 相关属性

在<%@ Page %>中增加 ValidateRequest="false"属性；在下一行添加对 FreeTextBox 控件的注册（FreeTextBox 控件的相关知识及设置见"知识点 1-13 第三方控件 FreeTextBox"）。

在<html>标签上方添加如下代码。

```
<%@ Page Language="C#" ValidateRequest="false" AutoEventWireup="true" CodeBehind="InfoAdd.aspx.cs" Inherits="Web.Admin.ips.InfoAdd" %>
<%@ Register TagPrefix="ftb" Namespace="FreeTextBoxControls"
    Assembly="FreeTextBox"  %>
```

▶3. function 层功能实现

信息增加页面的 function 层和信息类别管理页面的 function 层一致，请参见信息类别管理的 function 层实现方法。

▶4. content 层功能实现

（1）在 content 层插入 form 标签，代码如下。

```
<form id="infoAddForm" runat="server">

</form>
```

（2）在 form 标签内插入 6 行 7 列的表格。

第 1 行：显示"信息添加"列表信息，代码如下。

```
<tr>
    <th colspan="7">信息修改</th>
</tr>
```

第 2 行：放置 ValidationSummary 验证控件，统一显示验证控件的出错信息，代码如下。

```
<tr>
    <td colspan="7">
        <asp:ValidationSummary ID="validationSummary" runat="server"
            ForeColor="Red" ShowSummary="True"
            DisplayMode="SingleParagraph" ValidationGroup="vgInfo" />
```

第 3 行：放置 TextBox、RequiredFieldValidator 控件，提示用户输入"信息标题"，并具有验证用户是否输入"信息标题"的功能，代码如下。

```
<tr>
    <td>信息标题</td>
    <td colspan="6">
        <asp:TextBox ID="txtTitle" runat="server" Width="520px" ></asp:TextBox>
        <asp:RequiredFieldValidator ID="rfvTitle" runat="server"
            ControlToValidate="txtTitle"
            Display="Dynamic" ErrorMessage="标题不能空" ForeColor="Red"
            ValidationGroup="vgInfo">*</asp:RequiredFieldValidator>
    </td>
</tr>
```

第 4 行：放置 TextBox、RequiredFieldValidator、ImageButton、Calendar 控件，提示用户通过单击图片按钮后弹出日期控件输入"下架日期"，并具有验证用户是否输入"下架日期"的功能。放置 2 个 DropDownList 下拉列表框控件，供用户选择"信息所属分类"以及"信息是否置顶"操作所用，代码如下。

```
<tr>
    <td>下架日期</td>
    <td>
        <asp:TextBox ID="txtEndDate" runat="server" Width="133px" ReadOnly="true"></asp:TextBox>
        <asp:ImageButton ID="ibnCalendar" runat="server"
            ImageUrl="~/images/calendar.jpg" onclick="ibnCalendar_Click"/>
        <asp:Calendar ID="cdEndDate" runat="server" BackColor="White"
            BorderColor="#3366CC" BorderWidth="1px" CellPadding="1"
            DayNameFormat="Shortest" Font-Names="Verdana"
            Font-Size="8pt" ForeColor="#003399"
            OnSelectionChanged="cdEndDate_SelectionChanged"
            Visible="false" BorderStyle="Solid" NextPrevFormat="ShortMonth"
            CssClass="left: 300px; position:absolute; top: 200px;">
            <SelectedDayStyle BackColor="#009999" Font-Bold="True" ForeColor="#CCFF99" />
            <TodayDayStyle BackColor="#99CCCC" ForeColor="White" />
            <SelectorStyle BackColor="#99CCCC" ForeColor="#336666" />
            <WeekendDayStyle BackColor="#CCCCFF" />
            <OtherMonthDayStyle ForeColor="#999999" />
            <NextPrevStyle Font-Size="8pt" ForeColor="#CCCCFF" />
            <DayHeaderStyle BackColor="#99CCCC" ForeColor="#336666" Height="1px" />
            <TitleStyle BackColor="#003399" BorderColor="#3366CC"
                BorderWidth="1px" Font-Bold="True" Font-Size="10pt"
                ForeColor="#CCCCFF" Height="25px" />
        </asp:Calendar>
        <asp:RequiredFieldValidator ID="rfvEndDate" runat="server"
            ControlToValidate="txtEndDate"
            Display="Dynamic" ErrorMessage="结束不能空" ForeColor="Red"
            ValidationGroup="vgInfo">*</asp:RequiredFieldValidator>
    </td>
    <td>信息类别</td>
    <td>
        <asp:DropDownList ID="ddlInfoType" runat="server" Width="120px">
        </asp:DropDownList>
        <asp:CompareValidator ID="cvInfoType" runat="server"
            ControlToValidate="ddlInfoType" Display="Dynamic"
            ErrorMessage="类别必选" ForeColor="Red"
            ValueToCompare="0" Operator="NotEqual"
            ValidationGroup="vgInfo">*</asp:CompareValidator>
    </td>
```

```
        <td>置顶</td>
        <td>
            <asp:DropDownList ID="ddlIsTop" runat="server">
                <asp:ListItem Text="置顶" Selected="True" Value="0"></asp:ListItem>
                <asp:ListItem Text="不置顶" Value="1"></asp:ListItem>
            </asp:DropDownList>
        </td>
</tr>
```

第 5 行：放置 FreeTextBox、RequiredFieldValidator 控件，用户通过在 FreeTextBox 控件中输入文字及图片信息操作，并具有验证用户是否输入"文字及图片"的功能，代码如下。

```
<tr>
<td colspan="6">
    <ftb:FreeTextBox ID="FreeTextBox1" runat="Server"
        ButtonImagesLocation="ExternalFile" DesignModeCss="designmode.css"
        Focus="true" GutterBackColor="red" JavaScriptLocation="ExternalFile"
        Language="zh-CN"  SupportFolder="~/aspnet_client/FreeTextBox/"
        ToolbarImagesLocation="ExternalFile" ImageGalleryPath = "uploadpic"
        ToolbarLayout="ParagraphMenu,FontFacesMenu,FontSizesMenu,FontForeColorsMenu,FontForeColorPicker,FontBackColorsMenu,&#13;&#10;FontBackColorPicker|Bold,Italic,Underline,Strikethrough,Superscript,Subscript,RemoveFormat|JustifyLeft,JustifyRight,JustifyCenter,&#13;&#10;JustifyFull;BulletedList,NumberedList,Indent,Outdent;CreateLink,Unlink,InsertImage|Cut,Copy,Paste,Delete;Undo,Redo,Save|&#13;&#10;SymbolsMenu|InsertRule,InsertDate,InsertTime|InsertTable,EditTable;InsertTableRowAfter,&#13;&#10;InsertTableRowBefore,DeleteTableRow;InsertTableColumnAfter,InsertTableColumnBefore,DeleteTableColumn|InsertForm,InsertTextBox,&#13;&#10;InsertTextArea,InsertRadioButton,InsertCheckBox,InsertDropDownList,InsertButton|InsertDiv,EditStyle,InsertImageFromGallery,&#13;&#10;Preview,SelectAll,WordClean"
        ToolbarStyleConfiguration="officeXP" Width="580px" Height="260px">
    </ftb:FreeTextBox>
    <asp:RequiredFieldValidator ID="rfvFreeTextBox1" runat="server"
        ControlToValidate="FreeTextBox1" Display="Dynamic"
        ErrorMessage="内容不能空"
        ForeColor="Red" alidationGroup="vgInfo">*</asp:RequiredFieldValidator>
</td>
</tr>
```

第 6 行：放置"保存草稿"和"提交发布"2 个 Button 按钮，分别供用户对信息进行保存和发布操作，代码如下。

```
<tr>
<td colspan="6" style="text-align:center;">
    <asp:Button ID="btnSaveDraft" runat="server"
        CssClass="button" OnClick="btnSaveDraft_Click" Text="保存草稿" /> 
    <asp:Button ID="btnSubmitPublish" runat="server"
        CssClass="button" OnClick="btnSubmitPublish_Click" Text="提交发布" /> 
</td>
</tr>
```

content 层内用到了 2 个 TextBox、2 个 DropDownList、1 个 ImageButton、1 个 Calendar、2 个 Button、1 个 FreeTextBox，3 个 RequiredFieldValidator、1 个 CompareValidator 和 1 个 ValidationSummary 控件，各控件属性设置如表 1-35 所示。

表 1-35 子任务 6 内容层控件主要属性设置表

控件名	属性名	设置值
TextBox1	ID	txtTitle
	Width	520px
TextBox2	ID	txtEndDate
	ReadOnly	True
	Width	133px
DropDownList1	ID	ddlInfoType
	Width	120px

续表

控 件 名	属 性 名	设 置 值
DropDownList2	ID	ddlIsTop
ImageButton1	ID	ibnCalendar
	ImageUrl	~/images/calendar.jpg
Calendar1	ID	cdEndDate
Button1	ID	btnSumbit
	CssClass	button
	CausesValidation	True
	ValidationGroup	vgInfo
	Text	确定
Button2	ID	btnSumbit
	CssClass	button
	CausesValidation	True
	ValidationGroup	vgInfo
	Text	确定
ValidationSummary1	ID	validationSummary
	ShowSummary	True
	DisplayMode	SingleParagraph
	ValidationGroup	vgInfo
RequiredFieldValidator1	ID	rfvTitle
	ControlToValidate	txtTitle
	Display	Dynamic
	ValidationGroup	vgInfo
	ErrorMessage	标题不能空
	ForeColor	Red
RequiredFieldValidator2	ID	rfvEndDate
	ControlToValidate	txtEndDate
	Display	Dynamic
	ValidationGroup	vgInfo
	ErrorMessage	结束日期不能空
	ForeColor	Red
RequiredFieldValidator3	ID	rfvFreeTextBox1
	ControlToValidate	FreeTextBox1
	Display	Dynamic
	ValidationGroup	vgInfo
	ErrorMessage	内容不能空
	ForeColor	Red
CompareValidator1	ID	cvInfoType
	ControlToValidate	ddlInfoType
	Display	Dynamic
	ValidationGroup	vgInfo
	ErrorMessage	类别必选
	ForeColor	Red
	ValueToCompare	0
	Operator	NotEqual

▶ 5. 编写页面后置代码文件 InfoAdd.aspx.cs

完成了信息添加页面 InfoAdd.aspx 及各控件的属性设计后，还需要编写页面后置代码文件 InfoAdd.aspx.cs 的代码，同时为了获取登录用户的 ID，还需要修改登录页面的后置代码文件 Default.aspx.cs 的登录功能代码。

页面后置代码文件 InfoAdd.aspx.cs 主要包含 Page_Load 事件、保存草稿按钮 Click 事件、提交发布信息按钮的 Click 事件、日历控件的 SelectionChanged 事件以及显示/隐藏日历控件的 ImageButton 控件的 Click 事件等。

（1）添加页面后置代码文件 InfoAdd.aspx.cs 的类体属性，实例化 UtIpsInfoType 类，产生一个 UtIpsInfoType 类对象 utIpsInfoType，以便调用 UtIpsInfoType 类中的 nonQueryInfo () 方法，代码如下。

```
/// <summary>
/// intoType 业务操作类
/// </summary>
UtIpsInfoType utIpsInfoType = new UtIpsInfoType();
/// <summary>
/// info 业务操作类
/// </summary>
UtIpsInfo utIpsInfo = new UtIpsInfo();
/// <summary>
/// sql 语句变量
/// </summary>
string sql = string.Empty;
```

（2）在页面后置代码文件中添加 addInfo() 方法，代码如下。

```
/// <summary>
/// 添加信息
/// </summary>
/// <param name="stat">信息状态</param>
private void addInfo(string stat)
{
    sql = " insert into ut_ips_info ";
    if(stat=="0")
        sql +=
"(infoTypeId,title,infoContent,userLoginId,createTime,endTime,
browserCount,isTop,stat) values(";
    else
        sql +=
"infoTypeId,title,infoContent,userLoginId,createTime,publishTime,
endTime,browserCount,isTop,stat) values(";
    sql += ddlInfoType.SelectedValue + ",";
    sql += "'" + txtTitle.Text.Trim() + "',";
    sql += "'" + FreeTextBox1.Text.Trim() + "',";
    sql += Session["loginId"].ToString() + ",";
    sql += "'" + DateTime.Now + "',";
    if(stat=="3"||stat=="1")//添加发布信息的发布时间
        sql += "'" + DateTime.Now + "',";
    sql += "'" + txtEndDate.Text.Trim() + "',";
    sql += "0" + ",";
    sql += "'" + ddlIsTop.SelectedValue + "',";
    sql += "'" + stat + "'";
    sql += ");";
    utIpsInfo.nonQueryInfo(sql);
}
```

（3）在页面后置代码文件中，Page_Load 事件代码如下。

```csharp
if (Page.IsPostBack == false)
{
    //设置日历控件显示为当前日期
    cdEndDate.SelectedDate = DateTime.Today;
    //绑定信息类别
    string sql = "select id,typeNo,name,stat from ut_ips_infoType where stat='1'";
    DataTable dt = utIpsInfoType.getInfoTypeBySql(sql);
    DataRow dr = dt.NewRow();
    dr["id"] = 0;
    dr["name"] = "请选择...";
    dt.Rows.InsertAt(dr, 0);
    ddlInfoType.DataSource = dt;
    ddlInfoType.DataTextField = "name";
    ddlInfoType.DataValueField = "id";
    ddlInfoType.DataBind();
}
```

（4）在页面后置代码文件中，"保存草稿"按钮 Click 事件代码如下。

```csharp
addInfo("0");//草稿的状态为 0
string sMessage = "信息保存成功！";
Response.Write("<script language=javascript>alert('" + sMessage + "');location.href='InfoManage.aspx'</script>");
```

（5）在页面后置代码文件中，"提交发布"按钮 Click 事件代码如下。

```csharp
addInfo("3");//管理员直接发布信息，其他用户发布信息的状态为 1
string sMessage = "信息插入成功！";
Response.Write("<script language=javascript>alert('" + sMessage + "');location.href='InfoManage.aspx'</script>");
```

（6）在页面后置代码文件中，日历控件 SelectionChanged 事件代码如下。

```csharp
txtEndDate.Text = cdEndDate.SelectedDate.ToString();
cdEndDate.Visible = false;
```

（7）在页面后置代码文件中，显示/隐藏日期的 ImageButton 按钮的 Click 事件代码如下。

```csharp
cdEndDate.Visible = !cdEndDate.Visible;
```

修改登录页面的后置代码文件 Default.aspx.cs 的登录功能代码，将用户登录 ID 保存到 session 中，便于信息发布时获取登录用户 ID，修改后"登录"按钮的 Click 事件代码如下。

```csharp
if (loginId > 0)
{
    //保存登录信息
    Session.Add("loginId", loginId);
    if (role == "2")//如果是管理员
    {
        //转向后台新闻类别管理页面
        Response.Redirect("Admin/ips/InfoTypeManage.aspx");
    }
    else if (role == "1")//如果是教师
    {
        //转发教师主页
    }
    else if (role == "0")//如果是学生
    {
        //转发学生主页
    }
}
```

▶6. 页面代码的保存与运行

代码输入完成，先将页面代码保存，然后按"F5"键或单击工具栏上的"运行"按钮运行该程序，程序运行后，用户以管理员身份登录后台，单击"信息管理"链接后，出现"信息管理"页面，最后单击"信息增加"链接，出现如图 1-34 所示的效果图。

相关知识点

FreeTextBox 控件、Calendar 控件、Session 模型简介

知识点 1-12　第三方控件 FreeTextBox

第三方控件 FreeTextBox 是一款免费的 ASP.NET 网页编辑器，官方默认为英文版，该版本可设置为简体中文版，可以设置文字样式、在线排版、图片上传等，该代码包括了各类应用的演示和实现过程，包括功能设置、下拉显示、多语言（包括简体中文、繁体中文、英文等）切换、JS 调用、WebParts 应用、Ajax 无刷新交互和直接使用的方法。

（1）安装 FreeTextBox 控件，从"http://www.freetextbox.com"下载控件 FTBv3-2-2。将该文件解压缩，可以看到里面有.NET 1.1、.NET 2.0 和.NET 3.5 文件夹，进入.NET 2.0 文件夹将 freetextbox.dll 文件复制到网站的 Bin 文件夹下面。

（2）添加 FreeTextBox 控件到工具箱实现拖拉功能。在 VS.NET 2010 的工具菜单下进入选择工具选项，在里面单击浏览，然后添加 freetextbox.dll，刷新一下工具栏，就会在工具箱中出现 FreeTextBox 控件了。

（3）使用 FreeTextBox 控件，首先在要使用的页面前面添加如下代码。

```
<%@ Register TagPrefix="FTB" Namespace="FreeTextBoxControls" Assembly = "FreeTextBox" %>
```

然后控件工具箱中就会出现 FreeTextBox 控件了，用户可以从控件工具箱中将 FreeTextBox 控件拖拉添加至页面。

（4）使用中文的界面和加入中文字体。在 FreeTextBox 控件里面有 Language 属性，将此属性值 en-US 改为 zh-CN 即可。

添加中文字体，在页面的后置代码文件中添加如下代码。

```
freetextbox1.FontFacesMenuList = new string[] { "宋体", "隶书", "华文行楷","Arial","Courier New","Tahoma","Georgia","Times","Verdana" };
```

（5）把下载的 FreeTextBox 控件 rar 文件解压缩的文件夹中的 aspnet_client 文件夹复制到项目文件夹下。

（6）把下载的 FreeTextBox 控件 rar 文件解压缩的文件夹中的 ftb.imagegallery.aspx 文件复制到网页所在的文件夹中。修改使用 FreeTextBox 控件的网页.aspx 文件，在页面使用 FreeTextBox 控件的位置添加如下代码。

```
<ftb:freetextbox id="FreeTextBox1" runat="Server" buttonimageslocation = "ExternalFile"
 designmodecss="designmode.css"focus="true"gutterbackcolor="red"javascriptlocation="ExternalFile"language="zh-CN"supportfolder="~/aspnet_client/FreeTextBox/"toolbarimageslocation="ExternalFile"toolbarlayout="ParagraphMenu,FontFacesMenu,FontSizesMenu,FontForeColorsMenu,FontForeColorPicker,FontBackColorsMenu,&#13;&#10;FontBackColorPicker|Bold,Italic,Underline,Strikethrough,Superscript,Subscript,RemoveFormat|JustifyLeft,JustifyRight,JustifyCenter,&#13;&#10;JustifyFull|BulletedList,NumberedList,Indent,Outdent;CreateLink,Unlink,InsertImage|Cut,Copy,Paste,Delete;Undo,Redo,Print,Save|&#13;&#10;SymbolsMenu,StylesMenu,InsertHtmlMenu|InsertRule,InsertDate,InsertTime|InsertTable,EditTable;InsertTableRowAfter,&#13;&#10;InsertTableRowBefore,DeleteTableRow;InsertTableColumnAfter,InsertTableColumnBefore,DeleteTableColumn|InsertForm,InsertTextBox,&#13;&#10;InsertTextArea,InsertRadioButton,InsertCheckBox,InsertDropDownList,InsertButton|InsertDiv,EditStyle,InsertImageFromGallery,&#13;&#10;Preview,SelectAll,WordClean,NetSpell"toolbarstyleconfiguration="officeXP"Width="600px"></ftb:freetextbox>
```

该代码的功能是在 FreeTextBox 控件中添加一个上传图片的按钮。

（7）修改上传文件的默认文件夹。修改使用 FreeTextBox 控件的网页.cs 文件的 page_load 事件代码，指定 FreeTextBox 控件的图片上传路径代码如下。其中 yourUploadFolder 就是设定的上传路径，注意这是相对于使用 FreeTextBox 控件的网页所在位置的一个相对路径。

```
private void Page_Load(object sender, System.EventArgs e)
{
//在此处放置用户代码以初始化页面
FreeTextBox1.ImageGalleryPath="yourUploadFolder";
}
```

🔍 说明

在本任务中，设置上传图片存放的文件夹为 uploadpic；在插入带有图片的信息并保存时，有时会出现如图 1-35 所示的错误提示，此时应对 Web.config 配置文件中的<system.web>节中设置<httpRuntime requestValidationMode="2.0"/>，这样就可以避免出错。

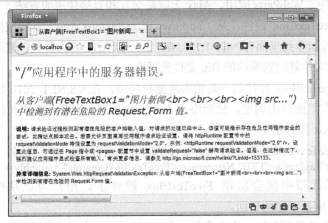

图 1-35　请求验证错误提示页

知识点 1-13　Calendar 控件

Calendar 控件称为日历控件，工具箱中的图标为 ▦ Calendar 。Calendar 控件不仅显示了一个日历，用户还能够通过日历控件进行时间的选取。在 ASP.NET 中，日历控件还能够和数据库进行交互操作，实现复杂的数据绑定。Calendar 控件的常用属性及说明如表 1-36 所示，Calendar 控件的常用事件及说明如表 1-37 所示。

表 1-36　Calendar 控件的常用属性及说明

属 性 名	属 性 说 明
ID	控件的 ID 名称
Visible	获取或设置一个值，该值指示服务器控件是否作为 UI 呈现在页上
DayNameFormat	获取或设置周中各天的名称格式
Calendar.NextPrevFormat	获取或设置 Calendar 控件的标题部分中下个月和上个月导航元素的格式
TitleFormat	获取或设置标题部分的格式
SelectedDate	获取或设置选定的日期
SelectedDates	获取 System.DateTime 对象的集合，这些对象表示 Calendar 控件上的选定日期
SelectedDayStyle	获取选定日期的样式属性
SelectionMode	获取或设置 Calendar 控件上的日期选择模式，该模式指定用户可以选择单日、一周还是整月

属 性 名	属 性 说 明
SelectMonthText	获取或设置为选择器列中月份选择元素显示的文本
SelectorStyle	获取周和月选择器列的样式属性
SelectWeekText	获取或设置为选择器列中周选择元素显示的文本

表 1-37　Calendar 控件的常用事件及说明

事 件 名	事 件 说 明
DayRender	当日期被显示时触发该事件
SelectionChanged	当用户选择日期时触发该事件
VisibleMonthChanged	当所显示的月份被更改时触发该事件

🔍 说明

本任务中使用了 SelectionChanged 事件。

知识点 1-14　Session 模型简介

（1）Session 模型简介。Session 的产生是为了填补 HTTP 协议的局限。HTTP 协议的工作过程是：用户发出请求，服务器端作出响应，这种用户端和服务器端之间的联系都是离散的、非连续的。在 HTTP 协议中，没有什么是能够允许服务器端来跟踪用户请求的。在服务器端完成响应用户的请求后，服务器端不能持续与该浏览器保持连接。从网站的角度上看，每一个新的请求都是单独存在的。因此，当用户在多个主页间转换时，根本无法知道他的身份。

Session 就是服务器给客户端的一个编号。当一台 WWW 服务器运行时，可能有若干个用户正在浏览运行在这台服务器上的网站。当每个用户首次与这台 WWW 服务器建立连接时，用户就与这个服务器建立了一个 Session，同时服务器会自动为其分配一个 SessionID，用以标识这个用户唯一的身份，这个唯一的 SessionID 是有重要的实际意义的。当一个用户提交了表单时，浏览器会将用户的 SessionID 自动附加在 HTTP 头信息中（这是浏览器的自动功能，用户不会察觉到），当服务器处理完这个表单后，将结果返回给 SessionID 所对应的用户。试想：如果没有 SessionID，当有两个用户同时进行请求时，服务器怎样才能知道到底是哪个用户的请求，又如何响应他们各自的请求呢？

可以使用 Session 对象存储特定用户会话所需的信息。这样，当用户在应用程序的 Web 页之间跳转时，存储在 Session 对象中的变量将不会丢失，而是在整个用户会话中一直存在下去。

当用户请求来自应用程序的 Web 页时，如果该用户还没有会话，则 Web 服务器将自动创建一个 Session 对象。当会话过期或被放弃后，服务器将终止该会话。

（2）Session 对象的属性。Session 对象的属性如表 1-38 所示。

表 1-38　Session 对象的属性

属　性	说　明	属 性 值
Count	获取会话状态集合中 Session 对象的个数	Session 对象的个数
TimeOut	获取并设置在会话状态提供程序终止会话之前各请求之间所允许的超时期限	超时期限（以分钟为单位）
SessionID	获取用于标志会话的唯一会话 ID	会话 ID

(3) Session 对象的常用方法。Session 对象的常用方法如表 1-39 所示。

表 1-39 Session 对象的常用方法

方法	说明
Add	新增一个 Session 对象
Clear	清除会话状态中的所有值
Remove	删除会话状态集合中的项
RemoveAll	清除所有会话状态值

(4) 举例。

① 将新的项添加到会话状态中，语法格式为：Session ("键名") = 值；或者，Session.Add ("键名"，值)。

② 按名称获取会话状态中的值，语法格式为：变量 = Session ("键名")；或者，变量 = Session.Item("键名")。

③ 删除会话状态集合中的项，语法格式为：Session.Remove("键名")。

④ 清除会话状态中的所有值，语法格式为：Session.RemoveAll( )；或者，Session.Clear( )。

⑤ 取消当前会话，语法格式为：Session.Abandon( )。

⑥ 设置会话状态的超时期限，以分钟为单位，语法格式为：Session.TimeOut = 数值。

如表 1-40 所示列出了 Session、Cookie 和 Application 对象的区别。

表 1-40 Session、Cookie 和 Application 对象的区别

名称	使用范围	存储位置	存放数据类型	生命周期
Session	特定用户	服务器	任意类型	可以自行设置，默认是 20 分钟
Cookie	特定用户	客户端	字符串类型	可以自行设置
Application	所有用户	服务器	也就是任意类型	无

1.3.7 子任务 7 信息修改页面设计

子任务 7 描述

利用 ASP.NET 标准控件 Label、TextBox、DropDownList、Button 及 ASP.NET 验证控件 RequiredFieldValidator、ValidationSummary 完成信息发布系统后台信息修改页面设计及程序设计；另外，在本任务中用到第三方 FreeTextBox 控件，完成图片及文字的编辑工作。

在图 1-33 所示的"信息管理"页面，单击欲修改信息的"修改"链接按钮时，导航到信息发布系统后台"信息修改"页面，信息发布系统后台"信息修改"页面及运行效果如图 1-36 所示。

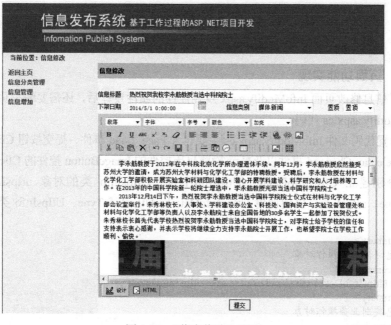

图 1-36 "信息修改"页面

同子任务 6。

信息修改和信息添加功能相似,在实现时,请参照信息添加页面进行实现。

1. 添加 InfoModify.aspx 窗体

在应用程序"Web"中的"Admin/ips"文件夹内,新建名为"InfoModify.aspx"的 Web 窗体。

2. function 层功能实现

将 InfoAdd.aspx 页面中 function 层内的代码复制,粘贴到 InfoModify.aspx 页面的 function 层中,并做如下修改。

(1) 修改 form 的 name,将其改为 infoModifyForm,代码如下。

```
<form name="infoModifyForm" runat="server" >
```

(2) 修改表格的第 1 行,将"信息添加"改为"信息修改",代码如下。

```
<tr>
    <th colspan="7">信息修改</th>
</tr>
```

(3) 删除"保存草稿"按钮,保留"提交发布"按钮,并将"提交发布"按钮的文本修改为"提交",代码如下。

```
<tr>
<td colspan="7" style="text-align:center;">
    <asp:Button ID="btnSubmitPublish" runat="server"
```

```
                    CausesValidation="True" ValidationGroup="vgInfo"
                    CssClass="button" OnClick="btnSubmitPublish_Click" Text="提交" /> 
            </td>
        </tr>
```

▶3. 页面功能实现

完成了信息修改页面 InfoModify.aspx 及各控件的属性设计后，还需要编写页面后置代码文件 InfoModify.aspx.cs 代码。

页面后置代码文件 InfoModify.aspx.cs 主要包含 Page_Load 事件、提交按钮 Click 事件、日历控件的 SelectionChanged 事件以及显示/隐藏日历控件的 ImageButton 控件的 Click 事件等。

（1）分别建立 UtIpsInfoDetail、UtIpsInfoType、UtIpsInfo 类的对象 utIpsInfoDetail、utIpsInfoType、utIpsInfo，以便调用 UtIpsInfoDetail、UtIpsInfoType、UtIpsInfo 类中的方法。代码如下。

```
/// <summary>
/// 信息详情业务操作对象
/// </summary>
private UtIpsInfoDetail utIpsInfoDetail = new UtIpsInfoDetail();
/// <summary>
/// 信息类别业务操作对象
/// </summary>
private UtIpsInfoType utIpsInfoType = new UtIpsInfoType();
/// <summary>
/// 信息业务操作对象
/// </summary>
private UtIpsInfo utIpsInfo = new UtIpsInfo();
/// <summary>
/// 信息 ID
/// </summary>
private long infoId;
/// <summary>
/// 发布信息的用户登录 ID
/// </summary>
private long userLoginId ;
```

（2）页面后置代码文件中，Page_Load 事件代码如下。

```
if (Page.IsPostBack==false)//第一次加载页面
{
    //设置日历控件显示为当前日期
    cdEndDate.SelectedDate = DateTime.Today;
    //绑定信息类别
    string sql = "select id,typeNo,name,stat from ut_ips_infoType where stat='1'";
    DataTable dt = utIpsInfoType.getInfoTypeBySql(sql);
    DataRow dr = dt.NewRow();
    dr["id"] = 0;
    dr["name"] = "请选择...";
    dt.Rows.InsertAt(dr, 0);
    ddlInfoType.DataSource = dt;
    ddlInfoType.DataTextField = "name";
    ddlInfoType.DataValueField = "id";
    ddlInfoType.DataBind();
    //查询信息，绑定到页面
    ///从 URL 中获取类别 ID
    infoId = Convert.ToInt64(Request.QueryString["infoID"]);
    DataTable dtInfo = utIpsInfoDetail.getInfoById(infoId);
    txtTitle.Text = dtInfo.Rows[0]["infoTitle"].ToString();
```

```
            txtEndDate.Text = dtInfo.Rows[0]["infoEndTime"].ToString();
            ddlInfoType.SelectedValue = dtInfo.Rows[0]["infoTypeId"].ToString();
            ddlIsTop.SelectedValue = dtInfo.Rows[0]["infoTop"].ToString();
            FreeTextBox1.Text = dtInfo.Rows[0]["infoContent"].ToString();
    userLoginId = Convert.ToInt64(dtInfo.Rows[0]["infoUserLoginId"]);
    }
```

（3）页面后置代码文件中，"提交"按钮 Click 事件代码如下。

```
long infoId = Convert.ToInt64(Request.QueryString["infoID"]);
string sql = " update ut_ips_info set ";
sql += "infoTypeId='" + ddlInfoType.SelectedValue + "',";
sql += "title='" + txtTitle.Text.Trim() + "',";
sql += "infoContent='" + FreeTextBox1.Text.Trim() + "',";
if (userLoginId == Convert.ToInt64(Session["loginId"]))
        sql += "publishTime='" + DateTime.Now + "',";
else
{
        sql += "updateUserLoginId=" + Session["loginId"] + ",";
        sql += "updateTime='" + DateTime.Now + "',";
}
sql += "endTime='" + txtEndDate.Text.Trim() + "',";
sql += "isTop='" + ddlIsTop.SelectedValue + "',";
sql += "stat='1' ";
sql += "where id=" + infoId;
utIpsInfo.nonQueryInfo(sql);
string sMessage = txtTitle.Text.Trim() + "  修改操作成功！ ";
string sURL = "InfoManage.aspx";
Response.Write("<script>alert('" + sMessage + "');location.href='" + sURL + "'</script>");
```

（4）页面后置代码文件中，显示日历控件的 ImageButton 控件的 Click 事件代码同信息添加相应代码，请参考。

（5）页面后置代码文件中，填充日期的日历控件 SelectionChanged 事件代码同信息添加相应代码，请参考。

4. 页面代码的保存与运行

代码输入完成，先将页面代码保存，然后按"F5"键或单击工具栏上的"运行"按钮运行该程序，程序运行后，用户以管理员身份登录后台，单击"信息管理"链接后，出现"信息管理"页面，单击欲修改信息的"修改"链接按钮时，出现如图 1-36 所示的效果图。

1.4 任务 4：信息发布系统前台程序实现

1.4.1 子任务 1 首页页面设计

子任务 1 描述

在任务 3 的子任务 2 系统首页设计的基础上，完善"信息显示区"的内容，将"信息显示区"的内容显示为"审核通过且未下架的信息"列表，列表显示内容包括信息的标题、信息的类别、信息浏览量等，如图 1-37 所示。在图 1-37 所示的页面中单击信息标题，则显示所选定信息的"信息详情"页面，如图 1-38 所示。

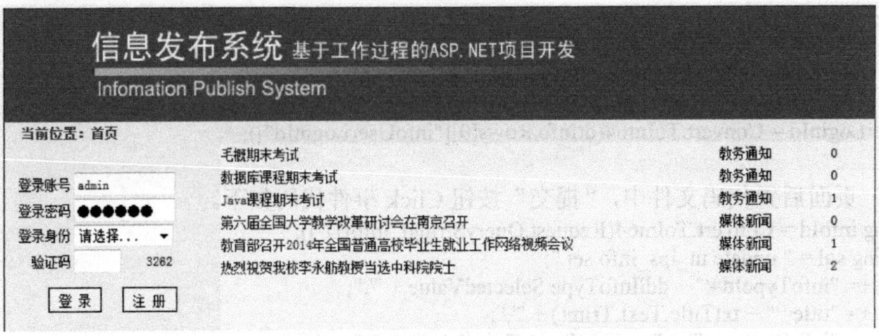

ASP.NET程序设计情境式教程（第2版）

图 1-37　信息发布系统前台主页页面

图 1-38　"信息详情"页面

 技能目标

在掌握"信息发布系统"第 1 个学习情境所学的标准控件、验证控件的基础上，进一步熟悉 Repeater 控件。

 操作要点与步骤

1. 修改 Default.aspx

（1）打开 Default.aspx 网页。

（2）删除 content 层中的"信息显示区"文字。

（3）添加 Repeater 控件，代码如下。

```
<asp:Repeater ID="rpInfoList" runat="server">

</asp:Repeater>
```

（4）添加 Repeater 控件的 HeaderTemplate，代码如下。

```
<HeaderTemplate>
    <table>
</HeaderTemplate>
```

（5）添加 Repeater 控件的 ItemTemplate，代码如下。

```
<ItemTemplate>
    <tr>
        <td style="width:460px;">
            <a href='Front/ips/InfoDetailView.aspx?InfoID=<%# Eval("infoId") %>' target="_blank">
                <%# Eval("infoTitle") %>
            </a>
        </td>
        <td style="width:100px;"><%# Eval("typeName") %></td>
        <td style="width:40px;"><%# Eval("infoBrowserCount") %></td>
    </tr>
</ItemTemplate>
```

（6）添加 Repeater 控件的 FooterTemplate，代码如下。

```
<FooterTemplate>
    </table>
</FooterTemplate>
```

2. 修改后置代码文件 Default.aspx.cs

在后置代码文件的 Page_Load 事件中添加查询信息列表，并将信息列表绑定到页面的 Repeater 控件上，修改后的 Page_Load 事件代码如下。

```
protected void Page_Load(object sender, EventArgs e)
{
    if (Page.IsPostBack == false)//页面首次加载时
    {
        //产生4位验证码，并将验证码在 txtCrePar 文本框控件上显示
        txtCrePar.Text = RndNum(Convert.ToInt16(4));
        //加载时，绑定 Reapter 控件，显示新闻列表；
        string sql = "select infoId,infoTitle,typeName,infoBrowserCount,infoStat ";
        sql +="from uv_ips_infoDetail ";
        sql += "where 1=1 ";
        sql += "and typeStat='1' ";//类别状态正常
        sql += "and infoStat='3' ";//查询已发布的信息
        sql += "and infoEndtime>getdate() ";    //下架日期在当前日期之后
        sql += "order by infoTop,infoPublishtime";//排序
        UtIpsInfoDetail utIpsInfoDetail = new UtIpsInfoDetail();
        DataTable dt = utIpsInfoDetail.getInfoListBySql(sql);
        rpInfoList.DataSource = dt.DefaultView;
        rpInfoList.DataBind();
    }
}
```

3. 页面代码的保存与运行

代码输入完成，先将页面代码保存，然后按"F5"键或单击工具栏上的运行按钮运行该程序，程序运行后，显示如图 1-37 所示的效果。

1.4.2 子任务 2 信息详情页面设计

 子任务 2 描述

利用 ASP.NET 标准控件 Label、Button 等，实现显示所选定"信息详情"的页面功能，如图 1-38 所示，并实现统计信息浏览次数的功能。

 **技能目标**

复习巩固"信息发布系统"第 1 个学习情境所学的 Label、Button 控件，进一步熟悉 ADO.NET 的知识。

 操作要点与步骤

▶1. 添加 InfoDetailView.aspx 窗体

在应用程序"Web"中的"Front/ips"文件夹内，新建名为"InfoDetailView.aspx"的 Web 窗体。

▶2. 在 InfoDetailView.aspx 页面中添加样式

（1）添加引用 public.css 样式表文件。在 head 标签内添加对 css 文件的引用，代码如下。

```
<link rel="stylesheet" href="~/css/public.css" type="text/css" />
```

（2）在 head 标签内添加信息详情页面的样式定义，代码如下。

```
<style type="text/css">
<!--
/*页面容器*/
.container{
    margin-top:20px;
    margin-left:auto;
    margin-right:auto;
    width:1000px;
    height:800px;
}
/* 信息标题 */
.infoTitle{
    margin-top:10px;
    text-align: center;
    vertical-align:middle;
    font-size: 14pt;
    font-weight: bold;
    height: 30px;
}
/* 信息发布者，发布日期 */
.infoAuthor{
    text-align: center;
    height:30px;
    font-size: 10pt;
}
/* 信息内容 */
```

```css
.infoContent{
    margin-top:20px;
    text-align: left;
}
/* 关闭按钮区域 */
.infoCloseButtonArear{
    height:30px;
    text-align: center;
    vertical-align: middle;
}
-->
</style>
```

3. 显示信息详情功能

（1）添加 container 层，代码如下。
```
<!-- 页面容器 -->
<div class="container">
</div>
```

（2）在 container 层中添加表单 form，代码如下。
```
<form name="infoDetailForm" runat="server">
</form>
```

（3）在表单 form 标签内，添加如下代码。
```
<!-- 信息标题 -->
<div class="infoTitle">
    <asp:Label ID="lblInfoTitle" runat="server"></asp:Label>
</div>
<!-- 信息作者、发布日期、浏览量 -->
<div class="infoAuthor">
    发布者： <asp:Label ID="lblUserName" runat="server"></asp:Label> |
    发布日期： <asp:Label ID="lblInfoPublishTime" runat="server"></asp:Label> |
    浏览量： <asp:Label ID="lblInfoBrowserCount" runat="server"></asp:Label>
</div>
<!-- 信息内容 -->
<div class="infoContent">
    <asp:Label ID="lblInfoContent" runat="server"></asp:Label>
</div>
<!-- 关闭按钮 -->
<div class="infoCloseButtonArear">
    <asp:Button ID="btnClose" runat="server" Text=" 关闭 " CssClass="button" OnClientClick="javascript:window.close();" />
</div>
```

信息详情页面主要用到 5 个 Label、1 个 Button 控件，各控件属性设置如表 1-41 所示。

表 1-41 子任务 2 各控件属性设置

控 件 名	属 性 名	设 置 值
Label1	ID	lblInfoTitle
Label2	ID	lblUserName
Label3	ID	lblInfoPublishTime
Label4	ID	lblInfoBrowserCount
Label5	ID	lblInfoContent

续表

控件名	属性名	设置值
Button1	ID	btnClose
	CssClass	button
	OnClientClick	javascript:window.close();

▶ 4. 编写页面后置代码文件

完成了界面及各控件的属性设计后，还需要编写页面后置代码文件 InfoDetailView.aspx.cs 代码，才能实现子任务 2 运行效果图所示的功能。

在页面后置代码文件中，Page_Load 事件代码如下：

```
// 信息详情业务处理对象
UtIpsInfoDetail utIpsInfoDetail = new UtIpsInfoDetail();
//信息业务处理对象
UtIpsInfo utIpsInfo = new UtIpsInfo();
//管理员业务处理对象
UtSysAdmin utSysAdmin = new UtSysAdmin();
//从 URL 中获取类别 ID
long infoId = Convert.ToInt64(Request.QueryString["infoID"]);
//更新信息浏览量
string sql = "update ut_ips_info set browserCount=browserCount+1 where id=" + infoId;
utIpsInfo.nonQueryInfo(sql);
//获取信息
DataTable dtInfo = utIpsInfoDetail.getInfoById(infoId);
lblInfoBrowserCount.Text = dtInfo.Rows[0]["infoBrowserCount"].ToString();
lblInfoContent.Text = dtInfo.Rows[0]["infoContent"].ToString();
lblInfoPublishTime.Text = dtInfo.Rows[0]["infoPublishTime"].ToString();
lblInfoTitle.Text = dtInfo.Rows[0]["infoTitle"].ToString();
lblUserName.Text         =         utSysAdmin.queryUserNameById(Convert.ToInt64(dtInfo.Rows[0]["infoUserLoginId"]));
```

1.5 任务 5：信息发布系统测试

调试与测试的最大的差异是二者的目的和视角不同。调试包括查找 BUG、定位 BUG、修改并最终确认 BUG 已经被修复的软件故障排除过程。测试是在一个相对独立的环境下（测试应尽可能地模拟运行环境，调试是在开发环境下进行的），运行系统单元，观察和记录运行结果，并对结果进行独立评价的过程。

任务描述

完成"信息添加"单元测试。目的是测试"信息添加"页面能否完成将图文混合的信息插入到数据表 ut_ips_info 中。

技能目标

① 掌握信息发布系统"信息添加"单元测试用例的设计方法；
② 学会利用设计的单元测试用例进行"信息添加"单元测试。

操作要点与步骤

（1）管理员登录信息发布系统，单击"信息添加"导航菜单，为单元测试做好准备工作。
（2）按表 1-42 设计信息发布系统"信息添加"单元测试用例。

表 1-42 信息发布系统"信息添加"单元测试用例

"信息添加"单元测试用例设计
"信息添加"功能是否正确
前提条件
进入此后台的人员为系统管理员或有"用户管理"权限的人员
输入/动作
页面

	测试用例阶段		实际测试阶段	
页面操作	判断方法	期望输出	实际输出	备注
输入信息	页面能否正确接收输入	日期、文本等格式正确	与期望一致	
插入图文混合信息	FreeTextBox 控件能否接收图文混合的信息内容	图文混合信息	与期望一致	
提交任务分配	查看 ut_ips_info 表内容	在表中成功添加一条信息内容	与期望一致	

数据表 ut_ips_info

		测试用例阶段		实际测试阶段	
字段名称	描述	判断方法	期望输出	实际输出	备注
ID	主键，自动增长	在数据库中查看	自动增长	与期望一致	
infoTypeID	信息类别 ID	在关联表中查看是否正确	与信息类别表 ut_ips_infoType 相应的主键 ID 值一致	与期望一致	
title	信息标题	在后台查看，数据库中对比	与输入的信息标题相一致	与期望一致	
infoContent	信息内容	是否保存 HTML 文档，在后台查看，数据库中对比，并且查看是否可以显示图文混合的信息	HTML 文档（可以有 img 标签），可以显示图文混合的信息	与期望一致	
userLoginId	发布人登录 ID	是否与当前登录用户的登录 ID 一致	与系统登录表 UT_Sys_Login 相应的主键 ID 值一致	与期望一致	
createTime	创建时间	在后台查看，数据库中对比	保存信息的创建日期	与期望一致	
publishTime	发布时间	在后台查看，数据库中对比	保存信息的发布日期	与期望一致	
endTime	下架时间	在后台查看，数据库中对比	保存信息的终止日期	与期望一致	
updateLoginId	更新信息用户的登录 ID	默认为空	查看数据库，该字段值为空	与期望一致	
updateTime	更新时间	默认为空	查看数据库，该字段值为空	与期望一致	
browserCount	浏览量	在后台查看，数据库中对比，并且查看是否可以统计出该信息的浏览数量	查看数据库，该字段值应为 0	与期望一致	
isTop	是否置顶，0_是；1_否	将 IsTop 字段的值分别设置为 0 或 1，在显示信息标题页面中是否置顶，在后台查看，数据库中对比	将 IsTop 字段的值设置为 0，信息置顶；将 IsTop 字段的值设置 1，信息不置顶	与期望一致	

续表

字段名称	描述	测试用例阶段		实际测试阶段	
		判断方法	期望输出	实际输出	备注
stat	信息状态 0:草稿 1:已提交未审核 2:审核未通过 3:审核通过 4:删除	将 stat 字段的信息状态值 0、1、2、3、4 全部测试一遍，并测试根据信息状态是否可以发布与否，同时在后台查看，数据库中对比	0:草稿 1:已保存未审核(不可以浏览该信息) 2:审核未通过(不可以浏览该信息) 3:审核通过（可以浏览该信息） 4:删除不可以浏览该信息)	与期望一致	

期望输出	
"信息添加"模块功能均正确实现	
实际情况（测试时间与描述）	
功能正确实现	
测试结论	通过

（3）按表 1-42 设计信息发布系统"信息添加"单元测试用例进行测试：根据表中测试用例的"判断方法"测试"实际输出"是否与"期望输出"一致。

（4）按表 1-42 设计信息发布系统"信息添加"单元测试用例进行实际的测试，测试所有的"期望输出"是否全部满足，最后得出"测试结论"是通过或不通过。

相关知识点

软件测试分类、软件测试范围

知识点 1-15 软件测试分类

针对软件开发过程的不同阶段，按照如图 1-39 所示的 V 形图进行相应的软件测试。软件测试分为四种：单元测试、集成测试、系统测试和验收测试。

（1）单元测试。单元测试的内容主要有：算法逻辑、数据定义的理解和使用、接口、各种 CASE 路径、边界条件、错误处理等。单元测试的目的通常是：在开发环境中，程序设计工程师为了检查单元程序模块内部的逻辑、算法和数据处理结果的正确性等。单元测试通常由负责编码的工程师自己在

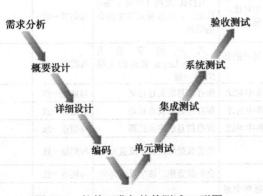

图 1-39 软件开发与软件测试 V 形图

代码完成后测试，也有在项目组内，由工程师相互交叉测试。

（2）集成测试。集成测试又称组装测试，它是在单元测试完成，并组装为一个子系统后，对下列只有组装后才能发生和测试到的问题，进行检查：①组装后一个模块对另一个模块的影响；②合并功能是否达到预期；③独立的误差在合并后的变化，是扩大还是减小，是否在可接受的范围内；④实际的接口测试包括模块之间对实际衔接的标准、时序（实时性）、应答

响应、容错与错误处理等；⑤模块间的资源竞争等。

在集成测试中，也很重视集成的阶段性。最坏的情况是系统只有一次集成，就是系统全部模块完成后进行集成。实际上，这就像一部汽车，直到要出厂时，才来一次总测试。比较好的办法是通常采用的增量组装法，包括自顶向下或自底向上的增量组装。分阶段的增量组装测试，可以解决一次集成中问题的隔离和区分不易的困难。

（3）系统测试。系统测试又称确认测试。系统测试的目的是按照与用户确认的软件需求规格说明书的要求，检查系统的需求实现。确认需求的测试依据是需求阶段产生的测试脚本（测试用例）。

确认测试还包括软件经修改后的再测试（回归测试）。回归测试是对已测试并发现故障的部分进行修改后所进行的测试。回归测试不应修改测试程序、测试内容或测试标准。它与正常测试不同的是：它可能并不需要再完整地走一遍所有的确认测试，而是小心地选择部分确认测试程序，选择的标准是不降低原标准的整体要求。

（4）验收测试。验收测试是项目过程中非常重要的一环，也是项目经理非常关注的一项工作。验收测试与确认测试不同的是：确认测试是项目组或组织内部的测试，验收测试则是用户主导、现场参与、现场环境下的测试。

验收测试通常由项目组先提出测试大纲，定义测试目的、范围、方法、测试用例、预期结果、验收标准等，经用户同意后进入验收测试。

用户在按测试用例完成测试后，在测试记录上逐条确认、签字，最后，在测试报告上签字，完成验收测试。一般地，验收测试报告是项目初验、终验的依据和主要验收形式。

知识点 1-16　软件测试范围

软件测试范围包括以下几个方面。

（1）界面测试。根据界面测试方案，对整个系统的界面进行测试，保证界面的美观、方便使用等。

（2）功能测试。根据测试用例，对所有模块及其子模块的功能方面进行测试，保证事务的顺利完成。

（3）健壮性测试。当系统遇到非法数据输入、软件缺陷、硬件缺陷或异常操作情况时，继续正常运行功能的程度。

（4）性能测试。性能测试包括链接速度测试，主要包括两种类型的测试。负载测试：某个时刻同时访问系统的用户数量，或是在线数据处理的数量。压力测试：实际破坏应用系统，测试系统的反应即看测试应用系统会不会崩溃。测试区域包括登录和其他信息传输页面等。

（5）安全性测试。安全性测试区域主要有：登录过程中，测试用户名的大小写是否敏感；应用系统是否有超时的限制，即用户登录后，在一定时间内若不单击任何页面，是否需重新登录才能正常使用；用户不经过登录，在地址栏中直接输入某页面的路径，是否可以进入系统；测试没有经过授权，是否能在服务器端放置和编辑脚本。

（6）安装与反安装测试。安装测试有两个目的。第一个目的是确保该软件能够在所有可能的配置下进行安装，例如，进行首次安装、升级、完整的或自定义的安装，以及在正常和异常情况下安装。异常情况包括磁盘空间不足、缺少目录创建权限等。第二个目的是核实软件在安装后可立即正常运行。这通常是指运行大量为功能测试制定的测试。

拓展知识：Visual Studio 调试器

Visual Studio.NET 环境中提供了 Visual Studio 调试器。该调试器提供了功能强大的命令来控制应用程序的执行。一般有如下几种方法。

（1）设置断点。断点通知调试器，应用程序在某点上发生时中断。发生中断时，程序和调试器处于中断模式。进入中断模式并不会终止或结束程序的执行，所有元素（如函数、变量和对象）都保留在内存中，执行可以在任何时候继续。

① 插入断点有如下三种方法。

方法一：在要设置断点行旁边的灰色空白处单击；

方法二：鼠标右键单击设置断点的代码行，在弹出的快捷菜单中选择"断点→插入断点"命令；

方法三：单击要设置断点的代码行，在菜单中选择"调试→切换断点（G）"命令。

插入断点后，就会在设置断点行旁边的灰色空白处出现一个红色圆点，并且该代码也呈现高亮显示。

② 删除断点有如下四种方法。

方法一：单击断点行旁边灰色空白处的红色圆点；

方法二：单击断点行旁边灰色空白处的红色圆点，选择"删除断点"；

方法三：鼠标右键单击设置断点代码行，在弹出的快捷菜单中选择"断点→删除断点"命令；

方法四：单击断点的代码行，在菜单中选择"调试→切换断点（G）"命令；

（2）开始执行。通过在"调试"菜单中选择"启动调试"、"逐语句"或"逐过程"命令来执行程序并调试，此时，应用程序启动并一直运行到断点；也可以通过鼠标右键单击可执行代码中的某行，然后从快捷菜单中选择"运行到光标处"命令，此时应用程序启动并一直运行到断点或光标位置。

（3）中断执行。当应用程序执行到一个断点或发生异常时，调试器就会中断程序的执行。也可以在"调试"菜单中，选择"全部中断"命令手动中断执行，这时将停止所有在调试器下运行程序的执行，但程序并不退出，并能随时恢复执行。调试器和应用程序现在处于中断模式。

（4）停止执行。停止执行意味着终止当前正在调试的程序并结束调试会话，可以通过选择菜单中的"调试→停止调试"命令或单击"调试"工具栏中的"停止调试"按钮来结束运行和调试。退出正在调试的应用程序，调试将自动停止。

（5）单步执行。单步执行是最常见的调试过程之一，即每次执行一行代码。"调试"菜单中提供了 3 种调试方式命令，即"逐语句"、"逐过程"和"跳出"。

（6）运行到指定位置。如果在调试过程中想执行到代码中的某一行然后中断，可以通过在要中断的位置设置断点，接着在"调试"菜单中选择"启动"或"继续"命令；也可以在代码窗口中鼠标右键单击某行，并从快捷菜单中选择"运行到光标处"命令。

1.6 任务6：部署、维护

IIS（Internet Information Services）是微软公司主推的 Web 服务器，IIS 是与 Window NT Server 完全集成在一起的，因而用户能够利用 Windows NT Server 和 NTFS（New Technology File System，新技术文件系统）内置的安全特性，建立功能强大、灵活而安全的 Internet/Intranet 站点。通过 IIS，开发人员可以很方便地调试程序或者发布网站。因此在部署信息发布系统之前，需要安装并且配置 IIS。本书主要讲解 Win7 下 IIS 功能的启用和配置。

1.6.1 子任务1 安装 IIS

操作要点与步骤

（1）进入 Win7 的"控制面板"界面，如图 1-40 所示。

图 1-40 "控制面板"界面

（2）在图 1-40 中单击"程序"链接后，出现如图 1-41 所示"程序"界面。

图 1-41 "程序"界面

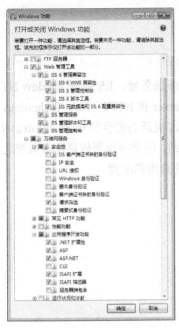

图1-42 "Windows功能"对话框

（3）在程序设置界面中，单击"程序和功能"下面的"打开或关闭 Windows 功能"链接后，出现"Windows 功能"对话框，在该对话框中选择"Internet 信息服务"→"Web 管理工具"命令按如图 1-42 所示的设置进行 IIS 设置。

（4）在 Windows 功能对话框中，选择 Web 管理工具下面的所有功能项；选择常见 HTTP 功能；选择应用程序开发功能；单击"确定"按钮，Win7 进入自动添加 Web 服务器进程，并出现可能需要等几分钟的提示框，等待提示框消失后，即完成 IIS 功能的添加工作。

1.6.2 子任务 2 配置 IIS 并部署信息发布系统

 操作要点与步骤

1. 添加 IIS 服务器

（1）打开控制面板，在图 1-40 中，选择"系统和安全"选项，打开"系统和安全"设置界面，如图 1-43 所示。

（2）在图 1-43 中，单击"管理工具"选项，打开"管理工具"配置界面，如图 1-44 所示。

（3）在图 1-44 中单击"Internet 信息服务（IIS）管理器"快捷方式，打开"Internet 信息服务（IIS）管理器"界面，如图 1-45 所示，在此界面进行默认网站的配置。

图 1-43 "系统和安全"界面　　　　　图 1-44 "管理工具"配置界面

（4）在图 1-45 中，双击"ASP"图标，进入 ASP 属性配置界面，在此界面中将"启用父路径"的属性设置为"True"，如图 1-46 所示。

（5）在图 1-45 右侧选择"高级设置"，进入网站的高级设置界面，如图 1-47 所示。

学习情境*1*

在线考试——信息发布系统

图 1-45 "默认网站配置"界面

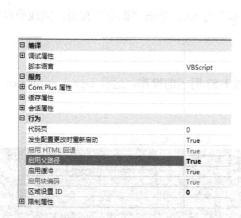

图 1-46 "ASP 属性配置"界面

图 1-47 "高级设置"界面

在图 1-47 物理路径后面，填入或者点击"…"按钮选择 Web 应用的路径，然后单击"确定"按钮完成高级配置。

2. 服务器 IIS 配置

（1）在图 1-45 中，单击左上侧的机器名称，如： DOLO-PC (dolo-PC\Administrator)，出现如图 1-48 所示界面。

图 1-48 服务器 IIS

图 1-49 更改 .NET Framework 版本

（2）在图 1-48 中，单击右侧的"更改 .NET Framework 版本"选项，弹出如图 1-49 所示对话框。

选择 .NET Framework 版本为 4.0 版本，单击"确定"按钮，完成服务器 IIS 的 .NET 版本设置。

3. 应用程序池配置

（1）在图 1-45 中，单击左侧的"应用程序池"选项，如图 1-50 所示。

（2）在图 1-50 中，单击右侧的"设置应用程序池默认设置…"选项，弹出如图 1-51 所示对话框。

图 1-50 "应用程序池"配置界面

在图 1-51 中，设置" .NET Framework 版本"为 4.0，单击"确定"按钮，完成应用程序池默认 .NET 版本设置。

4. 注册 .NET

在"开始"菜单中运行 cmd 命令，按如图 1-53 所示的操作，运行 aspnet_regiis.exe –i，完成 .NET4.0 的注册工作。

图 1-51 应用程序池默认设置

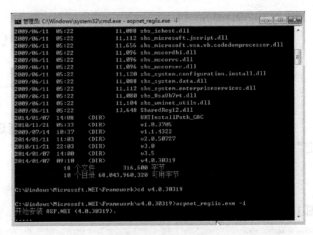

图 1-52 注册 IIS

5. 测试发布

在浏览器中输入 http://192.168.107.13/，出现信息发布系统首页。至此，信息发布系统部署成功。

练习园地 1

一、基础题

1. 请说出软件开发的工作过程，并简述"需求分析"在整个软件开发工作过程的地位及作用。
2. 简述软件需求规格报告的要点。
3. 在信息发布系统的数据库中，请说明各张表的 stat 字段的类型，并说 stat 字段在各表中的作用是什么？
4. 请说出总体设计的要点。
5. 在信息发布系统中，编码阶段为什么要分"后台编码"和"前台编码"？
6. 结合项目的开发，请说出使用 Repeater 控件有哪些优点？
7. 请说出验证控件有哪些？为什么要用自定义验证控件？
8. 在验证控件中哪一个属性与 ValidationSummary 有关？
9. 在网页间如何传递参数及如何获得传递参数的值？

二、实战题

1. 请参照登录页面及添加信息页面的实现过程，完成用户注册功能，要求能熟练应用验证控件及事件处理功能。
2. 编写含有 DropDownList 控件的页面，显示获取 DropDownList 控件选定项的索引值/获取选定项的内容及选定的值。
3. 完成对 Button 同时定义了 Click 和 Command 事件，如何验证先执行 Click 事件，后执行 Command 事件？
4. 要求能用同一个事件处理多个 Button 的 Click 和 Command 事件。
5. 请尝试将第三方控件 FreeTextBox 控件换成 FCKeditor 控件，完成信息发布系统的后台发布图文混排的功能。

三、挑战题

1. 由于任务 4——信息发布系统前台实现，其中的子任务 1 首页页面设计中的信息列表没有按信息类别查询的功能，请实现此功能（参照信息发布系统后台"信息管理页面"的运行效果图 1-33 所示，在下拉列表框中选择"信息类别"选项，单击"查询"按钮进行分类查询。也可根据信息类别及在信息内容对应的文本框中输入信息内容，单击"查询"按钮进行模糊查询）。
2. 在完成信息添加和修改的页面中，有一项是选定信息状态，在后台信息管理页面如何增加一项功能，实现批量审核信息，以便节省时间？

学习情境 2
在线考试——网上选课系统

【学习目标】 按 "需求分析"、"软件设计"、"编码"、"测试" 和 "部署、维护" 软件开发的 5 个工作过程进行学习情境 2 "网上选课系统" 的学习，学生通过 "网上选课系统" 情境的学习，从而完成软件公司新人 "试用" 阶段的工作。"网上选课系统"，在总结学习情境 1 的基础上，采用三层架构进行开发，在 DAL（Data Access Layer，数据访问层）设计了公共实用类 CommonUtils.cs，在这个类中包含了公共变量和常用方法的定义，因此，学习情境 2 的所有页面实现代码中，通过调用 CommonUtils.cs 类中的方法、属性，减少了很多重复的代码，同时提高了代码的重用性，从而更进一步提高了程序的可读性。另外，在此情境中使用了母版页（MasterPage.master）和站点地图（SiteMap）技术，通过设置 SiteMapDataSource 控件和站点地图路径 SiteMapPath 控件的属性，熟练运用 TreeView 控件实现网页的导航，从而极大地提高开发效率，在保证了界面统一性的同时，又能够方便快捷地进行页面导航。利用公共实用类 CommonUtils.cs 中的 Session 信息在 Web.config 中为网站配置多个 SiteMapProvider，在导航进入的页面中多次用到网格视图 GridView 控件，从而保证在学习情境 1 的基础上，通过学习情境 2 "网上选课系统" 的学习掌握更多更实用的 ASP.NET 程序设计的知识。

2.1 任务 1：需求分析

任务 1 描述

按照软件开发要求，完成 "网上选课系统" 的需求分析。

技能目标

① 能掌握软件的需求分析方法；
② 能熟练运用建模软件（如 Visio、Rational Rose）对系统进行需求分析，并画出系统功能模块图、用例图。

网上选课系统是在 "信息发布系统" 的基础上进行功能扩展而形成的。"网上选课系统" 新增了用户（主要是学生）注册、基本信息管理（主要是学校基本信息）、教学任务分配与查看、网上选课及审核等功能。网上选课系统分为后台管理和前台管理两个功能模块。后台管理包括选课审核、教学任务分配和基本信息管理等，其中基本信息管理包括学期、职称、部门、专业、班级、教师、课程和课程类型等信息的管理，对信息的管理主要包括信息的查询、增加、修改和删除等操作。前台管理包括学生注册、网上选课和教学任务查看等功能；图 2-1 是网上选课系统的功能模块图。

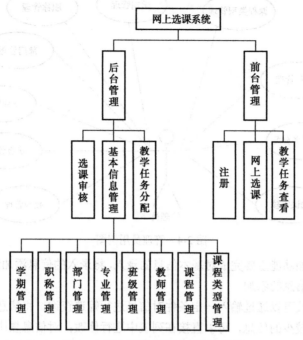

图 2-1　网上选课系统的功能模块图

网上选课系统涉及学生、教师和管理员 3 种角色，管理员登录系统后对基本信息进行管理，进行教学任务的分配，审核学生选课等；教师登录系统后查看自己的教学任务；学生经过注册登录系统后进行选课，提交选课申请，经管理员审核后完成选课功能。

学生角色的用例有注册和网上选课；教师角色的用例有教学任务查看；管理员角色的用例有学期管理、职称管理、部门管理、专业管理、班级管理、教师管理、课程类型管理、课程管理、教学任务分配和选课审核等。图 2-2、图 2-3、图 2-4 分别是网上选课系统学生用例图、教师用例图和管理员用例图。

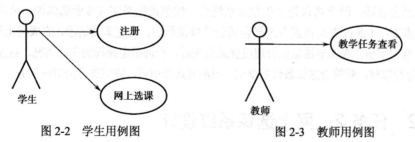

图 2-2　学生用例图　　　　　　　图 2-3　教师用例图

（1）基本信息管理。基本信息管理包括部门管理、专业管理、班级管理、学期管理、职称管理、教师管理、课程类型管理和课程管理等功能模块，基本信息管理的主要操作包括增加、删除、修改和查询 4 种常见操作。

基本信息的查询可以通过输入一定条件对信息进行筛选查询，将查询到的信息以列表形式显示到页面；对复杂信息的查询可以通过在页面的信息列表中显示部分基本信息，在部分基本信息中设置超链接，通过单击超链接打开信息详情查看页面，如教师信息的查询可以在列表中显示教师的 ID、姓名、性别、系部等，通过单击教师姓名或其他字段，打开教师信息的详情页面，从而查看到教师全部信息。

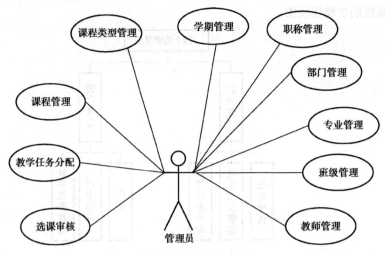

图 2-4　管理员用例图

基本信息的添加功能主要完成对基本信息的录入，将录入的信息添加到对应的数据表中，如学期管理中学期信息的添加。

基本信息的修改可以通过输入一定条件对信息进行筛选查询，将信息以列表形式显示到页面。对信息量比较少的信息，可以直接在列表中进行修改；对信息量比较多或者复杂的信息，可以通过超链接在列表中单击打开新页面对信息进行修改，如教师信息的修改。

基本信息的删除可以通过输入一定条件对信息进行筛选查询，将信息以列表形式显示到页面，选择需要删除的信息，提交删除请求，完成对信息的删除任务。

（2）教学任务分配。教学任务分配是管理员登录系统后，打开教学任务分配页面，选择教学学期、教学的班级，将课程分配给教师，从而完成教学任务的分配工作。

（3）教学任务查看是教师登录后，查看自己担任的课程教学任务。

（4）注册。学生要登录系统，必须在注册后，才能登录系统，在注册功能中要确保学号的唯一性。

（5）网上选课。网上选课是学生登录系统后，按照课程类别（专业选修课、公共选修课）进行课程查询，在课程查询列表中选择合适的选修课程后，提交选课请求，完成网上选课任务。

（6）选课审核。选课审核是在管理员登录系统后，查询指定课程的选课情况，对选择该门课程的学生进行审核，对符合选课条件的学生，批准其选课申请，完成选课的审核任务。

2.2　任务 2：网上选课系统设计

系统设计作为软件开发流程中需求分析之后的一个环节，主要完成系统的设计。一般的系统设计包括系统概要设计、详细设计和数据库设计，因篇幅原因，本书中的系统设计指的是概要设计和数据库设计。

2.2.1 子任务 1 网上选课系统总体设计

子任务 1 描述

按照软件开发要求，完成"网上选课系统"的总体设计。由于篇幅有限，系统设计以"教学任务分配"为例讲解系统的总体设计。

技能目标

① 能掌握软件的总体设计方法；
② 能掌握利用 UML 建模工具画时序图的方法。

教学任务分配用例主要是管理员登录系统后，把课程分配给指定的教师，从而完成教学任务的分配工作。管理员通过选择部门快速定位到教师；通过选择学期，显示指定学期的待分配课程列表；通过选择班级以及从课程列表中选择课程，将教师、课程和班级联系起来。图 2-5 为教学任务分配时序图。

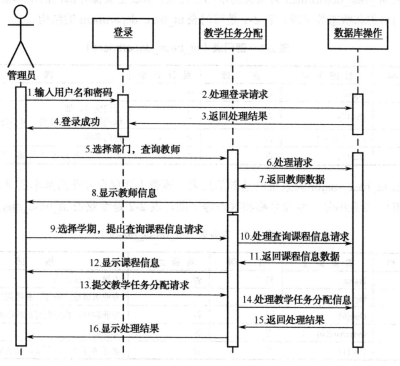

图 2-5 教学任务分配时序图

2.2.2 子任务 2 网上选课系统数据库设计

设计合理的数据库表的结构，不仅有利于网上选课系统的开发，而且有利于提高网上选课系统的性能。

子任务 2 描述

根据网上选课系统的需求分析及总体设计开发要求，设计合理、够用、符合规范的"网上选课系统"数据库。

 技能目标

① 能掌握数据库表设计方法；
② 能掌握视图建立的方法。

根据网上选课系统的需求分析及总体设计，网上选课系统在信息发布系统数据库的基础上增加了部门表 ut_base_department、专业表 ut_base_major、班级表 ut_base_class、学期表 ut_base_term、职称表 ut_base_title、教师表 ut_base_teacher、学生表 ut_base_student、课程类型表 ut_base_subjectType 和课程表 ut_base_subject 等基础信息表；根据业务信息处理的需要，还增加了教师课程关系表 ut_ocss_teacherSubjectRelation 和学生课程关系表 ut_ocss_studentSubjectRelation。

部门表 ut_base_department 为系统的基础信息表，该表主要保存部门的基本信息，如部门编号、部门名称和状态等字段，表 2-1 是部门表 ut_base_department 的结构。

表 2-1 部门表（ut_base_department）

字段名称	数据类型	主 键	是否为空	描 述
ID	bigint	是	否	主键，自动增长
depNo	char(8)	否	否	部门编号，唯一 编码规则：4位年份 + 4位序号
depName	nvarchar(50)	否	否	部门名称
stat	char(1)	否	否	部门状态 0_停用 1_正常，默认值为 1

专业表 ut_base_major 为系统的基础信息表，该表主要保存专业的基本信息，如专业开设的部门 ID、专业编号、专业名称和状态等字段，表 2-2 是专业表 ut_base_major 的结构。

表 2-2 专业表（ut_base_major）

字段名称	数据类型	主 键	是否为空	描 述
ID	bigint	是	否	主键，自动增长
depId	bigint	否	否	专业所属部门编号，参照部门表的 ID
majorNo	char(6)	否	否	专业编号，参照教育部标准编码
majorName	nvarchar(50)	否	否	专业名称
stat	char(1)	否	否	状态 0_停用 1_正常，默认值为 1

班级表 ut_base_class 为系统的基础信息表，该表主要保存班级的基本信息，如班级所属专业 id、班级编号、班级名称和班级的状态等字段，表 2-3 是班级表 ut_base_class 的结构。

学期表 ut_base_term 为系统的基础信息表，该表主要保存学期的基本信息，如学期开始年份、结束年份和学期的次序等字段，表 2-4 是学期表 ut_base_term 的结构。

表 2-3 班级表（ut_base_class）

字段名称	数据类型	主键	是否为空	描述
ID	bigint	是	否	主键，自动增长
majorId	bigint	否	否	班级所属专业的编号，参照专业表中的 ID
classNo	char(8)	否	否	班级编号，唯一 4 位年份+专业 ID（3 位，不足 3 位，前端补 0）+序号（1 位）
className	nvarchar(50)	否	否	班级名称
stat	char(1)	否	否	状态 0_停用 1_正常，默认值为 1

表 2-4 学期表（ut_base_term）

字段名称	数据类型	主键	是否为空	描述
ID	bigint	是	否	主键，自动增长
startYear	char(4)	否	否	开始年份，格式为 YYYY
endYear	char(4)	否	否	结束年份，格式为 YYYY
termOrder	int	否	否	学期次序，取值 1、2

职称表 ut_base_title 为系统的基础信息表，该表主要保存职称的基本信息，如职称编号、职称名称、职称排序和职称的状态等字段，表 2-5 是职称表 ut_base_title 的结构。

表 2-5 职称表（ut_base_title）

字段名称	数据类型	主键	是否为空	描述
ID	bigint	是	否	主键，自动增长
titleNo	char(2)	否	否	职称编号，唯一 2 位序号
titleName	nvarchar(50)	否	否	职称名称
sortOrder	int	否	否	职称排序
stat	char(1)	否	否	状态 0_停用 1_正常，默认值为 1

教师表 ut_base_teacher 为系统的基础信息表，该表主要保存教师的基本信息，如教师登录 ID、教师所属部门 ID、职称 ID、教师工号、教师姓名、性别、加入学校的时间、办公电话、教师手机号码、居住地址和状态等字段，表 2-6 是教师表 ut_base_teacher 的结构。

表 2-6 教师表（ut_base_teacher）

字段名称	数据类型	主键	是否为空	描述
ID	bigint	是	否	主键，自动增长
loginId	bigint	否	否	登录 ID，参照登录表的 ID
depId	bigint	否	否	所属部门编号，参照部门表的 ID
titleId	bigint	否	否	职称编号，参照职称表的 ID
teaNo	char(8)	否	否	教师编号，唯一 入职年份（4 位）+ 序号（4 位）
teaName	nvarchar(50)	否	否	教师姓名
gender	char(2)	否	否	性别，男、女
joinDate	date	否	否	加入学校的日期
officeTel	varchar(15)	否	是	办公室电话
mobile	varchar(15)	否	是	手机

续表

字段名称	数据类型	主键	是否为空	描述
addr	nvarchar(50)	否	是	居住地址
stat	char(1)	否	否	状态 0_停用 1_正常，默认值为 1

学生表 ut_base_student 为系统的基础信息表，该表主要保存学生的基本信息，如学生登录 ID、学生所属班级 ID、学号、姓名、性别、加入学校的时间、联系电话、居住地址和学生状态等字段，表 2-7 是学生表 ut_base_student 的结构。

表 2-7　学生表（ut_base_student）

字段名称	数据类型	主键	是否为空	描述
ID	bigint	是	否	主键，自动增长
loginId	bigint	否	否	登录 ID，参照登录表的 ID
classId	bigint	否	否	所属班级，参照班级表的 ID
stuNo	char(10)	否	否	学生学号，唯一 入学年份（4 位）+班级 ID（4 位，不满 4 位，前端补 0）+顺序号（2 位）
stuName	nvarchar(50)	否	否	姓名
gender	char(2)	否	否	性别，男、女
joinDate	date	否	否	加入学校的日期
tel	varchar(15)	否	是	联系电话，默认使用手机号码
addr	nvarchar(50)	否	是	居住地址
stat	char(1)	否	否	状态 0_停用 1_正常，默认值为 1

课程类型表 ut_base_subjectType 为系统的基础信息表，该表主要保存课程类型的基本信息，如课程类型编号、课程类型名称和课程状态等字段，表 2-8 是课程类型表 ut_base_subjectType 的结构。

表 2-8　课程类型表（ut_base_subjectType）

字段名称	数据类型	主键	是否为空	描述
ID	bigint	是	否	主键，自动增长
typeNo	char(4)	否	否	课程类型编号，唯一 一级分类号 2 位+序号 2 位 一级分类号为：BX_必修，XX_选修
name	nvarchar(50)	否	否	课程类型名称 课程类型名称以"必修-"或"选修-"开头
stat	char(1)	否	否	状态 0_停用 1_正常，默认值为 1

课程表 ut_base_subject 为系统的基础信息表，该表主要保存课程的基本信息，如课程类型 ID、课程开出部门 ID、课程编号、课程名称、课程的学分和课程状态等字段，表 2-9 是课程表 ut_base_subject 的结构。

表 2-9　课程表（ut_base_subject）

字段名称	数据类型	主键	是否为空	描述
ID	bigint	是	否	主键，自动增长
depId	bigint	否	否	课程开出的部门 ID，参照部门表中的 ID
subTypeId	bigint	否	否	课程类型编号，参照课程类型表的 ID

续表

字段名称	数据类型	主键	是否为空	描述
subNo	char(12)	否	否	课程编号，唯一性 开设年份（4位）+开出部门ID（4位，不足3位，前端补0）+ 课程类型ID（2位，不足前面补0）+顺序号（2位）
subName	nvarchar(50)	否	否	课程名称
credit	float	否	否	学分
stat	char(1)	否	否	状态 0_停用 1_正常，默认值为1

教师课程关系表 ut_ocss_teacherSubjectRelation 主要保存教师和课程之间的关系，存放教学任务分配的信息，如课程ID、教师ID、学期ID和班级ID等信息，表2-10是教师课程关系表 ut_ocss_teacherSubjectRelation 的结构。

表2-10 教师课程关系表（ut_ocss_teacherSubjectRelation）

字段名称	数据类型	主键	是否为空	描述
ID	bigint	是	否	主键，自动增长
subId	bigint	否	否	课程ID，参照课程表的ID
teaId	bigint	否	否	教师ID，参照教师表的ID
termId	bigint	否	否	学期ID，参照学期表的ID
classId	bigint	否	否	班级ID，参照班级表的ID
stat	char(1)	否	否	状态取值及含义： 0——未审核 1——审核未通过 2——审核通过

学生课程关系表 ut_ocss_studentSubjectRelation 主要保存学生和课程之间的关系，存放学生选课的信息，如课程ID、学生ID、学期ID、班级ID和当前选课的状态等字段，表2-11是学生课程关系表 ut_ocss_studentSubjectRelation 的结构。

表2-11 学生课程关系表（ut_ocss_studentSubjectRelation）

字段名称	数据类型	主键	是否为空	描述
ID	bigint	是	否	主键，自动增长
subId	bigint	否	否	课程ID，参照课程表的ID
stuId	bigint	否	否	学生ID，参照学生表的ID
termId	bigint	否	否	学期ID，参照学期表的ID
classId	bigint	否	否	班级ID，参照班级表的ID
stat	char(1)	否	否	状态取值及含义： 0——未审核 1——审核未通过 2——审核通过

在数据库中建立了视图（虚表），目的是让用户更加便捷地查询数据，同时，拼写 SQL 语句也得到了简化。在本任务中，建立了专业 uv_base_major 视图、班级 uv_base_class 视图、课程 uv_base_subject 视图、学生 uv_base_student 视图、教师 uv_base_teacher 视图、教师课程关系 uv_ocss_teacherSubjectRelation 视图、学生课程关系 uv_ocss_studentSubjectRelation 视图等。

专业 uv_base_major 视图基于 ut_base_major 和 ut_base_department 表建立。该视图主要建立了专业和部门的关系，提供了专业编号、专业名称、专业状态、专业所属的部门相关信息。

图 2-6 为 uv_base_major 视图。

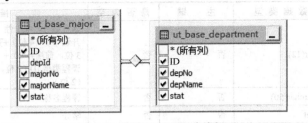

图 2-6　uv_base_major 视图

视图 uv_base_major，即虚表。它充分反映了专业和部门之间的情况，该视图（虚表）结构如表 2-12 所示。

表 2-12　uv_base_major 视图（虚表）的结构字段说明

视图字段名称	字段所属的表名	源 表 字 段	表 间 关 系
majorId	ut_base_major	ID	专业表和部门表关联 ut_base_major.depId ＝ ut_base_department.ID
majorNo		majorNo	
majorName		majorName	
majorStat		stat	
depId	ut_base_department	ID	
depNo		depNo	
depName		depName	
depStat		stat	

班级 uv_base_class 视图基于 ut_base_class 表和 uv_base_major 视图建立。该视图主要建立了班级、专业和部门的关系，提供了班级编号、班级名称、班级状态、班级所属的专业和班级所属的部门详情信息。图 2-7 为 uv_base_class 视图。

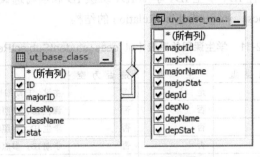

图 2-7　uv_base_class 视图

视图 uv_base_class，即虚表。它充分反映了班级和专业、部门之间的情况，该视图（虚表）结构如表 2-13 所示。

表 2-13　uv_base_class 视图（虚表）结构字段说明

视图字段名称	字段所属的表名	源 表 字 段	表 间 关 系
classId	ut_base_class	ID	班级表和专业视图关联 ut_base_class.majorId ＝ uv_base_major.majorId
classNo		classNo	
className		className	
classStat		stat	

续表

视图字段名称	字段所属的表名	源表字段	表间关系
majorId	uv_base_major	majorId	
majorNo		majorNo	
majorName		majorName	
majorStat		majorStat	
depId		depId	
depNo		depNo	
depName		depName	
depStat		depStat	

课程 uv_base_subject 视图基于 ut_base_subject、ut_base_subjectType、ut_base_department 表建立。该视图建立了课程和课程类别、课程所属部门之间的关系，uv_base_subject 视图提供了课程编号、课程名称、课程学分、课程的状态、课程的类别信息以及课程开出部门的信息等。图 2-8 为 uv_base_subject 视图。

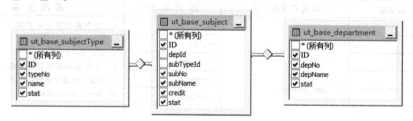

图 2-8 uv_base_subject 视图

视图 uv_base_subject，即虚表。它充分反映了课程和课程类别、部门之间的情况，该视图（虚表）结构如表 2-14 所示。

表 2-14 uv_base_subject 视图（虚表）结构字段说明

视图字段名称	字段所属的表名	源表字段	表间关系
subId	ut_base_subject	ID	1. 课程表和课程类别表关联 ut_base_subject.subTypeId = ut_base_subjectType.ID 2. 课程表和部门表关联 ut_base_subject.depId = ut_base_department.ID
subNo		subNo	
subName		subName	
stat		subStat	
subTypeId	ut_base_subjectType	ID	
subTypeNo		typeNo	
subTypeName		name	
subTypeStat		stat	
depId	ut_base_department	ID	
depNo		depNo	
depName		depName	
depStat		stat	

学生 uv_base_student 视图基于 ut_base_student 表、uv_base_class 视图、ut_sys_login 表等建立。该视图建立了学生和班级、专业、部门以及登录之间的关系，uv_base_student 视图提供了学号、姓名、性别、入校日期、电话、住址、状态、学生所属的班级信息、所学专业信息、归属的系部信息以及登录的信息等。图 2-9 为 uv_base_subject 视图。

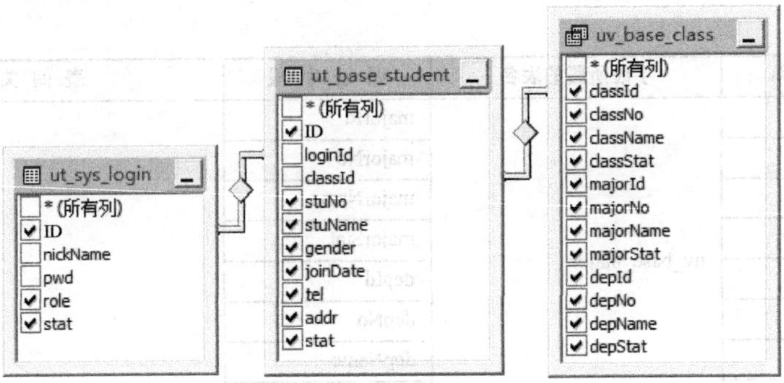

图 2-9 uv_base_student 视图

视图 uv_base_student，即虚表。它充分反映了学生和班级、专业、部门以及登录角色之间的详细情况，该视图（虚表）结构如表 2-15 所示。

表 2-15 uv_base_student 视图（虚表）结构字段说明

视图字段名称	字段所属的表名	源表字段	表 间 关 系
stuId	ut_base_student	ID	1. 学生表和登录表关联 ut_base_student.loginId = ut_sys_login.ID 2. 学生表和班级视图关联 ut_base_student.classId = uv_base_class.classId
stuNo		stuNo	
stuName		stuName	
gender		gender	
joinDate		joinDate	
tel		tel	
addr		addr	
stuStat		stat	
classId	uv_base_class	classId	
classNo		classNo	
className		className	
classStat		classStat	
majorId		majorId	
majorNo		majorNo	
majorName		majorName	
majorStat		majorStat	
depId		depId	
depNo		depNo	
depName		depName	
depStat		depStat	
loginId	ut_sys_login	ID	
role		role	
loginStat		stat	

教师 uv_base_teacher 视图基于 ut_base_teacher、ut_base_title、ut_base_department、ut_sys_login 等表建立。该视图建立了教师和职称、部门以及登录之间的关系，uv_base_teacher 视图提供了教师工号、姓名、性别、入校日期、办公电话、手机号码、住址、状态、教师的职称信息、教师所在的部门信息以及登录的信息等。图 2-10 为 uv_base_teacher 视图。

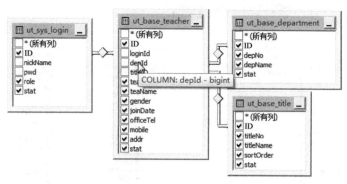

图 2-10　uv_base_teacher 视图

视图 uv_base_teacher，即虚表。它充分反映了教师和职称、部门以及登录角色之间的详细情况，该视图（虚表）结构如表 2-16 所示。

表 2-16　uv_base_teacher 视图（虚表）结构字段说明

视图字段名称	字段所属的表名	源表字段	表间关系
teaId	ut_base_teacher	ID	1．教师表和登录表关联 ut_base_teacher.loginId = ut_sys_login.ID 2．教师表和部门表关联 ut_base_teacher.depId = ut_base_department.ID 3．教师表和职称表关联 ut_base_teacher. titileId = ut_base_title.ID
teaNo		teaNo	
teaName		teaName	
gender		gender	
joinDate		joinDate	
officeTel		officeTel	
mobile		mobile	
addr		addr	
teaStat		stat	
titileId	ut_base_title	ID	
titleNo		titleNo	
titleName		titleName	
sortOrder		sortOrder	
titleStat		stat	
depId	ut_base_department	ID	
depNo		depNo	
depName		depName	
depStat		stat	
loginId	ut_sys_login	ID	
role		role	
loginStat		stat	

教师课程关系 uv_ocss_teacherSubjectRelationp 视图基于 ut_ocss_teacherSubjectRlation 表、uv_base_subject 视图、uv_base_class 视图、uv_base_teacher 视图、ut_base_term 表等建立。该视图主要提供了课程、教师、学期和班级之间的关系，同时还提供了相关的信息，如课程详细信息、教师详细信息、班级详细信息和学期信息，图 2-11 为 uv_ocss_teacherSubjectRelation 视图。

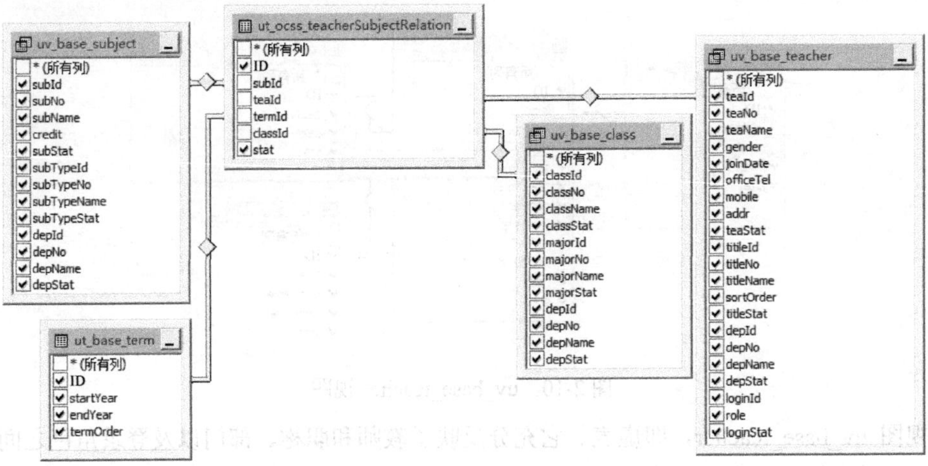

图 2-11　uv_ocss_teacherSubjectRelation 视图

视图 uv_ocss_teacherSubjectRelation，即虚表。它充分反映了课程、教师、班级和学期之间的详细情况，该视图（虚表）结构如表 2-17 所示。

表 2-17　uv_ocss_ teacherSubjectRelation 视图（虚表）结构字段说明

视图字段名称	字段所属的表名	源 表 字 段	表 间 关 系
ID	ut_ocss_teacherSubjectRelation	ID	1．教师课程关系表和课程视图关联 ut_ocss_teacherSubjectRelation.subId = uv_base_subject.subId 2．教师课程关系表和教师视图关联 ut_ocss_teacherSubjectRelation.teaId = uv_base_teacher.teaId 3．教师课程关系表和班级视图关联 ut_ocss_teacherSubjectRelation.classId = uv_base_class.classId 4．教师课程关系表和学期表关联 ut_ocss_teacherSubjectRelation.termId = ut_base_term.ID
stat		stat	
subId	uv_base_subject	subId	
subNo		subNo	
subName		subName	
credit		credit	
subStat		subStat	
subTypeId		subTypeId	
subTypeNo		subTypeNo	
subTypeName		subTypeName	
subTypeStat		subTypeStat	
subDepId		depId	
subDepNo		depNo	
subDepName		depName	
subDepStat		depStat	
teaId	uv_base_teacher	teaId	
teaNo		teaNo	
teaName		teaName	
gender		gender	
joinDate		joinDate	
officeTel		officeTel	
mobile		mobile	
addr		addr	
teaStat		teaStat	
titileId		titileId	
titleNo		titleNo	
titleName		titleName	

续表

视图字段名称	字段所属的表名	源表字段	表间关系
sortOrder		sortOrder	
titleStat		titleStat	
teaDepId		depId	
teaDepNo		depNo	
teaDepName	ut_base_teacher	depName	
teaDepStat		depStat	
loginId		loginId	
role		role	
loginStat		loginStat	
termId		ID	
startYear		startYear	
endYear		endYear	
termOrder	ut_base_term	termOrder	
term		startYear +'-' + endYear +'-' +termOrder	
classId		classId	
classNo		classNo	
className		className	
classStat		classStat	
majorId	uv_base_class	majorId	
majorNo		majorNo	
majorName		majorName	
majorStat		majorStat	
classDepId		depId	
classDepNo		depNo	
classDepName		depName	
classDepStat		depStat	

学生课程关系 uv_ocss_studentSubjectRelation 视图基于 ut_ocss_studentSubjectRlation 表、uv_base_subject 视图、uv_base_student 视图、ut_base_term 表、ut_base_class 表等建立。该视图主要提供了课程、学生、学期、选修课开设班级之间的关系，同时还提供了相关的信息，如课程详细信息、学生详细信息、学期以及开设课程的班级信息，图 2-12 为 uv_ocss_studentSubjectRelation 视图。

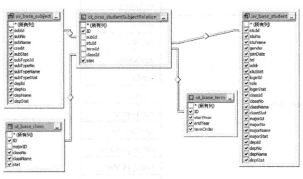

图 2-12　uv_ocss_studentSubjectRelation 视图

视图 uv_ocss_studentSubjectRelation，即虚表。它充分反映了课程、学生和学期之间的详细情况，该视图（虚表）结构如表 2-18 所示。

表 2-18　uv_ocss_ studentSubjectRelation 视图（虚表）结构字段说明

视图字段名称	字段所属的表名	源表字段	表间关系
ID	ut_ocss_studentSubjectRelation	ID	1. 学生课程关系表和课程视图关联 ut_ocss_studentSubjectRelation.subId = uv_base_subject.subId 2. 学生课程关系表和学生视图关联 ut_ocss_studentSubjectRelation.stuId = uv_base_student.stuId 3. 学生课程关系表和学期表关联 ut_ocss_studentSubjectRelation.termId = ut_base_term.ID 4. 学生课程关系表和选修课班级表关联 ut_ocss_studentSubjectRelation.classId = ut_base_class.ID
stat		stat	
termId	ut_base_term	ID	
termStartYear		startYear	
termEndYear		endYear	
termOrder		termOrder	
term		startYear +'-' + endYear +'-' +termOrder	
stuId	uv_base_student	stuId	
stuNo		stuNo	
stuName	uv_base_student	stuName	
gender		gender	
joinDate		joinDate	
tel		tel	
addr		addr	
stuStat		stuStat	
stuClassId		classId	
stuClassNo		classNo	
stuClassName		className	
stuClassStat		classStat	
stuMajorId		majorId	
stuMajorNo		majorNo	
stuMajorName		majorName	
stuMajorStat		majorStat	
stuDepId		depId	
stuDepNo		depNo	
stuDepName		depName	
stuDepStat		depStat	
loginId		loginId	
role		role	
loginStat		loginStat	
subId	uv_base_subject	subId	
subNo		subNo	
subName		subName	
credit		credit	
subStat		subStat	
subTypeId		subTypeId	
subTypeNo		subTypeNo	
subTypeName		subTypeName	
subTypeStat		subTypeStat	
subDepId		depId	

续表

视图字段名称	字段所属的表名	源表字段	表间关系
subDepNo	ut_base_subject	depNo	
subDepName		depName	
subDepStat		depStat	
classId	ut_base_class	ID	
classNo		classNo	
className		className	
classStat		stat	

2.3 任务3：网上选课系统后台程序实现

2.3.1 子任务1 系统整体框架搭建

子任务1描述

在"信息发布系统"的项目基础上，采用三层架构实现"网上选课系统"，三层架构是UI、BLL、DAL三层，其中UI（User Interface，用户界面层）为表现层，即Web层；BLL（Business Logic Layer，业务逻辑层）为处理业务的层；DAL（Data Access Layer，数据访问层）为数据操作层。本任务主要是建立网上选课系统三层架构，以及建立各层之间的引用关系。

技能目标

能熟练运用Microsoft Visual Studio 2010建立解决方案以及在该解决方案下建立项目，学会项目文件的规划管理。

操作要点与步骤

▶ 1. 创建类库

参照"信息发布系统"的"1.3.1 系统整体框架搭建"中新建IpsCommonDBFunction类库的方法，完成DAL、BLL、Model、Common等类库的创建。为了方便地在DAL、BLL、UI之间进行传递信息，特设计Model层提供封装类。Common层主要为各层提供公共方法、常量等。

（1）创建Model层。在图1-13新建类库中，在名称栏中输入Model，位置默认，单击"确定"按钮，完成Model层的创建。

在Model层中新建basis和ocss文件夹，其中basis主要对基础表、视图进行封装；ocss主要对网上选课系统的数据表、视图进行封装。

（2）创建Common层。参照（1）中的步骤创建Common类库。

（3）创建DAL层。参照（1）中的步骤创建DAL类库，并在DAL类库下新建basis和ocss

文件夹，其中 basis 主要处理与基础表、视图相关的数据；ocss 主要处理与网上选课系统的数据表、视图相关的数据。

（4）创建 BLL 层。参照（1）中的步骤创建 BLL 类库，并在 BLL 类库下新建 admin 和 front 文件夹，其中 admin 主要处理后台业务；front 主要处理前台业务。再分别在 admin 和 front 文件夹下建立 ocss 文件夹。

（5）修改 UI 层。在 Web 项目的 Admin 文件夹中，建立 ocss 文件夹；在 Front 文件夹中，建立 ocss 文件夹；在 Web 项目中建立 master 和 sitemap 文件夹。将"网上选课系统"的 Logo 图片放到 Web 项目的 images 文件夹中。

图 2-13 为系统框架图。

图 2-13　系统框架图

▶2. 添加引用

类库创建完成后，还需要将被引用的类库添加到相应的类库中，如：UI 层可以引用 Model 层、BLL 层、Common 层；BLL 层可以引用 DAL 层、Model 层、Common 层；DAL 层可以引用 Model 层、Common 层。添加引用的方法可以参照"信息发布系统"的"1.3.1 系统整体框架搭建"中 Web 引用 IpsCommonDBFunction 类库的方法。

表 2-19 为类库文件夹及调用（引用）说明。

表 2-19　类库文件夹及调用（引用）说明

类库名称	被调用（引用）的类库名称	文件夹名称	文件夹说明
IpsCommonDBFunction	未设置	ips	信息发布相关 ips 数据表操作类
		sys	信息发布相关 sys 数据表操作类
Model	Common	basis	基础信息表和视图封装类
		ocss	网上选课表和视图封装类
Common	/	/	类中包含了公共变量和常用方法的定义
BLL	DAL、Common、Model	admin/ocss	网上选课系统后台业务处理类
		front/ocss	网上选课系统前台业务处理类
DAL	Common、Model	basis	基础数据表和视图处理类
		ocss	网上选课数据表和视图处理类

续表

类 库 名 称	被调用（引用）的类库名称	文件夹名称	文件夹说明
Web	IpsCommonDBFunction BLL、Common、Model	Admin/ips	信息发布系统后台页面
		Admin/ips/uploadpic	信息发布上传图片文件夹
		Admin/ocss	网上选课系统后台页面
		aspnet_client	FreeTextBox 控件
		css	样式表
		Front/ips	信息发布系统前台页面
		Front/ocss	网上选课系统前台页面
		images	图片
		master	母版页
		sitemap	站点地图

——— 相关知识点 ———

ASP.NET 三层架构介绍

知识点 2-1 ASP.NET 三层架构介绍

ASP.NET 在 Web 应用开发上无疑更容易，更有效率。Web 开发大部分都是围绕着数据操作而进行的，建立数据库存储数据，编写代码访问和修改数据库中表的数据，设计界面采集并显示数据。

设计模式中的分层架构（可以参考 J2EE 中 MVC 模式）实现了各司其职，互不干涉，所以如果一旦哪一层的需求发生了变化，就只需要更改相应的层中的代码而不会影响到其他层中的代码。这样就能更好地实现开发中的分工，有利于组件的重用。所以一个好的模式在程序开发和后期维护中作用重大。

ASP.NET 三层架构自底向上分为：数据访问层（DAL）、业务逻辑层（BLL）和界面层（UI）。如图 2-14 所示。

数据访问层：使用了一个强类型的 DataSet 作为数据访问层，只是单纯的对数据进行增、删、改、查询和判断存在等较通用的数据访问方法（由 SQL 语句来提供），不应该有"业务"存在。

业务逻辑层：业务逻辑层是在数据访问层和表示层之间进行数据交换的桥梁，按业务需求调用数据访问层中的方法组合，集合了各种业务规则到一个 BLL 中，例如通过条件进行判断的数据操作或"事务"处理。BLL 都是以类库（Class Library）的形式来实现的。

界面层：该层是为用户提供用于交互的应用服务图形界面，帮助用户理解和高效地定位应用服务，显示业务逻辑层中传递的数据。

三层框架图的说明如下。

Model：放置相应的属性，get 及 set 方法。

Common：放置整个工程所用到的公共属性和相应的公共方法。

DataBase：项目所用到的数据库 DB。

DAL：执行相应的数据库语句。

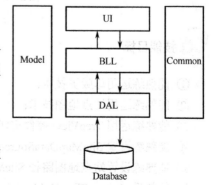

图 2-14 三层框架图

BLL：构造相应的业务逻辑方法。

UI：直接与 BLL 打交道，进行事件驱动。

2.3.2 子任务 2 网上选课系统母版页设计

子任务 1 描述

在学习情境 1"信息发布系统"的后台页面设计中，每一个页面的上部都放置相同的 logo 图片，下部放置相同的版权页信息，中部的左边部分都放置供用户操作的链接菜单，且这部分的内容也都是相同的。在设计页面时，要重复设计每一个页面上部、下部及中部左边相同的部分，开发时要重复开发每个页面相同部分的页面代码。如果每个页面都这样开发实现，则其显著的缺点有二：一是重复开发，重用性不强；二是如果后期系统功能发生改变，则需要对每个页面的各个部分进行相同修改，后期维护费时费力。使用 ASP.NET 提供的母版页可以很好地解决以上的这些问题，极大地提高开发的效率，且后期的维护也更加省力。

在进行学习情境 2"网上选课系统"的后台页面设计时采用母版页（MasterPage.master）技术和站点地图（SiteMap）技术，设置 SiteMapDataSource 控件和站点地图路径 SiteMapPath 控件的属性，熟练运用 TreeView 控件实现网页的导航，从而极大地提高开发的效率。

完成"网上选课系统"后台系统母版页的页面设计及程序设计。

"网上选课系统"母版页的页面设计图如图 2-15 所示。

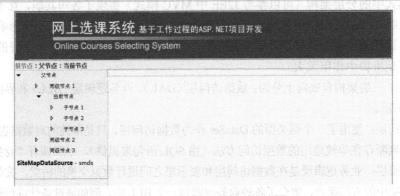

图 2-15 子任务 2 母版页设计图

技能目标

① 能熟练运用母版页技术；
② 能熟练运用站点地图技术；
③ 能熟练运用 TreeView 控件实现网页的导航；
④ 能熟练设置 SiteMapDataSource 控件的属性；
⑤ 能熟练设置站点地图路径 SiteMapPath 控件的属性；
⑥ 能熟悉 ContentPlaceHolder 控件；
⑦ 能按照代码规范组织代码的编写。

操作要点与步骤

1. 添加站点地图

站点地图配合 TreeView 控件和 SiteMapPath 控件实现菜单和站点导航功能。

（1）添加站点地图。右击 Web 项目的 sitemap 文件夹，在出现的快捷菜单中选择"添加"→"新建项…"命令后，出现如图 2-16 所示的对话框，在该对话框中，选择中间部分的"站点地图"，在名称对应的文本框中输入"adminWeb.sitemap"后，单击"添加"按钮，完成"管理员站点地图"的添加任务。

图 2-16　添加站点地图

添加完成后，打开"管理员站点地图"文件 adminWeb.sitemap，在该文件中添加注释，内容如下。

```
<?xml version="1.0" encoding="utf-8" ?>
<siteMap xmlns="http://schemas.microsoft.com/AspNet/SiteMap-File-1.0" >
  <!--根节点-->
  <siteMapNode url="" title="" description="">

  </siteMapNode>
</siteMap>
```

（2）在"管理员站点地图"文件 adminWeb.sitemap 中添加一级菜单。一级菜单有"信息发布系统"、"网上选课"、"系统管理"3 部分，代码如下。

```
<!--返回首页-->
<siteMapNode url="~/Default.aspx" title="返回首页"   description="返回到首页" />
<!--信息发布系统-->
<siteMapNode url="" title="信息发布"  description="情境 1 信息发布">

</siteMapNode >
<!--网上选课-->
<siteMapNode url="" title="网上选课"  description="情境 2 网上选课">
```

```
</siteMapNode>
<!-- 系统管理 -->
<siteMapNode url="" title="系统管理"  description="系统管理">

</siteMapNode>
```

(3) 在"管理员站点地图"文件 adminWeb.sitemap 中添加二级菜单。在"信息发布系统"一级菜单中添加二级菜单，代码如下。

```
<siteMapNode url="~/Admin/ips/infoAdd.aspx"
            title="信息添加"   description="信息添加"/>
<siteMapNode url="~/Admin/ips/InfoTypeManage.aspx"
            title="类别管理"   description="信息类别管理" />
<siteMapNode url="~/Admin/ips/InfoManage.aspx"
            title="信息管理"   description="信息管理"  />
```
在"网上选课"一级菜单中添加二级菜单如下：
```
<siteMapNode url="" title="基础信息"   description="基础信息管理">

</siteMapNode>
<siteMapNode url="~/Admin/ocss/TaskAllocation.aspx"
            title="教学任务分配"   description="教学任务分配" />
<siteMapNode url="~/Admin/ocss/Verify.aspx"
            title="选课审核"   description="选课审核" />
```
在"系统管理"一级菜单中添加二级菜单如下：
```
<siteMapNode url="~/Person.aspx"
            title="个人信息."   description="个人信息管理" />
<siteMapNode url="~/Logout.aspx"
            title="系统注销"   description="系统注销" />
```

(4) 在"管理员站点地图"文件 adminWeb.sitemap 中添加三级菜单。在"基础信息"二级菜单中再添加三级菜单，代码如下。

```
<siteMapNode url="~/Admin/ocss/DepManage.aspx"
            title="部门管理"   description="部门信息管理" />
<siteMapNode url="~/Admin/ocss/MajorManage.aspx"
            title="专业管理"   description="专业信息管理" />
<siteMapNode url="~/Admin/ocss/ClassManage.aspx"
            title="班级管理"   description="班级管理" />
<siteMapNode url="~/Admin/ocss/TermManage.aspx"
            title="学期管理"   description="学期信息管理" />
<siteMapNode url="~/Admin/ocss/TitleManage.aspx"
            title="职称管理"   description="职称信息管理" />
<siteMapNode url="~/Admin/ocss/TeacherManage.aspx"
            title="教师管理"   description="教师信息管理" />
<siteMapNode url="~/Admin/ocss/TeacherManage.aspx"
            title="学生管理"   description="学生信息管理" />
<siteMapNode url="~/Admin/ocss/SubjectManage.aspx"
            title="课程管理"   description="课程信息管理"  />
<siteMapNode url="~/Admin/ocss/SubjectTypeManage.aspx"
            title="课程类别管理"   description="课程类型管理" />
```

(5) 重复以上 (1) 到 (4) 的操作步骤，在 sitemap 文件夹中，分别为教师和学生添加站点地图文件。

教师的 teaWeb.sitemap 站点地图内容如下。

```
<!--返回首页-->
<siteMapNode url="~/Default.aspx" title="返回首页"   description="返回到首页" />
<!--信息发布系统-->
<siteMapNode url="" title="信息发布"   description="情境1 信息发布">
```

```xml
      <siteMapNode url="~/Admin/ips/InfoAdd.aspx"
                   title="信息添加"   description="信息添加"/>
    </siteMapNode>
    <!--网上选课-->
    <siteMapNode url="" title="网上选课"   description="情境2 网上选课">
      <siteMapNode url="~/Front/ocss/TaskQuery.aspx"
                   title="教学任务"   description="教师查看教学任务"/>
    </siteMapNode>
    <!--系统管理部分 -->
    <siteMapNode url="" title="系统管理"   description="系统管理">
      <siteMapNode url="~/Person.aspx"
                   title="个人信息"   description="个人信息管理"/>
      <siteMapNode url="~/Logout.aspx"
                   title="系统注销"   description="系统注销"/>
    </siteMapNode>
```

学生的 stuWeb.sitemap 站点地图内容如下。

```xml
<!--返回首页-->
<siteMapNode url="~/Default.aspx" title="返回首页"   description="返回到首页" />
<!--网上选课-->
<siteMapNode url="" title="网上选课"   description="情境2 网上选课">
  <siteMapNode url="~/Front/ocss/SelectSubject.aspx"
               title="网上选课"   description="学生网上选课" />
</siteMapNode>
<!-- 系统管理部分 -->
<siteMapNode url="" title="系统管理"   description="系统管理">
  <siteMapNode url="~/Person.aspx"
               title="个人信息"   description="个人信息管理" />
  <siteMapNode url="~/Logout.aspx"
               title="系统注销"   description="系统注销" />
</siteMapNode>
```

▶ 2. 修改 web.config 文件，配置对多站点地图的支持功能

打开 web.config 文件，在<system.web> </system.web> 节点中添加多站点地图配置。

```xml
<!--多站点地图支持-->
<siteMap>
  <providers>
    <add name="adminSiteMap" type="System.Web.XmlSiteMapProvider"
         siteMapFile="~/sitemap/adminWeb.sitemap"/>
    <add name="stuSiteMap" type="System.Web.XmlSiteMapProvider"
         siteMapFile="~/sitemap/stuWeb.sitemap"/>
    <add name="teaSiteMap" type="System.Web.XmlSiteMapProvider"
         siteMapFile="~/sitemap/teaWeb.sitemap"/>
  </providers>
</siteMap>
```

▶ 3. 修改页面样式表

"网上选课"系统中的 logo 需要相应地改为 logo_ocss.jpg，在系统整体框架搭建任务中，已经将 logo 图片放入到 images 文件夹中，现只修改 public.css 样式表文件，在 public.css 样式表文件中添加 logo_ocss 样式。

（1）打开 Web 项目中 css 文件夹中的 public.css 文件。

（2）添加 logo_ocss 样式，代码如下。

```css
/*logo 样式*/
#logo_ocss{
    background-image:url("../images/logo_ocss.jpg");
```

```
    background-color:Transparent;
    background-repeat:no-repeat;
    width:800px;
    height:100px;
    color:#f9ba0f;
}
```

▶ 4. 添加母版页

网上选课系统采用母版页技术设计,这样设计的好处是所有后台页面都采用统一样式的模板。

(1)右击 Web 项目的 master 文件夹,在快捷菜单中选择"添加"→"新建项..."命令,弹出如图 1-32 所示的对话框,在图 1-32 的中间部分选择母版页,在名称对应的文本框中,输入"OcssSite.Master"。单击"添加"按钮,完成母版页的添加。母版页的页面默认代码如下。

```
<%@ Master Language="C#" AutoEventWireup="true"
    CodeBehind="OcssSite.master.cs" Inherits="Web.master.OcssSite" %>
<!DOCTYPE html PUBLIC "-//W3C//DTD XHTML 1.0 Transitional//EN"
    "http://www.w3.org/TR/xhtml1/DTD/xhtml1-transitional.dtd">
<html xmlns="http://www.w3.org/1999/xhtml">
<head runat="server">
    <title></title>
    <asp:ContentPlaceHolder ID="head" runat="server">
    </asp:ContentPlaceHolder>
</head>
<body>
    <form id="form1" runat="server">
    <div>
        <asp:ContentPlaceHolder ID="ContentPlaceHolder1" runat="server">

        </asp:ContentPlaceHolder>
    </div>
    </form>
</body>
</html>
```

(2)修改 head 标签。删除 ContentPlaceHolder,添加对 public.css 样式表的引用,代码如下。

```
<head id="head1" runat="server">
    <title>在线考试系统-网上选课子系统</title>
    <link rel="stylesheet" href="~/css/public.css" type="text/css" />
</head>
```

(3)修改 form 标签,代码如下。

```
<form id="form1" name="form" runat="server">
</form>
```

在 form 标签内添加层,进行页面布局,代码如下。

```
<div id="container">
    <!-- logo -->
    <div id="logo_ocss"></div>
    <!-- 导航区 -->
    <div id="navigation">

    </div>
    <!-- 中间区 -->
    <div id="middle">
        <!-- 功能区 -->
```

```
            <div id="function">

            </div>
            <!-- 内容区 -->
            <div id="content">
                <asp:ContentPlaceHolder ID="contentPlaceHolder" runat="server">

                </asp:ContentPlaceHolder>
            </div>
        </div>
        <!-- copyright -->
        <div id="copyright"></div>
    </div>
```

(4) 添加页面导航控件。在 navigation 层内添加 SiteMapPath 控件，代码如下。

```
<table>
    <tr>
        <td class="pagePostion">
            <asp:SiteMapPath id="siteMapPath" runat="server"
                PathSeparator=" : " Font-Names="Verdana">
                <PathSeparatorStyle Font-Bold="True" ForeColor="#990000" />
                <CurrentNodeStyle ForeColor="Red" />
                <NodeStyle Font-Bold="True" ForeColor="#990000" />
                <RootNodeStyle Font-Bold="True" ForeColor="#FF8000" />
            </asp:SiteMapPath>
        </td>
    </tr>
</table>
```

(5) 添加页面功能菜单。在 function 层内添加 TreeView 控件和 SiteMapDataSource 控件，代码如下。

```
<asp:TreeView ID="treeView" runat="server"
    DataSourceID="siteMapDataSource" ImageSet="Arrows" >
    <ParentNodeStyle Font-Bold="False" />
    <HoverNodeStyle Font-Underline="True" ForeColor="#5555DD" />
    <SelectedNodeStyle Font-Underline="True" ForeColor="#5555DD"
                       HorizontalPadding="0px" VerticalPadding="0px" />
    <NodeStyle Font-Names="Verdana" ForeColor="Black"
        HorizontalPadding="5px"
        NodeSpacing="0px" VerticalPadding="0px" Font-Size="8pt" />
</asp:TreeView>
<asp:SiteMapDataSource ID="siteMapDataSource" runat="server"
    ShowStartingNode="False" />
```

OcssSite.Master 母版页用到了 1 个 SiteMapPath、1 个 TreeView、1 个 SiteMapDataSource 控件，各控件属性设置如表 2-20 所示。

表 2-20 子任务 2 母版页控件主要属性设置表

控件名	属性名	设置值
SiteMapDataSource1	ID	siteMapDataSource
	ShowStartingNode	false
SiteMapPath1	ID	siteMapPath
	PathSeparator	:
TreeView1	ID	treeView
	DataSourceID	smds
	ImageSet	Arrows

▶ 5. 实现母版页功能

完成 OcssSite.Master 母版页及各控件的属性设计后，还需要编写母版页的后置代码文件 OcssSite.Master.cs 程序，才能实现母版页的功能；同时还需要修改 Default.aspx.cs 文件，将登录用户的角色保存到 session 中；目的是为了便于管理各层之间的常量值，需要在 Common 类库中创建一个常量类 Constants。

（1）在 Common 类库中，创建常量类。在 Common 类库中新建 Constants 类，该类主要定义系统用到的常量。如：在 Session 中保存的角色，登录 ID 等常量。

Constants 类的常量定义如下。

```csharp
/// <summary>
/// session 中用户角色名称
/// </summary>
public static string SESSION_USER_ROLE = "SESSION_USER_ROLE";
/// <summary>
/// 管理员角色值
/// </summary>
public static string USER_ROLE_ADMIN = "2";
/// <summary>
/// 教师角色值
/// </summary>
public static string USER_ROLE_TEACHER = "1";
/// <summary>
/// 学生角色值
/// </summary>
public static string USER_ROLE_STUDENT = "0";
```

（2）修改 Default.aspx.cs 的 btnLogin_Click 事件。打开 Default.aspx.cs 文件，在 btnLogin_Click 事件中，添加 Session.Add("role", role)代码，完成将用户角色保存到 session 中，同时修改登录成功后转发的页面，修改后的部分代码如下。

```csharp
if (loginId > 0)
{
    //保存登录信息
    Session.Add("loginId", loginId);
    //网上选课系统 需要调用用户角色
    Session.Add(Constants.SESSION_USER_ROLE, role);
    if (role == "2")//如果是管理员
    {
        //转向后台信息类别管理页面
        //Response.Redirect("Admin/ips/InfoTypeManage.aspx");
        //转到网上选课部门管理页面
        Response.Redirect("Admin/ocss/depManage.aspx");
    }
    else if (role == "1")//如果是教师
    {
        //转发教师主页
    }
    else if (role == "0")//如果是学生
    {
        //转发学生主页
    }
}
```

（3）后置代码文件 OcssSite.Master.cs 的 Page_Load 事件的实现。

打开 OcssSite.Master.cs，完成 Page_Load 事件，代码如下。

```
if (Page.IsPostBack == false)//页面首次加载
{
    //未登录或登录失效，转发到登录页面
    if (Session[Constants.SESSION_USER_ROLE] == null)
        Response.Redirect("~/Default.aspx");
    //获取 Session 中的用户角色
    string role = Session[Constants.SESSION_USER_ROLE].ToString();
    string siteMapProvider = string.Empty;
    //根据角色值，设置 siteMapDataSource 和 siteMapPath 的站点地图
    if(role==Constants.USER_ROLE_ADMIN)
        siteMapProvider = "adminSiteMap";
    else if(role == Constants.USER_ROLE_TEACHER)
        siteMapProvider = "teaSiteMap";
    else if (role == Constants.USER_ROLE_STUDENT)
        siteMapProvider = "stuSiteMap";
    siteMapDataSource.SiteMapProvider = siteMapProvider;
    siteMapPath.SiteMapProvider = siteMapProvider;
}
```

相关知识点

母版页、TreeView 控件、SiteMapDataSource 控件、SiteMapPath 控件

知识点 2-2 母版页

在做 Web 应用时，经常会遇到一些页面之间有很多相同的显示部分和行为，如果每个页面都去重复编写这些代码，不仅要重复大量的工作，而且在后期维护起来也不方便。因此，在 ASP.NET 将多个页面之间相同的行为和显示部分放到母版页中，只需要为每个页面编写不同的部分即可，这样如果公共部分需要变化，则仅更改母版页就能达到目的。母版页的文件后缀名为.master，一个网站中允许定义多个母版页。

在浏览器中直接输入母版页的 URL 地址不能进行访问，必须依赖于内容页，母版页连同内容页才能被显示出来。

在母版页中有一个<asp:Content></asp:Content>占位标记。因为母版页已经包含了<html><head></head><form runat="server"></form></html> 标记，所以内容页中不允许再出现这些标记。

在内容页中有一个<asp:Content></asp:Content> 标记，只有放在这个标记之间的代码将来运行时才会可见。内容页常见属性及说明如表 2-21 所示。

表 2-21 内容页常见属性及说明

属 性 名	属 性 说 明
Master	获取当前内容页所使用的母版页（如果有的话）
MasterPageFile	内容所使用的母版页文件的位置
Title	内容页的标题

知识点 2-3 TreeView 控件

TreeView 控件称为树形控件，工具箱中的图标为 TreeView 。

在开发中经常会遇到一些有树形层次关系的数据，如显示无限级分类和显示某个文件下的所有文件及文件夹，对于这些带有树形层次关系的数据的显示用 TreeView 控件是一个很

好的选择。TreeView 控件支持数据绑定，也支持以编程的方式动态添加节点。

在 TreeView 控件中每个节点都是一个 TreeNode 对象，可以通过 TreeNode 对象的 Nodes 属性来添加其他的 TreeNode 对象，使之成为这个 TreeNode 对象的子节点。

TreeView 控件常见属性及说明如表 2-22 所示。

表 2-22　TreeView 控件常见属性及说明

属 性 名	属 性 说 明
CheckedNodes	获取选中了复选框的节点
CollapseImageUrl	节点折叠时的图像
DataSource	绑定到 TreeView 控件的数据源
DataSourceID	绑定到 TreeView 控件的数据源控件的 ID
EnableClientScript	是否允许客户端处理展开和折叠事件
ExpandDepth	第一次显示时所展开的级数
ExpandImageUrl	节点展开时的图像
NoExpandImageUrl	不可折叠（即无字节点）节点的图像
PathSeparator	节点之间值的路径分隔符
SelectedNode	当前选中的节点
SelectedValue	当前选中的值
ShowCheckBoxes	是否在节点前显示复选框

知识点 2-4　SiteMapDataSource 控件

SiteMapDataSource 控件是下拉列表框控件，工具箱中的图标为 SiteMapDataSource 。

为了获取站点地图中的数据，ASP.NET 提供了 SiteMapDataSource 控件，它允许绑定一个 Web 控件来显示站点地图。TreeView 和 Menu 这两个 Web 控件常常用来提供导航用户界面。要绑定站点地图中的数据到这两个控件，添加一个 SiteMapDataSource 控件到页面中，设置 TreeView 或者 Menu 控件的 DataSourceID 属性值为 SiteMapDataSource 控件的 ID 属性值就可以了。

如果需要使用 SiteMapDataSource 控件，则用户必须在 Web.sitemap 文件中描述站点的结构。SiteMapDataSource 控件包含来自站点地图的导航数据，这些数据包括有关网站中的页的信息，如网站页面的标题、说明信息及 URL 等。如果将导航数据存储在一个地方，则可以方便地在网站的导航菜单添加和删除项。站点地图提供程序中检索导航数据，然后将数据传递给可显示该数据的数据绑定控件，显示导航菜单。

🔍 说明

SiteMapDataSource 控件有一个重要又常用的属性 SiteMapProvider，它的作用是"获取或设置数据源绑定到的站点地图提供程序的名称"。

知识点 2-5　SiteMapPath 控件

SiteMapPath 控件也称为面包屑或眉毛导航控件，工具箱中的图标为 SiteMapPath 。

SiteMapPath 控件会显示一个导航路径，此路径为用户显示当前页的位置，并显示返回到主页的路径链接。此控件提供了许多可供自定义链接的外观的选项。

SiteMapPath 控件包含来自站点地图的导航数据。此数据包括有关网站中的页的信息，如 URL、标题、说明和导航层次结构中的位置。若将导航数据存储在一个地方，则可以更方便地在网站的导航菜单中添加和删除项。

SiteMapPath 控件的常用属性及说明如表 2-23 所示。

表 2-23 SiteMapPath 控件的常用属性及说明

属 性	属 性 说 明
PathSeparatorStyle	路径分隔字符串的样式
NodeStyle	路径节点的样式
CurrentNodeStyle	目前路径节点的样式
ParentLevelsDisplayed	父路径显示几层的节点
RenderCurrentNodeAsLink	目前节点是否成为超链接，默认值 False 为不是，True 为是
SiteMapProvider	使用的网站地图提供者
PathDirection	支持两个值：RootToCurrent 和 CurrentToRoot。第一个设置显示左边的根元素、正中的中间级，以及路径右边的当前页面。CurrentToRoot 设置则完全相反，当前页面显示在面包屑路径左边
PathSeparator	定义路径的不同元素之间要显示的符号或文本。默认是大于号（>），不过可以将它改为别的符号，如竖线（|）
ShowToolTips	确定当用户将鼠标悬停在路径中的元素上时是否显示工具提示（从 Web.sitemap 文件中的 siteMapNode 元素的描述属性中检索）

拓展知识：Menu 控件

Menu 控件与 TreeView 控件的功能十分相似，使用十分方便，极大地提高了用户开发项目的速度和效率。它与 TreeView 控件一样也是以等级化数据绑定为特性的，并且可以绑定到 XmlDataSource 或者 SiteMapDataSource 等级化数据源，用于构造菜单控件的主选项、深度和子菜单。

2.3.3 子任务 3 基础信息管理页面设计

子任务 3 描述

利用 ASP.NET 标准控件和数据类控件 GridView 控件完成网上选课系统后台"学期管理"、"职称管理"、"课程类型管理"、"教师管理"、"部门管理"、"专业管理"、"班级管理"和"课程管理"等网上选课系统后台常规信息管理页面设计。

网上选课系统后台"部门管理"页面运行效果图如图 2-17 所示。在图 2-17 中"部门编号"和"部门名称"文本框中输入相应部门信息，单击"添加"按钮，可以添加部门信息。单击"部门名称"列表的部门名称可以打开部门详情页面，单击"修改"链接按钮可以打开部门信息修改页面，单击"停用"链接按钮可以停用相应部门，单击"启用"链接按钮可以启用相应部门。

① 能按照代码规范进行代码的编写；
② 能熟练运用 ASP.NET 常用标准控件 TextBox 控件和 Button 控件等；
③ 能运用 ADO.NET 的知识实现对数据绑定等操作；

④ 能熟练运用 Page 对象的 IsPostBack 属性对页面加载的处理；
⑤ 能熟练运用 ASP.NET 数据类控件 GridView 控件绑定数据信息；
⑥ 能熟练运用 GridView 控件的模板进行数据的常见操作；
⑦ 能熟练运用 GridView 控件的 HyperLinkField 设置超链接；
⑧ 能熟练运用 GridView 控件的 PageIndexChanging 事件完成记录的分页操作。

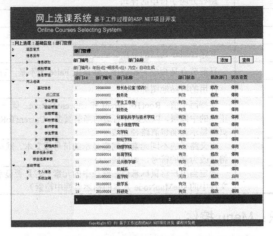

图 2-17　网上选课系统后台"部门管理"页面

 操作要点与步骤

基础信息管理包括部门、专业、班级、学生、教师、学期、职称、课程类型、课程等信息的管理，由于篇幅有限，本任务主要以部门信息管理来说明基础信息管理的开发，其他基础信息的管理可参考部门信息管理进行开发。

部门信息管理的开发主要包括页面设计、代码设计、配置文件的修改等，其中代码设计包括公共类的设计以及 BLL、DAL、Model 层中的类的设计。

1. 添加 DepManage.aspx 窗体

（1）在"Web"项目中，右击"Admin/ocss"文件夹，从弹出的快捷菜单中，选择"添加"→"新建项…"命令，在弹出的对话框中，选择"使用母版页的 Web 窗体"选项，在名称对应的文本框中输入"DepManage"，单击"添加"按钮，打开"选择母版页"对话框，如图 2-18 所示。

图 2-18　"选择母版页"对话框

在图 2-18 中，单击左侧的"master"文件夹，在右侧选择任务 2 中新建的母版页 OssSite.Master，单击"确定"按钮，完成 DepManage.aspx 窗体的创建。

DepManage.aspx 窗体的代码（自动产生）如下。

```
<%@ Page Title="" Language="C#"
    MasterPageFile="~/master/OcssSite.Master" AutoEventWireup="true"
    CodeBehind="DepManage.aspx.cs" Inherits="Web.Admin.ocss.DepManage" %>
<asp:Content ID="Content1" runat="server"
    ContentPlaceHolderID="contentPlaceHolder" >
</asp:Content>
```

（2）设置 Page 的 Title 属性。修改<%@ Page%>标签中的 Title，将其设置为 Title="部门管理"。

（3）在<asp:Content></asp:Content>标签内添加 5 列 4 行的表格。

第 1 行：显示"部门管理"信息，代码如下。

```
<tr>
    <th colspan="5" >部门管理</th>
</tr>
```

第 2 行：放置部门编号和部门名称文本框，并放置"添加"、"查询"部门的两个按钮，代码如下。

```
<tr>
    <td>部门编号</td>
    <td>
        <asp:TextBox ID="txtDepNo"  runat="server" Width="80px" MaxLength="8"
            ToolTip="部门编号：年份4位+顺序号4位"></asp:TextBox>
    </td>
    <td>部门名称</td>
    <td>
        <asp:TextBox ID="txtDepName" runat="server"
            Width="160px" ></asp:TextBox>
    </td>
    <td>
        <asp:Button ID="btnAdd" runat="server" CssClass="button" Text=" 添加 "
            onclick="btnAdd_Click"  />
          
        <asp:Button ID="btnQuery" runat="server" CssClass="button"  Text=" 查询 "
            onclick="btnQuery_Click" />
    </td>
</tr>
```

第 3 行：显示出错信息，默认显示"添加部门时：未输入编号，由系统生成"信息，代码如下。

```
<tr>
    <td colspan="5" style="color:Red">
        <asp:Label ID="lblErrorMessage" runat="server" >
            部门编号：年份4位+顺序号4位
        </asp:Label>
    </td>
</tr>
```

第 4 行：已存在部门的列表信息，由于部门信息列表采用 GridView 控件实现，需要将此控件放在一个新的 1 行 1 列的表格中，否则会影响整个页面的布局，代码如下。

```
<tr style="vertical-align:top;">
    <td colspan="5">
        <table>
            <tr>
```

```
                    <td>
                    </td>
                </tr>
            </table>
        </td>
    </tr>
```

在表格的单元格中插入一个 GridView 控件,代码如下。

```
<asp:GridView ID="gvDep" runat="server"
    AutoGenerateColumns="False" CellPadding="4"
    ForeColor="#333333" GridLines="None" AllowPaging="True" PageSize="15"
    HeaderStyle-Height="20px" onpageindexchanging="gvDep_PageIndexChanging"    >
    <Columns>

    </Columns>
    <RowStyle BackColor="#F7F6F3" ForeColor="#333333" />
    <PagerStyle BackColor="#284775"
        ForeColor="White" HorizontalAlign="Center"/>
    <AlternatingRowStyle BackColor="White" ForeColor="#284775" />
</asp:GridView>
```

在< Columns ></ Columns >标签内设置 gvDep 控件的 Columns,添加代码如下。

```
<asp:TemplateField HeaderText="部门 ID">
    <ItemTemplate >
        <%#Eval("id") %>
    </ItemTemplate>
    <ItemStyle Width="60px" />
</asp:TemplateField>
<asp:TemplateField HeaderText="部门编号">
    <ItemTemplate >
        <%#Eval("depNo") %>
    </ItemTemplate>
    <ItemStyle Width="60px" />
</asp:TemplateField>
<asp:TemplateField HeaderText="部门名称">
    <ItemTemplate >
        <a href='DepDetailView.aspx?id=<%#Eval("id") %>' target="_blank">
            <%#Eval("depName") %>
        </a>
    </ItemTemplate>
    <ItemStyle Width="200px" />
</asp:TemplateField>
<asp:TemplateField HeaderText="部门状态">
    <ItemTemplate >
        <!--采用 Label 控件,以便于在代码中查找该字段-->
        <asp:Label ID="lblStat" runat="server"   Text='<%#Eval("stat") %>'>
        </asp:Label>
    </ItemTemplate>
    <ItemStyle Width="100px" />
</asp:TemplateField>
<asp:HyperLinkField DataNavigateUrlFields="id"
    DataNavigateUrlFormatString="DepModify.aspx?id={0}"
    HeaderText="修改部门" Text="修改">
    <ItemStyle Width="60px" />
</asp:HyperLinkField>
<asp:TemplateField HeaderText="状态设置">
    <ItemTemplate>
        <asp:LinkButton ID= "lbnDisable" runat="server"
            CommandName='<%# Eval("depName")%>'
```

```
                CommandArgument='<%# Eval("id") %>'
                OnCommand= "lbnDisable_Click "
                OnClientClick= "return confirm('你确定要停用该部门?'); " >
                停用
            </asp:LinkButton>
            <asp:LinkButton ID= "lbnEnable" runat="server"
                CommandName='<%# Eval("depName")%>'
                CommandArgument='<%# Eval("id") %>'
                OnCommand= "lbnEnable_Click "
                OnClientClick= "return confirm('你确定要启用该部门?'); " >
                启用
            </asp:LinkButton>
        </ItemTemplate>
        <ItemStyle Width="100px" />
    </asp:TemplateField>
```

部门管理页面用到了 2 个 TextBox、2 个 Button、1 个 Label、1 个 GridView 以及嵌套在 GridView 控件中的 2 个 LinkButton 控件和 1 个 Label 控件，各控件属性设置如表 2-24 所示。

表 2-24　子任务 3　内容层控件主要属性设置表

控 件 名	属 性 名	设 置 值
TextBox1	ID	txtDepNo
	MaxLength	8
	ToolTip	部门编号：年份 4 位+顺序号 4 位
	Width	80px
TextBox2	ID	txtDepName
	Width	160px
Button1	ID	btnAdd
	CssClass	button
	Text	添加
	OnClientClick	return confirm('部门编号未输入，确定添加部门吗?')
Button2	ID	btnQuery
	CssClass	button
	Text	查询
Label1	ID	lblErrorMessage
Label2	ID	lblStat
	Text	<%#Eval("stat") %>
GridView1	ID	gvDep
	AutoGenerateColumns	False
	AllowPaging	True
	PageSize	15
	onpageindexchanging	gvDep_PageIndexChanging
LinkButton1	ID	lbnDisable
	CommandName	<%# Eval("depName")
	CommandArgument	<%# Eval("id") %>
	OnCommand	lbnDisable _Click
	OnClientClick	return confirm('你确定要停用该部门?')

续表

控件名	属性名	设置值
LinkButton2	ID	lbnEnable
	CommandName	<%# Eval("depName")
	CommandArgument	<%# Eval("id") %>
	OnCommand	lbnDisable_Click
	OnClientClick	return confirm('你确定要启用该部门?')

▶2. DepManage.aspx 页面功能实现

完成了 DepManage.aspx 页面及各控件的属性设计后，还需要编写页面后置代码文件 DepManage.aspx.cs 程序，页面的后置代码文件将调用 DepManageBLL 类进行业务逻辑处理，在进行业务处理过程中，需要在 DepManage.aspx.cs 和 DepManageBLL 类之间传递信息，传递的信息需要用 Model 层的 DepModel 类；DepManageBLL 类在查询或者添加部门信息需要调用 DAL 层的 DBUtil 类进行数据库相关的操作，所以代码实现应包括实现 DAL 层、BLL 层、Model 层、Web 层以及 Common 层下的相应类。

（1）Common 层开发。Common 层主要包括修改 Constants 类，在其中追加数据表状态位的定义；另外，还包括新建 CommonUtil 类，在其中定义将状态为转换为中文，以便使界面显示的数据更直观。

① 修改 Constants 类。修改 Common 项目中的 Constants 类，添加状态常量，代码如下。

```
/// <summary>
/// 数据表状态|有效
/// </summary>
public static string STAT_VALID = "1";
public static string STAT_VALID_CN = "有效";
/// <summary>
/// 数据表状态|无效
/// </summary>
public static string STAT_INVALID = "0";
public static string STAT_INVALID_CN = "无效";
```

② 新建 CommonUtil 类。

a. 在 Common 项目中，新建 CommonUtil 类，代码如下。

```
/// <summary>
/// 通用工具类
/// </summary>
public class CommonUtil
{

}
```

b. 在 CommonUtil 类中，添加静态 stat2CN()方法，代码如下。

```
/// <summary>
/// 将 stat 转变为中文显示
/// </summary>
/// <param name="dt">待转换的 datatable 对象</param>
/// <param name="statName">状态位名称</param>
/// <returns>转换后的 datatable 对象</returns>
public static DataTable stat2CN(DataTable dt,string statName)
{
    for (int i = 0; i < dt.Rows.Count; i++)
    {
        DataRow dr = dt.Rows[i];
```

```
            string stat = dr[statName].ToString();
            if (stat == Constants.STAT_INVALID)
                stat = Constants.STAT_INVALID_CN;
            else
                stat = Constants.STAT_VALID_CN;
            dr[statName] = stat;
        }
        return dt;
    }
```

c. 在 CommonUtil 类中,添加静态 fillZeroAtLeft2Length 方法,代码如下。

```
/// <summary>
/// 左侧补0,补齐长度
/// </summary>
/// <param name="str">源字符串</param>
/// <param name="length">目标长度</param>
/// <returns>补齐0以后的字符串</returns>
public static string fillZeroAtLeft2Length(string str,int length)
{
    string rtStr = string.Empty;
    str = str.Trim();
    int strLength = str.Length;
    if (strLength > length)
        rtStr = str.Substring(0, length);
    else
    {
        for (int i = 0; i < length-strLength; i++)
            rtStr += "0";
        rtStr += str;
    }
    return rtStr;
}
```

(2) Model 层开发。Model 层主要对数据表进行实体类的封装以及构造对数据表进行增、删、改、查操作的 SQL 语句。

① DepModel 实体类开发。

a. 在 Model 项目的 basis 文件夹中添加 UtDepModel 类,代码如下。

```
/// <summary>
/// 部门数据表(ut_base_department)封装类
/// </summary>
public class UtDepModel
{

}
```

b. 添加类体成员及 get/set 方法,代码如下。

```
/// <summary>
/// 标识,主键,自动增长
/// </summary>
private long id;
public long Id
{
    get { return id; }
    set { id = value; }
}
/// <summary>
/// 部门编号
/// </summary>
private string depNo;
```

```csharp
public string DepNo
{
    get { return depNo; }
    set { depNo = value; }
}
/// <summary>
/// 部门名称
/// </summary>
private string depName;
public string DepName
{
    get { return depName; }
    set { depName = value; }
}
/// <summary>
/// 状态
/// </summary>
private string stat;
public string Stat
{
    get { return stat; }
    set { stat = value; }
}
```

c. 添加 UtDepModel 类的构造函数,完成对类属性的初始化,代码如下。

```csharp
/// <summary>
/// 构造函数,完成对类体成员初始化
/// </summary>
public UtDepModel()
{
    id = 0;
    depNo = string.Empty;
    depName = string.Empty;
    stat = string.Empty;
}
```

技巧

在编码时,可以输入 propfull,然后按两次"Tab"键,VS 会自动添加属性和相应的 get/set 方法,用户只需要修改属性类型、属性名称以及对外公开的属性名称即可。

Model 层还对外提供对数据表的增、删、改、查的 SQL 语句,由于各个数据表操作的 SQL 语句种类相同,因此可以定义 1 个 ICommonModelEx 接口,在此接口中定义数据表操作的 SQL 语句种类的抽象方法,这样,可以规范统一地获取数据表操作的 SQL 语句种类的方法。

② ICommonModelEx 接口开发。

a. 在 Model 层中添加 ICommonModelEx 接口,代码如下。

```csharp
/// <summary>
/// 数据封装扩展类统一接口
/// </summary>
/// <typeparam name="T">model 类</typeparam>
public interface ICommonModelEx<T>
{

}
```

b. 在接口中添加接口的抽象方法(数据表操作的 SQL 语句种类的抽象方法),代码如下。

```csharp
/// <summary>
/// 获取查询语句
```

```
/// </summary>
/// <param name="t">数据封装对象</param>
/// <returns>查询的 SQL 语句</returns>
string getSelectSql(T t);
/// <summary>
/// 根据编号的前缀，查询编号最大值
/// </summary>
/// <param name="prefixNo">编号前缀</param>
/// <returns>查询编号最大值的 SQL 语句</returns>
string getQueryMaxNoByPrefix(string prefixNo);
/// <summary>
/// 获取添加记录的 SQL 语句
/// </summary>
/// <param name="t">数据封装对象</param>
/// <returns>insert 语句</returns>
string getInsertSql(T t);
/// <summary>
/// 获取删除记录的 SQL 语句
/// </summary>
/// <param name="id">记录主键</param>
/// <returns>删除的 SQL 语句</returns>
string getDeleteSql(long id);
/// <summary>
/// 获取更新记录的 SQL 语句
/// </summary>
/// <param name="t">数据封装对象</param>
/// <returns>更新的 SQL 语句</returns>
string getUpdateSql(T t);
```

③ 开发 DepModelEx 类实现 ICommonModelEx 接口。在 Model 层的 basis 文件夹中开发 UtDepModelEx 类实现 ICommonModelEx 接口，代码如下。

a. 在 Model 层中的 basis 文件夹中添加 UtDepModelEx 类，代码如下。

```
/// <summary>
/// 部门数据表封装扩展实现类
/// </summary>
public class UtDepModelEx : ICommonModelEx<UtDepModel>
{

}
```

b. 添加类体变量，代码如下。

```
/// <summary>
/// SQL 语句变量
/// </summary>
private string sql = string.Empty;
```

c. 实现 ICommonModelEx 接口中的 getSelectSql()方法，代码如下。

```
public string getSelectSql(UtDepModel utDepModel)
{
    sql = "select id,depNo,depName,stat ";
    sql += "from ut_base_department ";
    sql += "where 1=1 ";
    if (utDepModel != null)//封装对象不为空，添加条件
    {
        if (utDepModel.Id != 0)
            sql += " and id=" + utDepModel.Id;
        else
        {
```

```csharp
            if (utDepModel.DepNo != string.Empty)
                sql += " and depNo='" + utDepModel.DepNo + "'";
            if (utDepModel.DepName != string.Empty)
                sql += " and depName like '%" + utDepModel.DepName + "%'";
            if (utDepModel.Stat != string.Empty)
                sql += " and stat='" + utDepModel.Stat + "'";
        }
    }
    return sql;
}
```

d. 实现 ICommonModelEx 接口中的 getQueryMaxNoByPrefix()方法，代码如下。

```csharp
public string getQueryMaxNoByPrefix(string prefixNo)
{
    sql = "select max(depNo) as maxNo ";
    sql += "from ut_base_department ";
    sql += "where depNo like '" + prefixNo + "%'";
    return sql;
}
```

e. 实现 ICommonModelEx 接口中的 getInsertSql()方法，代码如下。

```csharp
public string getInsertSql(UtDepModel utDepModel)
{
    if (utDepModel != null)//封装对象不为空
    {
        sql = "insert into ut_base_department(depNo,depName,stat) ";
        sql += "values(";
        sql += "'" + utDepModel.DepNo + "',";
        sql += "'" + utDepModel.DepName + "',";
        sql += "'" + utDepModel.Stat + "')";
    }
    return sql;
}
```

f. 实现 ICommonModelEx 接口中的 getDeleteSql()方法，代码如下。

```csharp
public string getDeleteSql(long id)
{
    if (id != 0)//id 不为 0
    {
        sql = "delete from ut_base_department ";
        sql += "where id=" + id;
    }
    return sql;
}
```

g. 实现 ICommonModelEx 接口中的 getUpdateSql()方法，代码如下。

```csharp
public string getUpdateSql(UtDepModel utDepModel)
{
    if (utDepModel != null)//封装对象不为空
    {
        if (utDepModel.Id != 0)
        {
            sql = "update ut_base_department set ";
            if (utDepModel.DepNo != string.Empty)
                sql += "depNo='" + utDepModel.DepNo + "',";
            if (utDepModel.DepName != string.Empty)
                sql += "depName='" + utDepModel.DepName + "',";
            if (utDepModel.Stat != string.Empty)
                sql += "stat='" + utDepModel.Stat + "',";
            sql = sql.Substring(0, sql.Length - 1);
            sql += "where id=" + utDepModel.Id;
```

```
        }
    }
    return sql;
}
```

(3) DAL 层开发。DAL 层是数据访问层，该层主要包括对数据库表操作类的开发。

① DBUtil 开发。

a. 在 DAL 项目中添加 DBUtil 类。

b. 在 DBUtil 中添加类体成员属性，代码如下。

```
/// <summary>
/// 数据库连接对象
/// </summary>
private SqlConnection conn;
/// <summary>
/// 数据库操作对象
/// </summary>
private SqlCommand comm;
```

c. 添加 DBUtil 类的构造函数，代码如下。

```
/// <summary>
/// 构造函数，初始化 conn 和 comm
/// </summary>
public DBUtil()
{
    //从 web.config 文件中读取链接字符串
    string connectString = ConfigurationManager.
                    ConnectionStrings["DBConnectionString"].
                    ConnectionString;
    conn = new SqlConnection(connectString);
    comm = new SqlCommand();
    comm.Connection = conn;
}
```

d. 添加数据查询方法，代码如下。

```
/// <summary>
/// 数据查询
/// </summary>
/// <param name="sql">查询的 sql 语句</param>
/// <returns></returns>
public DataTable dbQuery(string sql)
{
    DataTable dt = new DataTable();
    comm.CommandText = sql;
    SqlDataAdapter sda = new SqlDataAdapter();
    sda.SelectCommand = comm;
    conn.Open();
    sda.Fill(dt);
    conn.Close();
    return dt;
}
```

e. 添加数据非查询方法，代码如下。

```
/// <summary>
/// 数据非查询操作
/// </summary>
/// <param name="sql">操作 sql 语句</param>
/// <returns>影响的行数</returns>
public int dbNonQuery(string sql)
{
```

```csharp
            int rows = 0;
            comm.CommandText = sql;
            conn.Open();
            rows = comm.ExecuteNonQuery();
            conn.Close();
            return rows;
}
```

② ICommonDAL 接口定义。对数据表常见的操作有查询所有记录、根据条件查询记录、根据 ID 查询记录，向数据表插入记录，更新记录，根据 ID 删除记录等操作，定义接口可以有效地规范对各数据表进行的操作。

a. 在 DAL 项目中添加 ICommonDAL 接口，代码如下。

```csharp
/// <summary>
/// 统一数据操作接口
/// </summary>
/// <typeparam name="T">Model 类</typeparam>
public interface ICommonDAL<T>
{

}
```

b. 在 ICommonDAL 中添加接口方法，代码如下。

```csharp
/// <summary>
/// 查询所有记录
/// </summary>
/// <returns>所有记录的 datatable 对象</returns>
DataTable queryAll();
/// <summary>
/// 根据条件查询记录
/// </summary>
/// <param name="t">查询条件的封装对象</param>
/// <returns>查询到的记录的 datatable 对象</returns>
DataTable queryByCondition(T t);
/// <summary>
/// 根据前缀，查询最大编号
/// </summary>
/// <param name="prefixNo">编号前缀</param>
/// <returns>最大编号/空</returns>
string queryMaxNoByPrefix(string prefixNo);
/// <summary>
/// 根据 ID 查询记录
/// </summary>
/// <param name="id">主键</param>
/// <returns>信息封装对象</returns>
T queryById(long id);
/// <summary>
/// 将数据封装对象保存到数据库
/// </summary>
/// <param name="t">待保存的数据封装对象</param>
/// <returns>true_保存成功  false_保存失败</returns>
bool save(T t);
/// <summary>
/// 将数据封装对象从数据库中删除
/// </summary>
/// <param name="id">待删除的数据记录主键值</param>
/// <returns>true_删除成功  false_删除失败</returns>
bool delete(long id);
```

```
/// <summary>
/// 将数据封装对象从数据库中更新
/// </summary>
/// <param name="t">待更新的数据封装对象</param>
/// <returns>true_更新成功 false_更新失败</returns>
bool update(T t);
```

c. UtDepDAL 类开发。部门信息数据的增、删、改、查方法需要 UtDepDAL 类具体实现 ICommonDAL 接口中的方法。UtDepDAL 类中的方法主要实现对部门信息数据库表进行具体操作。

第一步，在 DAL 项目的 basis 文件夹中添加 UtDepDAL 类，代码如下。

```
/// <summary>
/// 部门信息 DAL 类
/// </summary>
public class UtDepDAL : ICommonDAL<UtDepModel>
{

}
```

第二步，添加 UtDepDAL 类的类体属性，代码如下。

```
/// <summary>
/// 数据库操作对象
/// </summary>
private DBUtil dbUtil = new DBUtil();
/// <summary>
/// 部门信息封装扩展对象
/// </summary>
private UtDepModelEx utDepModelEx = new UtDepModelEx();
/// <summary>
/// sql 语句变量
/// </summary>
private string sql = string.Empty;
```

第三步，添加查询所有部门记录的 queryAll() 实现方法，代码如下。

```
public DataTable queryAll()
{
    sql = utDepModelEx.getSelectSql(null);
    if (sql == string.Empty)
        return null;
    return dbUtil.dbQuery(sql);
}
```

第四步，添加根据查询条件查询部门记录的 queryByCondition() 实现方法，代码如下。

```
public DataTable queryByCondition(UtDepModel utDepModelEx)
{
    sql = depModelEx.getSelectSql(utDepModelEx);
    if (sql == string.Empty)
        return null;
    return dbUtil.dbQuery(sql);
}
```

第五步，添加根据部门 ID 查询部门记录的 queryById() 实现方法，代码如下。

```
public UtDepModel queryById(long id)
{
    UtDepModel utDepModel = new UtDepModel();
    utDepModel.Id = id;
    sql = utDepModelEx.getSelectSql(utDepModel);
    if (sql == string.Empty)
        return null;
    else
```

```
            {
                DataTable dt = dbUtil.dbQuery(sql);
                utDepModel.DepNo = dt.Rows[0]["depNo"].ToString();
                utDepModel.DepName = dt.Rows[0]["depName"].ToString();
                utDepModel.Stat = dt.Rows[0]["stat"].ToString();
            }
            return utDepModel;
        }
```

第六步,添加保存部门记录的 save()实现方法,代码如下。
```
        public bool save(UtDepModel utDepModel)
        {
            bool result = false;
            sql = utDepModelEx.getInsertSql(utDepModel);
            if (sql != string.Empty)
            {
                int i = dbUtil.dbNonQuery(sql);
                if(i!=0)
                    result=true;
            }
            return result;
        }
```

第七步,添加删除部门记录的 delete()实现方法,代码如下。
```
        public bool delete(long id)
        {
            bool result = false;
            sql = utDepModelEx.getDeleteSql(id);
            if (sql != string.Empty)
            {
                int i = dbUtil.dbNonQuery(sql);
                if (i != 0)
                    result = true;
            }
            return result;
        }
```

第八步,添加更新部门记录的 update()实现方法,代码如下。
```
        public bool update(UtDepModel utDepModel)
        {
            bool result = false;
            sql = utDepModelEx.getUpdateSql(utDepModel);
            if (sql != string.Empty)
            {
                int i = dbUtil.dbNonQuery(sql);
                if (i != 0)
                    result = true;
            }
            return result;
        }
```

第九步,添加根据部门编号前缀,查询最大部门编号的 queryMaxNoByPrefix()实现方法,代码如下。
```
        public string queryMaxNoByPrefix(string prefixNo)
        {
            string maxNo = string.Empty;
            sql = utDepModelEx.getQueryMaxNoByPrefix(prefixNo);
            if (sql != string.Empty)
            {
                DataTable dt = dbUtil.dbQuery(sql);
                if (dt != null && dt.Rows.Count != 0)
```

```
            maxNo = dt.Rows[0]["maxNo"].ToString();
    }
    return maxNo;
}
```

（4）BLL 层开发。BLL 层是业务逻辑层，通过调用 DAL 层完成业务处理要求。该层主要包括业务处理的类，该类是面向 Web 层的需要而设计的，即根据用户界面显示数据的需要来决定业务逻辑层内容。

① DepManageBLL 业务处理类设计。

a. 在 BLL 项目中"admin/ocss"文件夹中添加 DepManageBLL 类，代码如下。

```
/// <summary>
/// 部门信息管理业务处理类
/// </summary>
public class DepManageBLL
{

}
```

b. 在 DepManageBLL 类中添加类体成员属性，代码如下。

```
/// <summary>
/// 部门信息数据库操作对象
/// </summary>
private UtDepDAL utDepDAL = new UtDepDAL();
```

c. 添加查询所有部门的 queryAllDep()方法，代码如下。

```
/// <summary>
/// 查询所有部门信息
/// </summary>
/// <returns>部门信息 datatable 对象</returns>
public DataTable queryAllDep()
{
    return utDepDAL.queryAll();
}
```

d. 添加修改部门状态的 modifyStat()方法，代码如下。

```
/// <summary>
/// 修改部门状态
/// </summary>
/// <param name="stat">部门新状态</param>
/// <returns>true_修改成功  false_修改失败</returns>
public bool modifyStat(string stat)
{
    bool result = false;
    if (stat.Trim() != string.Empty)
    {
        DepModel depModel = new DepModel();
        depModel.Stat = stat;
        result = depDAL.update(depModel);
    }
    return result;
}
```

e. 添加查询部门的 queryDep()方法，代码如下。

```
/// <summary>
/// 根据部门编号和部门名称查询部门信息
/// </summary>
/// <param name="depNo">部门编号</param>
/// <param name="depName">部门名称</param>
/// <returns>部门信息 DataTable 对象</returns>
```

```csharp
public DataTable queryDep(string depNo, string depName)
{
    UtDepModel utDepModel = new UtDepModel();
    utDepModel.DepNo = depNo;
    utDepModel.DepName = depName;
    return utDepDAL.queryByCondition(utDepModel);
}
```

f. 添加新部门的 addDep()方法，代码如下。

```csharp
/// <summary>
/// 保存部门信息
/// </summary>
/// <param name="depNo">部门编号</param>
/// <param name="depName">部门名称</param>
/// <returns>true_保存成功  false_保存失败</returns>
public bool addDep(string depNo, string depName)
{
    UtDepModel utDepModel = new UtDepModel();
    utDepModel.DepNo = depNo;
    utDepModel.DepName = depName;
    utDepModel.Stat = Common.Constants.STAT_VALID;
    return utDepDAL.save(utDepModel);
}
```

g. 添加判断部门编号是否存在 isExists()方法，代码如下。

```csharp
/// <summary>
/// 判断部门是否存在
/// </summary>
/// <param name="depNo">部门编号</param>
/// <returns>true_存在  false_不存在</returns>
public bool isExists(string depNo)
{
    UtDepModel utDepModel = new UtDepModel();
    utDepModel.DepNo = depNo;
    DataTable dt = utDepDAL.queryByCondition(utDepModel);
    if (dt.Rows.Count == 0)
        return true;
    else
        return false;
}
```

h. 添加生成部门编号的 createDepNo()方法，代码如下。

```csharp
/// <summary>
/// 根据前缀和长度，生成编号
/// </summary>
/// <param name="prefixNo">编号前缀</param>
/// <param name="length">长度</param>
/// <returns>生成的长度</returns>
public string createDepNo(string prefixNo, int length)
{
    string maxNo = utDepDAL.queryMaxNoByPrefix(prefixNo);
    if (maxNo == string.Empty)
        maxNo = prefixNo +
            CommonUtil.fillZeroAtLeft2Length("1", length - prefixNo.Length);
    else
        maxNo = (Convert.ToInt64(maxNo) + 1).ToString();
    return maxNo;
}
```

3. Web 层通用工具类 WebCommonUtil 的设计

Web 层通用工具类 WebCommonUtil 主要实现将 DataTable 对象分别绑定到 GridView 控件及 DropDownList 控件上；设置修改 GridView 控件内嵌的 LinkButton 按钮方法。

（1）在 Web 项目中添加 WebCommonUtil 类，代码如下。

```
/// <summary>
/// Web 通用工具
/// </summary>
public class WebCommonUtil
{

}
```

（2）在 WebCommonUtil 类中添加 addDdlFirstItem2DataTable()方法。实现为 DropDownList 控件的数据源添加"请选择..."下拉列表项的功能，代码如下。

```
/// <summary>
/// 为 DropDownList 控件的数据源添加"请选择..."下拉列表项
/// </summary>
/// <param name="dt">数据源 Datatable 对象</param>
/// <param name="textField">textField 字段</param>
/// <param name="value">列表项的值</param>
public static void addDdlFirstItem2DataTable(DataTable dt,
string textField, long value)
{
    DataRow dr = dt.NewRow();
    dr["id"] = value;
    dr[textField] = "请选择...";
    dt.Rows.InsertAt(dr, 0);
}
```

（3）添加 dt2DropDownList()方法。实现将 datatable 绑定到 DropdownList 控件上的功能，代码如下。

```
/// <summary>
/// 将 datatable 绑定到 DropdownList 控件上
/// </summary>
/// <param name="dt">datatable 对象</param>
/// <param name="ddl">DropdownList 控件</param>
/// <param name="textField">ddl 中显示的文本字段</param>
/// <param name="valueField">ddl 中值字段</param>
public static void dt2DropDownList(DataTable dt, DropDownList ddl,
string textField, string valueField)
{
    ddl.DataSource = dt.DefaultView;
    ddl.DataTextField = textField;
    ddl.DataValueField = valueField;
    ddl.DataBind();
}
```

（4）添加 dt2GridView()方法。实现将 datatable 绑定到 GridView 控件上的功能，代码如下。

```
/// <summary>
/// 将 datatable 绑定到 GridView 控件上
/// </summary>
/// <param name="dt">datatable 对象</param>
/// <param name="gv">GridView 控件</param>
public static void dt2GridView(DataTable dt, GridView gv)
{
```

```
            gv.DataSource = dt.DefaultView;
            gv.DataBind();
}
```

(5) 添加 setModifyStatButton() 方法。实现对 GridView 控件中部门状态进行设置的功能。当部门状态为"有效"时，此时"停用"状态设置按钮为可见；当部门状态为"无效"时，"无效"两字的颜色显示为红色，此时"启用"状态设置按钮为可见，且按钮的颜色也显示为红色，代码如下。

```
/// <summary>
///实现对 GridView 控件中部门状态进行设置的功能。当部门状态为"有效"时，状态设置按钮显示为"停用"；当部门状态为"有效"时，此时"停用"状态设置按钮为可见；当部门状态为"无效"时，"无效"两字的颜色显示为红色，此时"启用"状态设置按钮为可见，且按钮的颜色也显示为红色。
/// </summary>
/// <param name="gv">待设置的 gridView 控件</param>
public static void setModifyStatButton(GridView gv)
{
        for (int i=0;i<gv.Rows.Count;i++)
        {
            GridViewRow gvr = gv.Rows[i];
            Label lblStat = (Label)gvr.FindControl("lblStat");
            LinkButton lbnDisable = (LinkButton)gvr.FindControl("lbnDisable");
            LinkButton lbnEnable = (LinkButton)gvr.FindControl("lbnEnable");
            if (lblStat.Text == Common.Constants.STAT_INVALID_CN)//无效
            {
                //状态，显示为红色
                lblStat.ForeColor = System.Drawing.Color.Red;
                //启用按钮，可用、可见、红色
                lbnEnable.Visible = true;
                lbnEnable.Enabled = true;
                lbnEnable.ForeColor = System.Drawing.Color.Red;
                //停用按钮，不可见
                lbnDisable.Visible = false;
            }
            if (lblStat.Text == Common.Constants.STAT_VALID_CN)//有效
            {
                //启用按钮，不可见
                lbnEnable.Visible = false;
                //停用按钮，可用、可见
                lbnDisable.Visible = true;
                lbnDisable.Enabled = true;
            }
        }
}
```

▶4. 编写页面后置代码文件 DepManage.aspx.cs 程序

部门信息管理页面后置代码文件主要包含页面的 Page_Load、添加部门信息按钮的 Click 事件、查询部门信息按钮的 Click 事件、启用部门按钮、停用部门按钮的 Click 事件以及 GridView 控件的 PageIndexChanging 事件的实现。

(1) 添加类体属性，代码如下。

```
/// <summary>
/// 部门管理业务封装对象
/// </summary>
private DepManageBLL depManageBLL = new DepManageBLL();
```

(2) Page_Load 事件主要完成所有部门信息的显示功能，代码如下。

```
if (Page.IsPostBack == false)
```

```csharp
        {
            DataTable dtAllDep = depManageBLL.queryAllDep();
            dtAllDep = CommonUtil.stat2CN(dtAllDep);
            WebCommonUtil.dt2GridView(dtAllDep, gvDep);
            WebCommonUtil.setModifyStatButton(gvDep);
        }
        lblErrorMessage.Text = "部门编号：年份4位+顺序号4位；为空，自动生成";
```

（3）添加部门 btnAdd_Click 事件，主要完成新部门的添加功能，代码如下。

```csharp
if (txtDepName.Text.Trim() == string.Empty)
{
    lblErrorMessage.Text = "部门名称不能为空！";
    txtDepName.Focus();
    return;
}
if (txtDepNo.Text.Trim() != string.Empty)//部门编号不能为空
{
    if (depManageBLL.isExists(txtDepNo.Text.Trim()))
    {
        lblErrorMessage.Text = "部门编号已被使用！";
        txtDepNo.Focus();
        return;
    }
}
else//部门编号未输入，生成部门编号
{
    txtDepNo.Text =
        depManageBLL.createDepNo(DateTime.Now.Year.ToString(), 8);
}
//消息
string msg = "部门名称　" + txtDepName.Text.Trim();
if (depManageBLL.addDep(txtDepNo.Text.Trim(), txtDepName.Text.Trim()))
    msg += "　添加操作成功！";
else
    msg += "　添加操作失败！";
string url = "DepManage.aspx";
//重定向
Response.Write("<script>alert('" + msg + "');");
location.href='" + url + "'</script>");
```

（4）查询部门 btnQuery_Click 事件，主要完成新部门的查询功能，代码如下。

```csharp
DataTable dtDep = depManageBLL.queryDep(txtDepNo.Text, txtDepName.Text);
dtDep = CommonUtil.stat2CN(dtDep,"stat");
WebCommonUtil.dt2GridView(dtDep, gvDep);
WebCommonUtil.setModifyStatButton(gvDep);
```

（5）停用部门 lbnDisable_Click 事件，主要完成部门停用功能，代码如下。

```csharp
//获得停用部门名称
string depName = e.CommandName.ToString();
//得到停用部门编号
long depId = Convert.ToInt64(e.CommandArgument.ToString());
//消息
string msg = "部门名称　" + depName;
if(depManageBLL.modifyStat(depId, Constants.STAT_INVALID))
    msg += "　修改操作成功！";
else
    msg += "　修改操作失败！";
string url = "DepManage.aspx";
//重定向
```

```
Response.Write("<script>alert('" + msg + "');
              location.href='" + url + "'</script>");
```

（6）启用部门 lbnEnable_Click 事件，主要完成部门启用功能，代码如下。

```
//获得启用部门名称
string depName = e.CommandName.ToString();
//得到启用部门编号
long depId = Convert.ToInt64(e.CommandArgument.ToString());
//消息
string msg = "部门名称　" + depName;
if (depManageBLL.modifyStat(depId, Constants.STAT_VALID))
    msg += "　修改操作成功！";
else
    msg += "　修改操作失败！";
string url = "DepManage.aspx";
//重定向
Response.Write("<script>alert('" + msg + "');
              location.href='" + url + "'</script>");
```

（7）分页 gvDep_PageIndexChanging 事件，主要完成 Gridview 控件的分页功能，代码如下。

```
gvDep.PageIndex = e.NewPageIndex;
DataTable dtDep = depManageBLL.queryDep(txtDepNo.Text, txtDepName.Text);
dtDep = CommonUtil.stat2CN(dtDep);
WebCommonUtil.dt2GridView(dtDep, gvDep);
WebCommonUtil.setModifyStatButton(gvDep);
```

▶ 5. 修改 Web.config 文件

修改 web.config 文件，在<configuration></configuration>节点中添加连接数据库的字符串。

```
<connectionStrings>
<add name="DBConnectionString"
     connectionString="Data Source=.;Initial Catalog=examOnline;
User ID=sa;Password=1234"
     providerName="System.Data.SqlClient"/>
</connectionStrings>
```

▶ 6. 页面代码的保存与运行

代码输入完成，先将页面代码保存，然后按"F5"键或单击工具栏上的"运行"按钮运行该程序，程序运行后，经登录成功后，转到部门管理页面，显示如图 2-17 所示的效果。

"学期管理"、"职称管理"、"课程类型管理"、"教师管理"、"专业管理"、"班级管理"和"课程管理"等页面请参考"部门管理"的页面设计，完成 TermManage.aspx、TitleManage.aspx、SubjectTypeManage.aspx、TeacherManage.aspx、TeacherManage.aspx、MajorManage.aspx、ClassManage.aspx 和 SubjectManage.aspx 等网上选课系统后台常规信息管理页面设计，并进行相应的程序设计。

相关知识点

GridView 控件

🔹 知识点 2-6　GridView 控件

GridView 控件又称网格视图控件，工具箱中的图标为 _{GridView}。GridView 控件用来在表中显示数据源的值。每列表示一个字段，而每行表示一条记录。

（1）GridView 控件支持下面的功能。

① 绑定至数据源控件，如 SqlDataSource。
② 内置排序功能。
③ 内置更新和删除功能。
④ 内置分页功能。
⑤ 内置行选择功能。
⑥ 以编程方式访问 GridView 对象模型以动态设置属性、处理事件等。
⑦ 用于超链接到其他的网页。
⑧ 可通过主题和样式进行自定义的外观，实现多种样式的数据展示。

（2）GridView 控件的常用属性及说明如表 2-25 所示，GridView 控件的常用事件及说明如表 2-26 所示。

表 2-25 GridView 控件的常用属性及说明

属性名	属性说明
BottomPagerRow	返回表格该网格控件的底部分页器的 GridViewRow 对象
Columns	获得一个表示该网格中列的对象的集合。如果这些列是自动生成的，则该集合总是空的
DataKeyNames	获得一个包含当前显示项的主键字段的名称的数组
DataKeys	获得一个表示在 DataKeyNames 中为当前显示的记录设置的主键字段的值
EditIndex	获得和设置基于 0 的索引，标志当前以编辑模式生成的行
FooterRow	返回一个表示页脚的 GridViewRow 对象
HeaderRow	返回一个表示标题的 GridViewRow 对象
PageCount	获得显示数据源的记录所需的页面数
PageIndex	获得或设置基于 0 的索引，标志当前显示的数据页
PageSize	指示在一个页面上要显示的记录数
Rows	获得一个表示该控件中当前显示的数据行的 GridViewRow 对象集合
SelectedDataKey	返回当前选中的记录的 DataKey 对象
SelectedIndex	获得和设置标志当前选中行的基于 0 的索引
SelectedRow	返回一个表示当前选中行的 GridViewRow 对象
SelectedValue	返回 DataKey 对象中存储的键的显式值。类似于 SelectedDataKey
TopPagerRow	返回一个表示网格的顶部分页器的 GridViewRow 对象

表 2-26 GridView 控件的常用事件及说明

事件名	事件说明
PageIndexChanging, PageIndexChanged	这两个事件都是在其中一个分页器按钮被单击时发生，它们分别在网格控件处理分页操作之前和之后激发
RowCancelingEdit	在一个处于编辑模式的行的 "Cancel" 按钮被单击，但是在该行退出编辑模式之前发生
RowCommand	单击一个按钮时发生
RowCreated	创建一行时发生
RowDataBound	一个数据行绑定到数据时发生
RowDeleting, RowDeleted	这两个事件都是在一行的 "Delete" 按钮被单击时发生，它们分别在该网格控件删除该行之前和之后激发
RowEditing	当一行的 Edit 按钮被单击时，但是在该控件进入编辑模式之前发生
RowUpdating, RowUpdated	这两个事件都是在一行的 "Update" 按钮被单击时发生，它们分别在该网格控件更新该行之前和之后激发
SelectedIndexChanging, SelectedIndexChanged	这两个事件都是在一行的 "Select" 按钮被单击时发生，它们分别在该网格控件处理选择操作之前和之后激发
Sorting, Sorted	这两个事件都是在对一个列进行排序的超链接被单击时发生，它们分别在网格控件处理排序操作之前和之后激发

（3）单击 GridView 控件的右上角"显示智能标记"按钮，在出现的对话框中选择"编辑列"可以看到 GridView 控件可用字段有 7 种类型，它们分别如下。

① BoundField：绑定字段，以文本的方式显示数据。

② CheckBoxField：复选框字段，如果数据库是 Bit 字段，则以此方式显示。

③ HyperLinkField：用超链接的形式显示字段值。

④ ImageField：用于显示存放 Image 图像的 URL 字段数据，显示成图片效果。

⑤ ButtonField：显示按钮列。

⑥ CommandField：显示可执行操作的列，可以执行编辑或者删除等操作。可以设置它的 ButtonType 属性来决定显示成普通按钮、图片按钮或者超链接。

⑦ TemplateField：自定义数据的显示方式，在 GridView 控件的 TemplateField 字段中可以定义 5 种不同类型的模板，分别如下。

a．AlternatingItemTemplate：交替项模板，即偶数项中显示的内容，可以进行数据绑定。

b．EditItemTemplate：编辑项模板，当前这条数据处于编辑状态的时候要显示的内容，可以进行数据绑定。

c．FooterTemplate：脚模板，即脚注部分要显示的内容，不可以进行数据绑定。

d．HeaderTemplate：头模板，即表头部分要显示的内容，不可以进行数据绑定。

e．ItemTemplate：项模板，处于普通项中要显示的内容，如果指定了 AlternatingItemTemplate 中的内容，则这里的设置是奇数项的显示效果。可以进行数据绑定。

注意：可以不设置 AlternatingItemTemplate，如果没有设置 AlternatingItemTemplate，那么所有的数据项在非编辑模式下都按照 ItemTemplate 中的设置显示。

🔍 说明

GridView 控件的字段大多数都有 HeaderText 属性，这个属性用来设置数据的表头，如果不设置的话，则默认都是以数据库的相应字段作为表头。另外还有一个 DataField 属性，这个属性用来设置要绑定显示的数据的属性或者列名。

在显示时给出一个链接，用户单击这个链接时可以跳转到查看详细介绍的页面。属性 DataNavigateUrlFormatString，类似的还有 DataTextFormatString，有时候在显示数据时并不希望仅仅将数据简单显示，还希望用一定的格式来显示，那么就可以设置这个属性，在显示时用到了一个 HyperLinkField，用来显示一个超链接，它的设置如下。

<asp:HyperLinkField DataNavigateUrlFields="UserId" DataTextField= "RealName" HeaderText="查看" DataNavigateUrlFormatString = "ShowUser.aspx?UserId={0}" />

🔍 说明

上述代码 DataNavigateUrlFormatString="ShowUser.aspx?UserId={0}"，DataNavigateUrlFields 属性的值为"UserId"，也就是将来显示每行数据的时候都会将该行对应的"UserId"字段的值替换为{0}。

类似于 string.Format("ShowUser.aspx?UserId={0}" 中"UserId"的值)。

2.3.4 子任务 4 基础信息详情查看页面设计

 子任务 4 描述

利用 ASP.NET 标准控件 Label、Button 完成网上选课系统后台"学期管理"、"职称管理"、"课程类型管理"、"教师管理"、"部门管理"、"专业管理"、"班级管理"和"课程管理"等网上选课系统后台常规信息详情查看页面设计。

网上选课系统后台"部门详情"页面运行效果图如图 2-19 所示。"部门详情"页面通过图 2-17 部门管理页面中单击"部门名称"项打开。

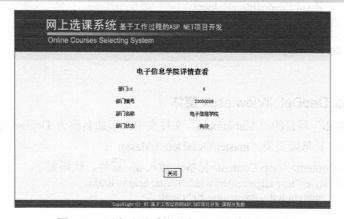

图 2-19 网上选课系统后台"部门详情"页面

 技能目标

① 能按照代码规范进行代码的编写；
② 能熟练运用 ASP.NET 常用标准控件 Label 控件和 Button 控件等；
③ 能运用 ADO.NET 的知识实现对数据绑定等操作；
④ 能熟练使用母版页开发页面；
⑤ 能运用三层架构进行分层处理信息。

 操作要点与步骤

基础信息详情查看包括部门、专业、班级、学生、教师、学期、职称、课程类型、课程等信息详情查看页面，由于篇幅有限，本任务主要以部门详情来说明基础信息管理的开发，其他基础信息的详情查看页面可参考部门详情页面进行开发。部门详情页面的开发主要包括页面设计、代码开发等。

▶ 1. 添加信息详情查看母版页

（1）在"Web"项目的"Admin/ocss"文件夹中，添加名称为 OcssDetail.Master 的母版页。

(2) 添加 css 引用。在 head 标签内添加对 public.css 文件的引用,代码如下。
```
<link rel="stylesheet" href="~/css/public.css" type="text/css" />
```
(3) 在 body 标签内添加层。因信息详情查看页面不需要导航和菜单,所以在 body 内添加层和添加 OcssSite.Master 母版页不一样。具体代码如下。
```
<form id="form1" name="form" runat="server">
    <!--页面容器-->
    <div id="container">
        <!-- logo -->
        <div id="logo_ocss"></div>
        <div id="navigation"></div>
        <!-- 中间区 -->
        <div id="middle">
            <asp:ContentPlaceHolder ID="contentPlaceHolder" runat="server">

            </asp:ContentPlaceHolder>
        </div>
        <!-- copyright -->
        <div id="copyright"></div>
    </div>
</form>
```

▶2. 添加 DepDetailView.aspx 窗体

(1) 在 "Web" 项目的 "Admin/ocss" 文件夹中,添加名称为 DepDetailView.aspx 的部门详情查看窗体,其母版页为 "master/OcssDetail.Master"。

(2) 在<asp:Content></asp:Content>标签内插入 div 标签,代码如下。
```
<div id="div1" style="text-align:center; width:400px; height:400px;
        margin-left:auto; margin-right:auto; ">

</div>
<div id="div2" style="text-align:center; width:400px; height:40px;
        margin-left:auto; margin-right:auto; ">

</div>
```

(3) 在 div1 层内,添加 5 行 2 列表格。

第 1 行:显示 "××× 部门详情" 信息,代码如下。
```
<tr style="height:30px">
    <td colspan="2">
        <h2>
            <asp:Label ID="lblName" runat="server"></asp:Label> 部门详情
        </h2>
    </td>
</tr>
```

第 2 行:显示部门 ID,代码如下。
```
<tr style="height:30px">
    <td>部门 ID</td>
    <td>
        <asp:Label ID="lblId" runat="server"></asp:Label>
    </td>
</tr>
```

第 3 行:显示部门编号,代码如下。
```
<tr style="height:30px">
    <td>部门编号</td>
    <td>
        <asp:Label ID="lblDepNo" runat="server"></asp:Label>
    </td>
```

```
</tr>
```

第 4 行：显示部门名称，代码如下。
```
<tr style="height:30px">
    <td>部门名称</td>
    <td>
        <asp:Label ID="lblDepName" runat="server"></asp:Label>
    </td>
</tr>
```

第 5 行：显示部门状态，代码如下。
```
<tr style="height:30px">
    <td>部门状态</td>
    <td>
        <asp:Label ID="lblStat" runat="server"></asp:Label>
    </td>
</tr>
```

（4）在 div2 层内，"关闭"按钮，代码如下。
```
<asp:Button ID="btnClose" runat="server" Text=" 关闭 "
CssClass="button" OnClientClick="window.close();"/>
```

部门详情查看页面用到了 5 个 Label、1 个 Button 控件，各控件属性设置如表 2-27 所示。

表 2-27　子任务 4　内容层控件主要属性设置表

控件名	属性名	设置值
Label1	ID	lblName
Label2	ID	lblId
Label3	ID	lblDepNo
Label4	ID	lblDepName
Label5	ID	lblStat
Button1	ID	btnClose
	CssClass	button
	OnClientClick	window.close();

▶3. DepDetailView.aspx 页面功能实现

完成了 DepDetailView.aspx 页面及各控件的属性设计后，还需要编写页面后置代码文件 DepDetailView.aspx.cs 程序，页面的后置代码文件将调用 DepManageBLL 类的 queryDepById() 方法进行业务逻辑处理。

（1）修改 DepManageBLL 类。在 DepManageBLL 类中添加 queryDepById()方法，代码如下。

```
/// <summary>
/// 根据 ID 查询部门信息
/// </summary>
/// <param name="id">待查询部门的 id</param>
/// <param name="stat2CN">状态转换为中文 true_转换 false_不转换</param>
/// <returns>部门信息封装对象</returns>
public UtDepModel queryDepById(long id,bool stat2CN)
{
    UtDepModel utDepModel = utDepDAL.queryById(id);
    if (utDepModel != null && stat2CN)
    {
        string stat = utDepModel.Stat;
        if (stat == Constants.STAT_INVALID)
            stat = Constants.STAT_INVALID_CN;
```

```
        else
            stat = Constants.STAT_VALID_CN;
        utDepModel.Stat = stat;
    }
    return utDepModel;
}
```

（2）DepDetailView.aspx.cs 后置代码文件程序设计。DepDetailView.aspx.cs 后置代码主要是 Page_Load 事件的实现，在该事件中完成页面数据显示功能，代码如下。

```
//部门管理业务处理对象
DepManageBLL depManageBLL = new DepManageBLL();
//获取 URL 中的 ID
long depId = Convert.ToInt64(Request.QueryString["id"]);
//调用业务处理对象查询部门信息
UtDepModel utDepModel = depManageBLL.queryDepById(depId,true);
//将查询的信息设置到页面控件
lblName.Text = utDepModel.DepName;
lblDepNo.Text = utDepModel.DepNo;
lblDepName.Text = utDepModel.DepName;
lblStat.Text = utDepModel.Stat;
lblId.Text = utDepModel.Id.ToString();
```

（3）页面代码的保存与运行。代码输入完成，先将页面代码保存，然后按"F5"键或单击工具栏上的"运行"按钮运行该程序，程序运行后，经登录成功后，转到部门管理页面，在部门管理页面单击部门编号，打开相应部门的详情查看页面，显示如图 2-19 所示的效果。

2.3.5 子任务 5 基础信息修改页面设计

子任务 5 描述

利用 ASP.NET 标准控件 Label、Button、TextBox、RadioButtonList、DropDownList 等完成网上选课系统后台"学期管理"、"职称管理"、"课程类型管理"、"教师管理"、"部门管理"、"专业管理"、"班级管理"和"课程管理"等网上选课系统后台常规信息修改页面设计。

网上选课系统后台"部门信息修改"页面运行效果如图 2-20 所示。"部门信息修改"页面通过在图 2-17"部门管理"页面中单击"修改"链接按钮打开。单击图 2-20 中"提交"按钮，完成部门信息的修改任务。

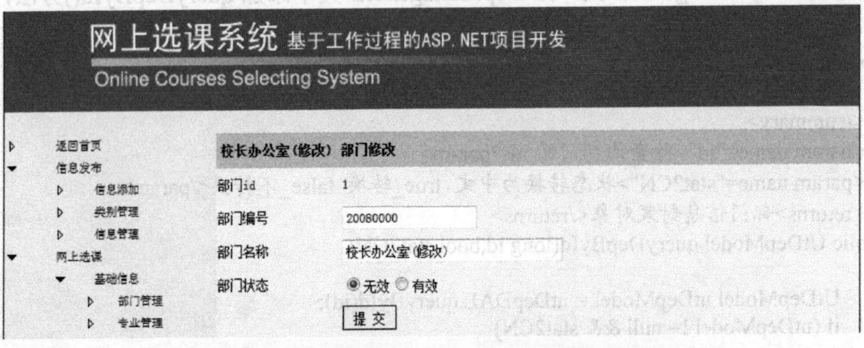

图 2-20 网上选课系统后台"部门信息修改"页面

 **技能目标**

① 能按照代码规范进行代码的编写；
② 能熟练运用 ASP.NET 常用标准控件 Label、Button、RadioButtonList 等；
③ 能运用三层架构进行分层处理信息；
④ 能熟练使用母版页开发页面。

 操作要点与步骤

基础信息修改包括部门、专业、班级、学生、教师、学期、职称、课程类型、课程等信息修改页面，由于篇幅有限，本任务主要以部门信息修改来说明基础信息修改页面的开发，其他基础信息修改页面可参考"部门信息修改"页面进行开发。"部门信息修改"页面的开发主要包括页面设计、代码设计等。

▶ 1. 添加 DepModify.aspx 窗体

（1）在"Web"项目的"Admin/ocss"文件夹中，添加名称为 DepModify.aspx 的部门详情查看窗体，其母版页为"master/OcssSite.Master"。

（2）在<asp:Content></asp:Content>标签内添加 6 行 2 列表格。

第 1 行：显示"×××部门修改"信息，代码如下。

```
<tr style="height:30px;">
    <td colspan="2">
        <h2>
            <asp:Label ID="lblName" runat="server"></asp:Label> 部门修改
        </h2>
    </td>
</tr>
```

第 2 行：显示部门 ID，代码如下。

```
<tr style="height:30px">
    <td>部门 ID</td>
    <td>
        <asp:Label ID="lblId" runat="server"></asp:Label>
    </td>
</tr>
```

第 3 行：显示部门编号，代码如下。

```
<tr style="height:30px">
    <td>部门编号</td>
    <td>
        <asp:TextBox ID="txtDepNo" runat="server" MaxLength="8" Width="120px"
            ToolTip="部门编号由4位年份+4位序号组成"></asp:TextBox>
    </td>
</tr>
```

第 4 行：显示部门名称，代码如下。

```
<tr style="height:30px">
    <td>部门名称</td>
    <td>
        <asp:TextBox ID="txtDepName" runat="server" Width="200px"></asp:TextBox>
    </td>
```

第 5 行：显示部门状态，代码如下。
```
<tr style="height:30px">
    <td>部门状态</td>
    <td>
        <asp:RadioButtonList ID="rblStat" runat="server"
            RepeatDirection="Horizontal" RepeatLayout="Flow">
            <asp:ListItem Value="0" Text="无效"></asp:ListItem>
            <asp:ListItem Value="1" Text="有效"></asp:ListItem>
        </asp:RadioButtonList>
    </td>
</tr>
```

第 6 行："提交"按钮，代码如下。
```
<tr style="height:30px;">
    <td></td>
    <td>
        <asp:Button ID="btnSubmit" runat="server" Text=" 提 交 "
            CssClass="button"    onclick="btnSubmit_Click" />
    </td>
</tr>
```

部门信息修改页面用到了 2 个 Label、2 个 TextBox、1 个 RadioButtonList 和 1 个 Button 控件，各控件属性设置如表 2-28 所示。

表 2-28　子任务 5 内容层控件主要属性设置表

控 件 名	属 性 名	设 置 值
Label1	ID	lblName
Label2	ID	lblId
TextBox1	ID	txtDepNo
	MaxLength	8
	Width	80px
	ToolTip	部门编号由 4 位年份+4 位序号组成
TextBox2	ID	txtDepName
	Width	200px
RadioButtonList1	ID	rblStat
	RepeatDirection	Horizontal
	RepeatLayout	Flow
Button1	ID	btnSubmit
	CssClass	button

2. DepModify.aspx 页面功能实现

完成了 DepModify.aspx 页面及各控件的属性设计后，还需要编写页面后置代码文件 DepModify.aspx.cs 程序，页面的后置代码文件将调用 DepManageBLL 类的 queryDepById()方法（该方法在上一个子任务中已经实现）和 modifyDep()方法进行业务逻辑处理。

（1）修改 DepManageBLL 类。在 DepManageBLL 类中添加 modifyDep()方法，代码如下。

```
/// <summary>
/// 修改部门信息
/// </summary>
/// <param name="depModel">待修改的部门信息</param>
/// <returns>true_修改成功  false_修改失败</returns>
public bool modifyDep(UtDepModel utDepModel)
```

```
        return utDepDAL.update(utDepModel);
    }
```

（2）DepModify.aspx.cs 后置代码文件程序设计。DepModify.aspx.cs 后置代码主要包括 Page_Load 事件和提交按钮的 btnSubmit_Click 事件代码。

① 添加类体变量，代码如下。

```
/// <summary>
/// 部门信息业务处理对象
/// </summary>
private DepManageBLL depManageBLL = new DepManageBLL();
/// <summary>
/// 部门信息封装对象
/// </summary>
private UtDepModel utDepModel;
```

② Page_Load 事件代码如下。

```
if (Page.IsPostBack == false)
{
    //获取 URL 中的 ID
    long depId = Convert.ToInt64(Request.QueryString["id"]);
    //调用业务处理对象查询部门信息
    utDepModel = depManageBLL.queryDepById(depId, false);
    //将查询的信息设置到页面控件
    lblName.Text = utDepModel.DepName;
    txtDepNo.Text = utDepModel.DepNo;
    txtDepName.Text = utDepModel.DepName;
    rblStat.SelectedValue = utDepModel.Stat;
    lblId.Text = utDepModel.Id.ToString();
}
```

③ 提交按钮 btnSubmit_Click 事件代码如下。

```
utDepModel = new UtDepModel();
utDepModel.DepNo = txtDepNo.Text;
utDepModel.DepName = txtDepName.Text;
utDepModel.Stat = rblStat.SelectedValue;
utDepModel.Id = Convert.ToInt64(lblId.Text);
//消息
string msg = "部门名称　" + txtDepName.Text.Trim();
if (depManageBLL.modifyDep(utDepModel))
    msg += "　修改操作成功！";
else
    msg += "　修改操作失败！";
string url = "DepManage.aspx";
//重定向
Response.Write("<script>alert('" + msg + "');
location.href='" + url + "'</script>");
```

3. 页面代码的保存与运行

代码输入完成，先将页面代码保存，然后按"F5"键或单击工具栏上的"运行"按钮运行该程序，程序运行后，经登录成功后，转到"部门管理"页面，在"部门管理"页面单击"修改"选项，打开相应部门信息修改页面，显示如图 2-20 所示的效果。

相关知识点

RadioButtonList 控件

知识点 2-7　RadioButtonList 控件

RadioButtonList 控件用于创建单选按钮组，工具箱中的图标为 ![RadioButtonList]。RadioButtonList 控件是一组 RadioButton 控件集合。当需要在多个项目中做出单一选择时，或需要在程序中改变单选按钮的个数时，使用 RadioButtonList 控件要比使用多个单个的 Radionbutton 控件方便很多。如果要绑定数据源，也必须使用此控件。

RadioButtonList 控件的常用属性及说明如表 2-29 所示。

表 2-29　RadioButtonList 控件的常用属性及说明

属　　性	属　性　说　明
AutoPostBack	用于设置当单击 RadioButtonList 控件时，是否自动回送到服务器。True 表示回送；False（默认）表示不回送
DataSource	用于指定填充列表控件的数据源
DataTextField	用于指定 DataSource 中的一个字段，该字段的值对应于列表项的 Text 属性
DataValueField	用于指定 DataSource 中的一个字段，该字段的值对应于列表项的 Value 属性
Items	表示列表中各个选项的集合，如 RadioButtonList1.Items(i)表示第 i 个选项，i 从 0 开始。每个选项都有以下几个基本属性与方法。 Text 属性：表示每个选项的文本。 Value 属性：表示每个选项的选项值。 Selected 属性：表示该选项是否被选中。 Count 属性：通过 Items.Count 属性可获得 RadioButtonList 控件的选项数。 Add 方法：通过 items.Add 方法可以向 RadioButtonList 控件添加选项。 Remove 方法：通过 items.Remove 方法，可从 RadioButtonList 控件中删除指定的选项。 Insert 方法：通过 items.insert 方法，可将一个新的选项插入到 RadioButtonList 控件中。 Clear 方法：通过 items.clear 方法可以清空 RadioButtonList 控件中的选项
RepeatColumns	用于指定在 RadioButtonList 控件中显示选项占用几列。默认值为 0，表示任意多列
RepeatDirection	用于指定 RadioButtonList 控件的显示方向。Vertical 时，列表项以列优先排列的形式显示；Horizontal 时，列项以行优先排列的形式显示
RepeatLayout	用于设置选项的排列方式。Table（默认）时，以表结构显示，属性值为 Flow 时，不以表结构显示
SelectedIndex	用于获取或设置列表中选定项的最低序号索引值。如果列表控件中只有一个选项被选中，则该属性表示当前选定项的索引值
SelectedItem	用于获取列表控件中索引值最小的选定项。如果列表中只有一个选项被选中，则该属性表示当前选定项。通过该属性可获得选定项的 Text 和 Value 属性值
TextAlign	用于指定列表中各项文本的显示位置。当该属性值为 Right(默认)时，文本显示在单选按钮的右边；当属性值为 Left 时，文本显示在单选按钮的左边

RadioButtonList 控件在实际应用中常用事件为：SelectIndexChange 事件。当用户选择了列表中的任意选项时，都将引发 SelectedIndexChange 事件。

2.3.6　子任务 6 教学任务分配

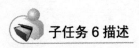
子任务 6 描述

利用 ASP.NET 标准控件 DropDownList、Button、Label、GridView 等完成网上选课系统

后台的"教学任务分配"页面设计及程序设计。

网上选课系统后台"教学任务分配"页面及运行效果如图 2-21 所示。

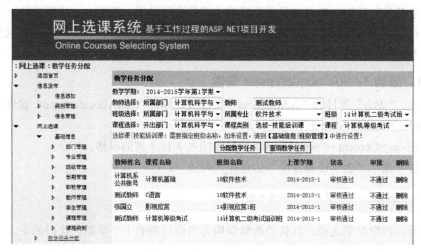

图 2-21 "教学任务分配"页面

在该图中通过 9 个下拉列表框选择学期、教师、班级、课程等信息,在完成以上选择后,单击"分配教学任务"按钮,可实现教师的教学任务分配工作;如果分配的教学任务的课程是必修课,则该必修课程作为学期任务分配给班级的所有学生;如果分配的教学任务的课程是选修课,则学生需要通过系统的前台"网上选课"功能模块完成选修课程的选择工作。页面的下半部分是已分配的教学任务,默认为下一个学期已分配的教学任务。用户可通过"查询教学任务"功能,结合学期、教师、班级、课程等下拉列表框来查询其他学期的教学任务情况。

同一学期、同一个班级、同一门课不能被重复分配,系统会出现警告提示,要求对该门课进行教学任务的重新分配。

 技能目标

① 能熟练运用 ASP.NET 常用标准控件 DropDownList、Button 和 GridView 等;
② 进一步熟悉 GridView 控件分页功能;
③ 能熟练运用 GridView 控件的模板功能进行页面的设计;
④ 能熟练运用 DropDownList 控件进行级联操作;
⑤ 能熟练运用 Page 对象的 IsPostBack 属性对页面加载的处理及实现下拉列表框的级联反应等处理;
⑥ 能按照代码规范组织代码的编写。

 操作要点与步骤

教学任务分配功能模块是网上选课系统的核心功能模块,也是最复杂的功能模块。教学任务分配功能模块主要建立课程和教师、学生之间的联系功能。如果课程类别是必修课,在分配教学任务时,除了将课程分配给任课教师之外,还需要将课程分配给班级中的学生;如

果课程类别是选修课,则只需要将课程分配给教师,学生通过本系统的前台"网上选课"功能模块来建立课程与学生之间的关系。教学任务分配功能模块还具备查询已分配的教学任务和历史教学任务的功能,以及对已分配的教学任务进行启用、停用、删除等功能。

教学任务分配功能模块的开发主要包括页面设计和代码设计,其中代码设计包括常量类的修改以及 BLL、DAL、Model 层中类的设计。

▶ 1. 添加 TaskAllocation.aspx 窗体

(1)在"Web"项目的"Admin/ocss"文件夹,添加 TaskAllocation.aspx 窗体,母版页选择"master/OcssSite.Master"。

(2)在<asp:Content></asp:Content>标签内插入 8 行 7 列的表格。

第 1 行:显示"教学任务分配"信息,代码如下。

```
<tr>
    <th colspan="7">教学任务分配</th>
</tr>
```

第 2 行:教学学期选择,默认的教学学期为当前日期的下个学期,代码如下。

```
<tr>
    <td>教学学期: </td>
    <td colspan="2">
        <asp:DropDownList ID="ddlTerm" runat="server" Width="156px" >
        </asp:DropDownList>
    </td>
    <td colspan="4"></td>
</tr>
```

第 3 行:教师选择,采取级联选择的方式,根据教师所属部门对教师进行筛选,代码如下。

```
<tr>
    <td>教师选择: </td>
    <td>所属部门</td>
    <td>
        <asp:DropDownList ID="ddlTeaDep" runat="server"
            Width="100px" AutoPostBack="True"
            onselectedindexchanged="ddlTeaDep_SelectedIndexChanged">
        </asp:DropDownList>
    </td>
    <td>教师</td>
    <td>
        <asp:DropDownList ID="ddlTea" runat="server"
            Width="140px" Enabled="False">
        </asp:DropDownList>
    </td>
    <td colspan="2"></td>
</tr>
```

第 4 行:班级选择,采取级联选择的方式,对部门下的专业以及专业下的班级进行筛选,代码如下。

```
<tr>
    <td>班级选择: </td>
    <td>所属部门</td>
    <td>
        <asp:DropDownList ID="ddlClassDep" runat="server"
            Width="100px" AutoPostBack="True"
            onselectedindexchanged="ddlClassDep_SelectedIndexChanged">
        </asp:DropDownList>
```

```
        </td>
        <td>所属专业</td>
        <td>
            <asp:DropDownList ID="ddlClassMajor" runat="server"
                Width="140px" AutoPostBack="True" Enabled="False"
                onselectedindexchanged="ddlClassMajor_SelectedIndexChanged" >
            </asp:DropDownList>
        </td>
        <td>班级</td>
        <td>
            <asp:DropDownList ID="ddlClass" runat="server"
                Width="140px" Enabled="False">
            </asp:DropDownList>
        </td>
</tr>
```

第 5 行：课程选择，采取级联选择的方式，对部门开设的课程以及课程类别组合筛选课程，代码如下。

```
<tr>
    <td style="width:60px;">课程选择：</td>
    <td style="width:54px;">开出部门</td>
    <td style="width:102px;">
        <asp:DropDownList ID="ddlSubDep" runat="server"
            Width="100px" AutoPostBack="True"
            onselectedindexchanged="ddlSubDep_SelectedIndexChanged">
        </asp:DropDownList>
    </td>
    <td style="width:54px;">课程类别</td>
    <td style="width:142px;">
        <asp:DropDownList ID="ddlSubType" runat="server"
            Width="140px" AutoPostBack="True"
            onselectedindexchanged="ddlSubType_SelectedIndexChanged">
        </asp:DropDownList>
    </td>
    <td style="width:30px;">课程</td>
    <td style="width:142px;">
        <asp:DropDownList ID="ddlSub" runat="server"
            Width="140px" Enabled="False">
        </asp:DropDownList>
    </td>
</tr>
```

第 6 行：显示错误提示信息，代码如下。

```
<tr>
    <td colspan="7" style="color:Red">
        <asp:Label ID="lblErrorMessage" runat="server" ></asp:Label>
    </td>
</tr>
```

第 7 行："分配教学任务"和"查询教学任务"的按钮，代码如下。

```
<tr>
    <td colspan="7" style="text-align:center;">
        <asp:Button ID="btnSubmit" runat="server"
            CssClass="button" Text="分配教学任务" onclick="btnSubmit_Click" />
        <asp:Button ID="btnQuery" runat="server"
            CssClass="button" Text="查询教学任务" onclick="btnQuery_Click" />
    </td>
</tr>
```

第 8 行：采用 GridView 控件来显示"已分配的教学任务"信息或显示查询教学任务的信

息，代码如下。

```html
<tr>
    <td colspan="7">
        <asp:GridView ID="gvTeaSub" runat="server" AutoGenerateColumns="False"
            CellPadding="4" ForeColor="#333333" GridLines="None"
            AllowPaging="True"   PageSize="15" HeaderStyle-Height="20px"
            onpageindexchanging="gvTeaSub_PageIndexChanging" >
            <Columns>

            </Columns>
            <RowStyle BackColor="#F7F6F3" ForeColor="#333333" />
            <PagerStyle BackColor="#284775" ForeColor="White"
                    HorizontalAlign="Center"/>
            <AlternatingRowStyle BackColor="White" ForeColor="#284775" />
        </asp:GridView>
    </td>
</tr>
```

在<Columns></Columns>标签内，采用模板列，代码如下。

```html
<asp:TemplateField HeaderText="教师姓名">
    <ItemTemplate >
        <a href='TeaDetailView.aspx?id=<%#Eval("teaId") %>' target="_blank">
            <%#Eval("teaName") %>
        </a>
    </ItemTemplate>
    <ItemStyle Width="60px" />
</asp:TemplateField>
<asp:TemplateField HeaderText="课程名称">
    <ItemTemplate >
        <a href='SubDetailView.aspx?id=<%#Eval("subId") %>' target="_blank">
            <%#Eval("subName") %>
        </a>
    </ItemTemplate>
    <ItemStyle Width="140px" />
</asp:TemplateField>
<asp:TemplateField HeaderText="班级名称">
    <ItemTemplate >
        <a href='ClassDetailView.aspx?id=<%#Eval("classId") %>' target="_blank">
            <%#Eval("className") %>
        </a>
    </ItemTemplate>
    <ItemStyle Width="140px" />
</asp:TemplateField>
<asp:TemplateField HeaderText="上课学期">
    <ItemTemplate >
        <%#Eval("term") %>
    </ItemTemplate>
    <ItemStyle Width="100px" />
</asp:TemplateField>
<asp:TemplateField HeaderText="状态">
    <ItemTemplate >
        <!--采用 Label 控件，以便于在代码中查找该字段-->
        <asp:Label ID="lblStat" runat="server" Text='<%#Eval("stat") %>'>
        </asp:Label>
    </ItemTemplate>
    <ItemStyle Width="80px" />
</asp:TemplateField>
<asp:TemplateField HeaderText="审批">
```

```
        <ItemTemplate>
            <asp:LinkButton ID= "lbnDisable" CommandArgument='<%# Eval("id") %>' runat="server"
                OnCommand= "lbnDisable_Click "
                OnClientClick= "return confirm( '确定不通过审批? '); ">
                不通过
            </asp:LinkButton>
            <asp:LinkButton ID= "lbnEnable" CommandArgument='<%# Eval("id") %>' runat="server"
                OnCommand= "lbnEnable_Click "
                OnClientClick= "return confirm( '确定通过审批? '); ">
                通过
            </asp:LinkButton>
        </ItemTemplate>
        <ItemStyle Width="80px" />
    </asp:TemplateField>
```

教学任务分配用到了 10 个 DropDownList、2 个 Button、1 个 Label、1 个 GridView 以及嵌套在 GridView 控件中的 2 个 LinkButton 和 1 个 Label 控件，各控件属性设置如表 2-30 所示。

表 2-30 子任务 6 内容层控件主要属性设置表

控件名	属性名	设置值
DropDownList1	ID	ddlTerm
	Width	156px
DropDownList2	ID	ddlTeaDep
	AutoPostBack	True
	onselectedindexchanged	ddlTeaDep_SelectedIndexChanged
	Width	100px
DropDownList3	ID	ddlTea
	Enabled	False
	Width	140px
DropDownList4	ID	ddlClassMajor
	AutoPostBack	True
	onselectedindexchanged	ddlClassDep_SelectedIndexChanged
	Width	100px
DropDownList5	ID	ddlClassDep
	AutoPostBack	True
	onselectedindexchanged	ddlClassMajor_SelectedIndexChanged
	Width	140px
DropDownList6	ID	ddlClass
	Width	140px
DropDownList7	ID	ddlSubDep
	AutoPostBack	True
	onselectedindexchanged	ddlSubDep_SelectedIndexChanged
	Width	100px
DropDownList8	ID	ddlSubType
	AutoPostBack	True
	onselectedindexchanged	ddlSubType_SelectedIndexChanged
	Width	140px

续表

控件名	属性名	设置值
DropDownList9	ID	ddlSub
	Width	140px
Label1	ID	lblErrorMessage
Button1	ID	btnSubmit
	CssClass	button
	Text	分配教学任务
	onclick	btnSubmit_Click
Button2	ID	btnQuery
	CssClass	button
	Text	查询教学任务
	onclick	btnQuery_Click
GridView1	ID	gvTeaSub
	AutoGenerateColumns	False
	AllowPaging	True
	PageSize	15
	onpageindexchanging	gvTeaSub_PageIndexChanging
LinkButton1	ID	lbnDisable
	CommandArgument	<%# Eval("id") %>
	OnCommand	lbnDisable_Click
	OnClientClick	return confirm('确定不通过审批?');
LinkButton2	ID	lbnEnable
	CommandArgument	<%# Eval("id") %>
	OnCommand	lbnDisable_Click
	OnClientClick	return confirm('确定通过审批?');
LinkButton3	ID	lbnDelete
	CommandArgument	<%# Eval("id") %>
	OnCommand	lbnDelete_Click
	OnClientClick	return confirm('确定删除?');
Label2	ID	lblStat
	Text	<%#Eval("stat") %>

2. TaskAllocation.aspx 页面功能实现

完成了 TaskAllocation.aspx 页面及各控件的属性设计后,还需要编写页面后置代码文件 TaskAllocation.aspx.cs 程序,页面的后置代码文件将调用 TaskManageBLL 类进行业务逻辑处理,需要新建 TaskManageBLL 类进行业务处理。在进行业务处理过程中,需要修改 Common 层的 Constants 类,添加教学任务状态和选课状态常量;修改 BLL 层的 SubManageBLL 类,添加根据课程开出部门和课程类别查询课程信息的方法;修改 TermManageBLL 类,添加根据日期,返回指定日期下一个学期信息的方法。Model 层:需要新建教师课程关系表、视图 Model 封装类及扩展类,还需要新建学生课程关系表、视图的 Model 封装类及扩展类。DAL 层:需要分别建立针对数据表、视图进行操作的 DAL 类。

(1) Common 类库。修改 Common 类库中的 Constants 类。

打开 Common 类库的 Constants 类，在其中追加选课子系统状态位常量的定义，代码如下。

```
/// <summary>
/// 选课/教学任务 状态|未审核
/// </summary>
public static string STAT_OCSS_NOVERIFY = "0";
public static string STAT_OCSS_NOVERIFY_CN = "未审核";
/// <summary>
/// 选课/教学任务状态|审核不通过
/// </summary>
public static string STAT_OCSS_VERIFYNOTPASS = "1";
public static string STAT_OCSS_VERIFYNOTPASS_CN = "审核未通过";
/// <summary>
/// 选课/教学任务状态|审核通过
/// </summary>
public static string STAT_OCSS_VERIFYPASS = "2";
public static string STAT_OCSS_VERIFYPASS_CN = "审核通过";
```

(2) Model 层开发。Model 层主要对数据表及视图进行实体类的封装，以及构造对数据表进行增、删、改、查操作的 SQL 语句。

① UtTeaSubRelationModel 封装类的设计。在 Model 项目的 ocss 文件夹中添加 UtTeaSubRelationModel 类，代码如下。

```
/// <summary>
/// 教学任务数据表信息封装类
/// </summary>
public class UtTeaSubRelationModel
{

}
```

② 添加类体成员及 get/set 方法，代码如下。

```
/// <summary>
/// 主键
/// </summary>
private long id;
/// <summary>
/// 课程 ID
/// </summary>
private long subId;
/// <summary>
/// 教师 ID
/// </summary>
private long teaId;
/// <summary>
/// 学期 ID
/// </summary>
private long termId;
/// <summary>
/// 班级 ID
/// </summary>
private long classId;
/// <summary>
/// 选课状态
/// </summary>
private string stat;
```

```csharp
public long Id { get { return id; } set { id = value; } }
public long SubId { get { return subId; } set { subId = value; } }
public long TeaId { get { return teaId; } set { teaId = value; } }
public long TermId { get { return termId; } set { termId = value; } }
public long ClassId { get { return classId; } set { classId = value; } }
public string Stat { get { return stat; } set { stat = value; } }
public UtTeaSubRelationModel()
{
    id = 0;
    subId = 0;
    teaId = 0;
    termId = 0;
    classId = 0;
    stat = string.Empty;
}
```

③ 添加 UtTeaSubRelationModelEx 扩展类，代码如下。

```csharp
/// <summary>
/// 教学任务数据表封装扩展实现类
/// </summary>
public class UtTeaSubRelationModelEx : ICommonModelEx<UtTeaSubRelationModel>
{

}
```

④ 添加 UtTeaSubRelationModelEx 扩展类的获取增、删、改、查 SQL 语句的方法及类体属性，代码如下。

```csharp
/// <summary>
/// SQL 语句变量
/// </summary>
private string sql = string.Empty;
public string getSelectSql(UtTeaSubRelationModel utTeaSubRelationModel)
{
    sql = "select id,subId,teaId,termId,classId,stat ";
    sql += "from ut_ocss_teacherSubjectRelation ";
    sql += "where 1=1 ";
    if (utTeaSubRelationModel != null)//封装对象不为空，添加条件
    {
        if (utTeaSubRelationModel.Id != 0)
            sql += " and id=" + utTeaSubRelationModel.Id;
        else
        {
            if (utTeaSubRelationModel.SubId != 0)
                sql += " and subId=" + utTeaSubRelationModel.SubId;
            if (utTeaSubRelationModel.TeaId != 0)
                sql += " and teaId=" + utTeaSubRelationModel.TeaId;
            if (utTeaSubRelationModel.TermId != 0)
                sql += " and termId=" + utTeaSubRelationModel.TermId;
            if (utTeaSubRelationModel.ClassId != 0)
                sql += " and classId=" + utTeaSubRelationModel.ClassId;
            if (utTeaSubRelationModel.Stat != string.Empty)
                sql += " and stat='" + utTeaSubRelationModel.Stat + "'";
        }
    }
    return sql;
}
public string getInsertSql(UtTeaSubRelationModel utTeaSubRelationModel)
{
    if (utTeaSubRelationModel != null)//封装对象不为空
    {
```

```
                sql = "insert into
                ut_ocss_teacherSubjectRelation(subId,teaId,termId,classId,stat) ";
                sql += "values(";
                sql += utTeaSubRelationModel.SubId + ",";
                sql += utTeaSubRelationModel.TeaId + ",";
                sql += utTeaSubRelationModel.TermId + ",";
                sql += utTeaSubRelationModel.ClassId + ",";
                sql += "'" + utTeaSubRelationModel.Stat + "')";
            }
            return sql;
        }
        public string getDeleteSql(long id)
        {
            if (id != 0)//id 不为 0
            {
                sql = "delete from ut_ocss_teacherSubjectRelation ";
                sql += "where id=" + id;
            }
            return sql;
        }
        public string getUpdateSql(UtTeaSubRelationModel utTeaSubRelationModel)
        {
            if (utTeaSubRelationModel != null)//封装对象不为空
            {
                if (utTeaSubRelationModel.Id != 0)
                {
                    sql = "update ut_ocss_teacherSubjectRelation set ";
                    if (utTeaSubRelationModel.SubId != 0)
                        sql += "subId=" + utTeaSubRelationModel.SubId + "',";
                    if (utTeaSubRelationModel.TeaId != 0)
                        sql += "teaId=" + utTeaSubRelationModel.TeaId + "',";
                    if (utTeaSubRelationModel.ClassId != 0)
                        sql += "classId=" + utTeaSubRelationModel.ClassId + "',";
                    if (utTeaSubRelationModel.TermId != 0)
                        sql += "termId=" + utTeaSubRelationModel.TermId + "',";
                    if (utTeaSubRelationModel.Stat != string.Empty)
                        sql += "stat='" + utTeaSubRelationModel.Stat + "',";
                    sql = sql.Substring(0, sql.Length - 1);
                    sql += " where id=" + utTeaSubRelationModel.Id;
                }
            }
            return sql;
        }
        public string getQueryMaxNoByPrefix(string prefixNo) { return sql; }
```

参照上述 UtTeaSubRelationModel 封装类及扩展类的设计步骤，完成数据表 ut_ocss_studentSubjectRelation 的数据封装类及扩展类的设计。

参照上述 UtTeaSubRelationModel 封装类及扩展类的设计步骤，完成视图 uv_ocss_studentSubjectRelation 的数据封装类及扩展类的设计。

参照上述 UtTeaSubRelationModel 封装类及扩展类的设计步骤，完成视图 uv_ocss_teacherSubjectRelation 的数据封装类及扩展类的设计。

（3）DAL 层的开发。

① 新建 UtTeaSubRelationDAL 类。UtTeaSubRelationDAL 类实现接口 ICommonDAL 中的抽象方法，泛型类型为 UtTeaSubRelationModel 类，代码如下。

```
/// <summary>
/// 教学任务信息表封装类
```

/// </summary>
public class UtTeaSubRelationDAL : ICommonDAL<UtTeaSubRelationModel>
{

}

② 添加类体属性,代码如下。
/// <summary>
/// 数据库操作对象
/// </summary>
private DBUtil dbUtil = new DBUtil();
/// <summary>
/// 学生选课信息封装扩展对象
/// </summary>
private UtTeaSubRelationModelEx utTeaSubRelationModelEx =
        new UtTeaSubRelationModelEx();
/// <summary>
/// SQL 语句变量
/// </summary>
private string sql = string.Empty;

③ 实现 ICommonDAL 接口中的方法,代码如下。
```
public DataTable queryAll()
{
    sql = utTeaSubRelationModelEx.getSelectSql(null);
    return dbUtil.dbQuery(sql);
}
public DataTable queryByCondition(UtTeaSubRelationModel utTeaSubRelationModel)
{
    sql = utTeaSubRelationModelEx.getSelectSql(utTeaSubRelationModel);
    return dbUtil.dbQuery(sql);
}

public UtTeaSubRelationModel queryById(long id)
{
    UtTeaSubRelationModel utTeaSubRelationModel = new UtTeaSubRelationModel();
    utTeaSubRelationModel.Id = id;
    DataTable dt = queryByCondition(utTeaSubRelationModel);
    if (dt != null && dt.Rows.Count != 0)
    {
        DataRow dr = dt.Rows[0];
        utTeaSubRelationModel.Id = Convert.ToInt64(dr["id"]);
        utTeaSubRelationModel.Stat = dr["stat"].ToString();
        utTeaSubRelationModel.TeaId = Convert.ToInt64(dr["teaId"]);
        utTeaSubRelationModel.SubId = Convert.ToInt64(dr["subId"]);
        utTeaSubRelationModel.TermId = Convert.ToInt64(dr["termId"]);
        utTeaSubRelationModel.ClassId = Convert.ToInt64(dr["classId"]);
        return utTeaSubRelationModel;
    }
    else
        return null;
}
public bool save(UtTeaSubRelationModel utTeaSubRelationModel)
{
    sql = utTeaSubRelationModelEx.getInsertSql(utTeaSubRelationModel);
    int rows = dbUtil.dbNonQuery(sql);
    if (rows == 0)
        return false;
    else
        return true;
```

```
}
public bool delete(long id)
{
    sql = utTeaSubRelationModelEx.getDeleteSql(id);
    int rows = dbUtil.dbNonQuery(sql);
    if (rows == 0)
        return false;
    else
        return true;
}
public bool update(UtTeaSubRelationModel utTeaSubRelationModel)
{
    sql = utTeaSubRelationModelEx.getUpdateSql(utTeaSubRelationModel);
    int rows = dbUtil.dbNonQuery(sql);
    if (rows == 0)
        return false;
    else
        return true;
}
public string queryMaxNoByPrefix(string prefixNo) { return string.Empty; }
```

参照 UtTeaSubRelationDAL 类的设计步骤，完成 UtStuSubRelationDAL 类、UvStuSubRelationDAL 类、UvTeaSubRelationDAL 类的设计。

（4）BLL 层的开发。

① 修改 SubManageBLL 类。添加根据部门 ID、课程类别 ID 进行查询课程的 queryAllValidSubByDepSubTypeId()方法，代码如下。

```
/// <summary>
/// 根据课程类别 ID，部门 ID，获取该部门的该类别下的所有有效课程
/// </summary>
/// <returns>课程视图 datatable 对象</returns>
public DataTable queryAllValidSubByDepSubTypeId(long depId,long subTypeId)
{
    UvSubModel uvSubModel = new UvSubModel();
    uvSubModel.DepStat = Constants.STAT_VALID;
    uvSubModel.SubTypeStat = Constants.STAT_VALID;
    uvSubModel.SubStat = Constants.STAT_VALID;
    uvSubModel.SubTypeId = subTypeId;
    uvSubModel.DepId = depId;
    return uvSubDAL.queryByCondition(uvSubModel); ;
}
```

② 修改 SubManageBLL 类。

a. 添加根据日期查询下一个学期的 queryNextTerm()方法，代码如下。

```
/// <summary>
/// 查询指定 datetime 的下一个学期
/// </summary>
/// <param name="dateTime"></param>
/// <returns></returns>
public UtTermModel queryNextTerm(DateTime dateTime)
{
    int startYear = dateTime.Year;
    int endYear = dateTime.Year + 1;
    int month = dateTime.Month;
    int termOrder = 0;
    if (month >= 2 && month <= 8)//本学期为 2，下学期为 1
        termOrder = 1;
    else//本学期为 1，下学期为 2
        termOrder = 2;
```

```csharp
            UtTermModel utTermModel = new UtTermModel();
            utTermModel.StartYear = startYear.ToString();
            utTermModel.EndYear = endYear.ToString();
            utTermModel.TermOrder = termOrder.ToString();
            DataTable dt = utTermDAL.queryByCondition(utTermModel);
            if (dt.Rows.Count == 1)
            {
                utTermModel.Id = Convert.ToInt64(dt.Rows[0]["id"]);
                return utTermModel;
            }
            else
                return null;
        }
```

b. 添加根据 ID 查询学期信息的 queryTermById()方法，代码如下。

```csharp
        /// <summary>
        /// 根据 ID，查询学期信息
        /// </summary>
        /// <param name="id"></param>
        /// <returns></returns>
        public UtTermModel queryTermById(long id)
        {
            return utTermDAL.queryById(id);
        }
```

③ 新建 TaskManageBLL 类。

a. 新建 TaskManageBLL 类，代码如下。

```csharp
    /// <summary>
    /// 教学任务管理业务处理类
    /// </summary>
    public class TaskManageBLL
    {

    }
```

b. 添加类体变量，代码如下。

```csharp
        /// <summary>
        /// 教学任务表 DAL 对象
        /// </summary>
        private UtTeaSubRelationDAL utTeaSubRelationDAL = new UtTeaSubRelationDAL();
        /// <summary>
        /// 教学任务视图 DAL 对象
        /// </summary>
        private UvTeaSubRelationDAL uvTeaSubRelationDAL = new UvTeaSubRelationDAL();
```

c. 新建查询已分配的教学任务 queryAllocationTask()方法，代码如下。

```csharp
        /// <summary>
        /// 查询所有已分配的教学任务
        /// </summary>
        /// <returns></returns>
        public DataTable queryAllocationTask()
        {
            UvTeaSubRelationModel uvTeaSubRelationModel = new UvTeaSubRelationModel();
            uvTeaSubRelationModel.TermId = new
                TermManageBLL().queryNextTerm(DateTime.Now).Id;
            DataTable dtAllocationTask = queryTask(uvTeaSubRelationModel);
            return dtAllocationTask;
        }
```

d. 新建根据查询条件，查询教学任务 queryTask()方法，代码如下。

```csharp
        /// <summary>
```

```csharp
/// 根据查询条件，查询教学任务
/// </summary>
/// <param name="utTeaSubRelationModel"></param>
/// <returns></returns>
public DataTable queryTask(UvTeaSubRelationModel uvTeaSubRelationModel) {
    DataTable dt =
                uvTeaSubRelationDAL.queryByCondition(uvTeaSubRelationModel);
    for (int i = 0; i < dt.Rows.Count; i++)
    {
        DataRow dr = dt.Rows[i];
        string stat = dr["stat"].ToString();
        if (stat == Common.Constants.STAT_OCSS_NOVERIFY)
            stat = Common.Constants.STAT_OCSS_NOVERIFY_CN;
        else if (stat == Common.Constants.STAT_OCSS_VERIFYNOTPASS)
            stat = Common.Constants.STAT_OCSS_VERIFYNOTPASS_CN;
        else if (stat == Common.Constants.STAT_OCSS_VERIFYPASS)
            stat = Common.Constants.STAT_OCSS_VERIFYPASS_CN;
        dr["stat"] = stat;
    }
    return dt;
}
```

e. 新建查询教学任务是否存在的 isExist()方法，代码如下。

```csharp
/// <summary>
/// 查询教学任务是否存在
/// </summary>
/// <param name="utTeaSubRelationModel">教学任务信息封装对象</param>
/// <returns>true_存在  false_不存在</returns>
public bool isExist(UtTeaSubRelationModel utTeaSubRelationModel)
{
    DataTable dt = utTeaSubRelationDAL.queryByCondition(utTeaSubRelationModel);
    if (dt.Rows.Count != 0)
        return true;
    else
        return false;
}
```

f. 新建更新教学任务状态的 modifyStat()方法，代码如下。

```csharp
/// <summary>
/// 更新教学任务状态
/// </summary>
/// <param name="id">任务 ID</param>
/// <param name="stat">任务状态</param>
/// <returns>true_成功  false_失败</returns>
public bool modifyStat(long id, string stat)
{
    UtTeaSubRelationModel utTeaSubRelationModel = new UtTeaSubRelationModel();
    utTeaSubRelationModel.Id = id;
    utTeaSubRelationModel.Stat = stat;
    return utTeaSubRelationDAL.update(utTeaSubRelationModel);
}
```

g. 新建删除教学任务的 deleteTask()方法，代码如下。

```csharp
/// <summary>
/// 删除教学任务
/// </summary>
/// <param name="id">ID</param>
/// <returns></returns>
public bool deleteTask(long id)
{
```

```
            return utTeaSubRelationDAL.delete(id);
    }
```

h. 新建添加教学任务的 addTask()方法,代码如下。

```
/// <summary>
/// 添加教学任务
/// </summary>
/// <param name="utTeaSubRelationModel">教学任务信息封装对象</param>
/// <param name="subTypeId">课程类别 ID</param>
/// <returns>true_存在 false_不存在</returns>
public bool addTask(UtTeaSubRelationModel utTeaSubRelationModel,long subTypeId)
{
    //设置教学任务状态
    utTeaSubRelationModel.Stat = Common.Constants.STAT_OCSS_VERIFYPASS;
    //保存教学任务
    utTeaSubRelationDAL.save(utTeaSubRelationModel);
    //查询课程类别信息
    UtSubTypeModel utSubTypeModel =
                    new SubTypeManageBLL().querySubTypeById(subTypeId, false);
    string subType = utSubTypeModel.TypeNo.Substring(0, 2);
    if (subType == "BX")//必修课,建立学生课程之间关系
    {
        UvStuModel uvStuModel = new UvStuModel();
        uvStuModel.ClassId = utTeaSubRelationModel.ClassId;
        uvStuModel.StuStat = Common.Constants. STAT_VALID
        DataTable dtStudent = new StuManageBLL().queryByCondition(uvStuModel);
        UtStuSubRelationDAL utStuSubRelationDAL = new UtStuSubRelationDAL();
        for (int i = 0; i < dtStudent.Rows.Count; i++)
        {
            UtStuSubRelationModel utStuSubRelationModel =
                            new UtStuSubRelationModel();
            utStuSubRelationModel.ClassId = utTeaSubRelationModel.ClassId;
            utStuSubRelationModel.Stat = Common.Constants. STAT_OCSS_VERIFYPASS;
            utStuSubRelationModel.StuId =
                        Convert.ToInt64(dtStudent.Rows[i]["stuId"]);
            utStuSubRelationModel.SubId = utTeaSubRelationModel.SubId;
            utStuSubRelationModel.TermId = utTeaSubRelationModel.TermId;
            utStuSubRelationDAL.save(utStuSubRelationModel);
        }
    }
    return true;
}
```

(5) Web 层的开发。Web 层的开发主要是对 WebCommonUtil 类的修改,在其中添加 setValidateStatButton()方法;对 TaskAllocation.aspx 窗体的后置代码文件 TaskAllocation.aspx.cs 的代码设计。

① 修改 WebCommonUtil 类。打开 Web 项目中的 WebCommonUtil 类,在其中添加 setValidateStatButton()方法,代码如下。

```
/// <summary>
/// 设置 GridView 控件中,审核通过/审核不通过按钮可见性以及审核不通过按钮的颜色为红色
/// </summary>
/// <param name="gv">待设置的 gridView 控件</param>
public static void setValidateStatButton(GridView gv)
{
    for (int i = 0; i < gv.Rows.Count; i++)
    {
        GridViewRow gvr = gv.Rows[i];
        Label lblStat = (Label)gvr.FindControl("lblStat");
```

```csharp
            LinkButton lbnDisable = (LinkButton)gvr.FindControl("lbnDisable");
            LinkButton lbnEnable = (LinkButton)gvr.FindControl("lbnEnable");
            if (lblStat.Text==Common.Constants.STAT_OCSS_NOVERIFY_CN)//未审核
            {
                //状态,显示为红色
                lblStat.ForeColor = System.Drawing.Color.Red;
                //审核通过按钮,可用、可见、红色
                lbnEnable.Visible = true;
                lbnEnable.Enabled = true;
                lbnEnable.ForeColor = System.Drawing.Color.Red;
                //审核不通过按钮,可用、可见、红色
                lbnDisable.Visible = true;
                lbnDisable.Enabled = true;
                lbnDisable.ForeColor = System.Drawing.Color.Red;
            }//审核不通过
            else if (lblStat.Text == Common.Constants.STAT_OCSS_VERIFYNOTPASS_CN )
            {
                //状态,显示为红色
                lblStat.ForeColor = System.Drawing.Color.Red;
                //审核通过按钮,可用、可见、红色
                lbnEnable.Visible = true;
                lbnEnable.Enabled = true;
                lbnEnable.ForeColor = System.Drawing.Color.Red;
                //审核不通过按钮,不可见
                lbnDisable.Visible = false;
            }else if (lblStat.Text == Common.Constants.STAT_OCSS_VERIFYPASS_CN)
            {//审核通过
                //审核通过按钮,不可见
                lbnEnable.Visible = false;
                //审核不通过按钮,可用、可见
                lbnDisable.Visible = true;
                lbnDisable.Enabled = true;
            }
        }
```

② 设计 TaskAllocation.aspx 窗体后置代码文件 TaskAllocation.aspx.cs 的程序。

a. 在后置代码文件 TaskAllocation.aspx.cs 文件中添加类体变量,代码如下。

```csharp
/// <summary>
/// 部门管理业务处理对象
/// </summary>
private DepManageBLL depManageBLL = new DepManageBLL();
/// <summary>
/// 专业管理业务处理对象
/// </summary>
private MajorManageBLL majorManageBLL = new MajorManageBLL();
/// <summary>
/// 课程类别管理业务处理对象
/// </summary>
private SubTypeManageBLL subTypeManageBLL = new SubTypeManageBLL();
/// <summary>
/// 教学任务管理业务处理对象
/// </summary>
private TaskManageBLL taskManageBLL = new TaskManageBLL();
```

b. 后置代码文件 TaskAllocation.aspx.cs 文件中 Page_Load 事件代码如下。

```csharp
if (Page.IsPostBack == false)
{
    //绑定部门下拉列表框
```

```
                DataTable dtDep = depManageBLL.queryAllValidDep();
                dtDep = WebCommonUtil.addDdlFirstItem2DataTable(dtDep, "depName", "id", 0);
                WebCommonUtil.dt2DropDownList(dtDep, ddlTeaDep, "depName", "id");
                WebCommonUtil.dt2DropDownList(dtDep, ddlSubDep, "depName", "id");
                WebCommonUtil.dt2DropDownList(dtDep, ddlClassDep, "depName", "id");
                //绑定课程类型下拉列表框
                DataTable dtSubType = subTypeManageBLL.queryAllValidSubType();
                dtSubType = WebCommonUtil.addDdlFirstItem2DataTable(
                                                    dtSubType, "name", "id", 0);
                WebCommonUtil.dt2DropDownList(dtSubType, ddlSubType, "name", "id");
                //绑定学期下拉列表框
                TermManageBLL termManageBLL = new TermManageBLL();
                Model.basis.UtTermModel utTermModel =
                                        termManageBLL.queryNextTerm(DateTime.Now);
                DataTable dtTerm = termManageBLL.queryAllTerm();
                dtTerm = WebCommonUtil.addDdlFirstItem2DataTable(dtTerm,"term","id",0);
                WebCommonUtil.dt2DropDownList(dtTerm, ddlTerm, "term", "id");
                ddlTerm.SelectedValue = utTermModel.Id.ToString();
                //查询已分配的教学任务
                WebCommonUtil.dt2GridView(taskManageBLL.queryAllocationTask(), gvTeaSub);
                WebCommonUtil.setValidateStatButton(gvTeaSub);
            }
```

c. 后置代码文件 TaskAllocation.aspx.cs 文件中"教学任务分配"按钮的 Click 事件代码如下。

```
Model.ocss.UtTeaSubRelationModel utTeaSubRelationModel = new
        Model.ocss.UtTeaSubRelationModel();
utTeaSubRelationModel.TermId = Convert.ToInt64(ddlTerm.SelectedValue);
if (string.IsNullOrEmpty(ddlTea.SelectedValue))
{
    lblErrorMessage.Text = "请选择教师！";
    return;
}

if (string.IsNullOrEmpty(ddlSub.SelectedValue))
{
    lblErrorMessage.Text = "请选择课程！";
    return;
}
if (string.IsNullOrEmpty(ddlClass.SelectedValue))
{
    lblErrorMessage.Text = "请选择班级！";
    return;
}
if (ddlTerm.SelectedValue == "0")
{
    lblErrorMessage.Text = "请选择学期！";
    ddlTerm.Focus();
    return;
}
utTeaSubRelationModel.SubId = Convert.ToInt64(ddlSub.SelectedValue);
utTeaSubRelationModel.ClassId = Convert.ToInt64(ddlClass.SelectedValue);
if (taskManageBLL.isExist(utTeaSubRelationModel) == true)//如果已存在
    Response.Write("<script>alert('该教学任务已分配，请重新分配！');</script>");
else
{
    utTeaSubRelationModel.TeaId = Convert.ToInt64(ddlTea.SelectedValue);
    if
(taskManageBLL.addTask(utTeaSubRelationModel,Convert.ToInt64(ddlSubType.SelectedValue)))// 插入数
```

据成功
```
            Response.Write("<script>alert('分配成功！');</script>");
        else
            Response.Write("<script>alert('分配失败！');</script>");
}
//查询已分配的教学任务
WebCommonUtil.dt2GridView(taskManageBLL.queryAllocationTask(), gvTeaSub);
WebCommonUtil.setValidateStatButton(gvTeaSub);
```

d. 后置代码文件 TaskAllocation.aspx.cs 文件中"教学任务查询"按钮的 Click 事件代码如下。

```
Model.ocss.UvTeaSubRelationModel uvTeaSubRelationModel = new
            Model.ocss.UvTeaSubRelationModel();
uvTeaSubRelationModel.TermId = Convert.ToInt64(ddlTerm.SelectedValue);
uvTeaSubRelationModel.TeaDepId = Convert.ToInt64(ddlTeaDep.SelectedValue);
if(ddlTea.Enabled)
        uvTeaSubRelationModel.TeaId = Convert.ToInt64(ddlTea.SelectedValue);
uvTeaSubRelationModel.SubDepId = Convert.ToInt64(ddlSubDep.SelectedValue);
if(ddlSub.Enabled)
        uvTeaSubRelationModel.SubId = Convert.ToInt64(ddlSub.SelectedValue);
uvTeaSubRelationModel.SubTypeId = Convert.ToInt64(ddlSubType.SelectedValue);
uvTeaSubRelationModel.ClassDepId = Convert.ToInt64(ddlClassDep.SelectedValue);
if(ddlClass.Enabled)
        uvTeaSubRelationModel.ClassId = Convert.ToInt64(ddlClass.SelectedValue);
if(ddlClassMajor.Enabled)
        uvTeaSubRelationModel.MajorId =
                    Convert.ToInt64(ddlClassMajor.SelectedValue);
WebCommonUtil.dt2GridView(
                    taskManageBLL.queryTask(uvTeaSubRelationModel), gvTeaSub);
WebCommonUtil.setValidateStatButton(gvTeaSub);
```

e. 后置代码文件 TaskAllocation.aspx.cs 文件中教师所属部门下拉列表框发生改变的 SelectedIndexChanged 事件代码如下。

```
if (ddlTeaDep.SelectedValue != "0")//教师所属部门有选项，设置教师下拉列表框
{
    TeaManageBLL teaManageBLL = new TeaManageBLL();
    DataTable dtTea =teaManageBLL.queryAllValidTeaByDepId(
            Convert.ToInt64(ddlTeaDep.SelectedValue));
    ddlTea.Enabled = true;
    dtTea = WebCommonUtil.addDdlFirstItem2DataTable(dtTea, "teaName", "teaId", 0);
    WebCommonUtil.dt2DropDownList(dtTea, ddlTea, "teaName", "teaId");
}
else//未选择教师所属部门，设置教师下拉列表框不能使用
    ddlTea.Enabled = false;
```

f. 后置代码文件 TaskAllocation.aspx.cs 文件中班级所属部门下拉列表框发生改变的 SelectedIndexChanged 事件代码如下。

```
if (ddlClassDep.SelectedValue != "0")//班级所属部门有选项，设置班级所属专业下拉列表框
{
    DataTable dtMajor = majorManageBLL.queryAllValidMajorByDepId(
            Convert.ToInt64(ddlClassDep.SelectedValue));
    ddlClassMajor.Enabled = true;
    dtMajor = WebCommonUtil.addDdlFirstItem2DataTable(dtMajor, "majorName", "majorId", 0);
    WebCommonUtil.dt2DropDownList(dtMajor, ddlClassMajor, "majorName",
            "majorId");
}
else//未选择班级所属部门，设置班级所属专业下拉列表框不能使用
    ddlClassMajor.Enabled = false;
```

g. 后置代码文件 TaskAllocation.aspx.cs 文件中课程所属部门下拉列表框发生改变的 SelectedIndexChanged 事件代码如下。

```
if (ddlSubDep.SelectedValue != "0")//课程归属部门有选项,设置课程下拉列表框
{
    SubManageBLL subManageBLL = new SubManageBLL();
    DataTable dtSub = subManageBLL.queryAllValidSubByDepSubTypeId(
Convert.ToInt64(ddlSubDep.SelectedValue),Convert.ToInt64(ddlSubType.SelectedValue));
    ddlSub.Enabled = true;
    dtSub = WebCommonUtil.addDdlFirstItem2DataTable(dtSub, "subName", "subId", 0);
    WebCommonUtil.dt2DropDownList(dtSub, ddlSub, "subName", "subId");
}
else//未选择课程开出部门,设置课程下拉列表框不能使用
    ddlSub.Enabled = false;
```

h. 后置代码文件 TaskAllocation.aspx.cs 文件中班级所属专业下拉列表框发生改变的 SelectedIndexChanged 事件代码如下。

```
if (ddlClassMajor.SelectedValue != "0")//班级所属专业有选项,设置班级下拉列表框
{
    ClassManageBLL classManageBLL = new ClassManageBLL();
    ddlClass.Enabled = true;
    DataTable dtClass = classManageBLL.queryAllValidClassByMajorId(
            Convert.ToInt64(ddlClassMajor.SelectedValue));
    dtClass = WebCommonUtil.addDdlFirstItem2DataTable(dtClass, "className", "classId", 0);
    WebCommonUtil.dt2DropDownList(dtClass, ddlClass, "className", "classId");
}
else//未选择班级所属专业,设置班级下拉列表框不能使用
    ddlClass.Enabled = false;
```

i. 后置代码文件 TaskAllocation.aspx.cs 文件中课程所属类别下拉列表框发生改变的 SelectedIndexChanged 事件代码如下。

```
if (ddlSubType.SelectedValue != "0")//课程归属部门有选项,设置课程下拉列表框
{
    SubManageBLL subManageBLL = new SubManageBLL();
    DataTable dtSub = subManageBLL.queryAllValidSubByDepSubTypeId(
        Convert.ToInt64(ddlSubDep.SelectedValue),
        Convert.ToInt64(ddlSubType.SelectedValue));
    ddlSub.Enabled = true;
    dtSub = WebCommonUtil.addDdlFirstItem2DataTable(dtSub, "subName", "subId", 0);
    WebCommonUtil.dt2DropDownList(dtSub, ddlSub, "subName", "subId");
}
else//未选择课程开出部门,设置课程下拉列表框不能使用
    ddlSub.Enabled = false;
```

j. 后置代码文件 TaskAllocation.aspx.cs 文件中 GridView 控件的 PageIndexChanging 事件代码如下。

```
gvTeaSub.PageIndex = e.NewPageIndex;
Model.ocss.UvTeaSubRelationModel uvTeaSubRelationModel = new
        Model.ocss.UvTeaSubRelationModel();
uvTeaSubRelationModel.TermId = Convert.ToInt64(ddlTerm.SelectedValue);
uvTeaSubRelationModel.TeaDepId = Convert.ToInt64(ddlTeaDep.SelectedValue);
if (ddlTea.Enabled)
    uvTeaSubRelationModel.TeaId = Convert.ToInt64(ddlTea.SelectedValue);
uvTeaSubRelationModel.SubDepId = Convert.ToInt64(ddlSubDep.SelectedValue);
if (ddlSub.Enabled)
    uvTeaSubRelationModel.SubId = Convert.ToInt64(ddlSub.SelectedValue);
uvTeaSubRelationModel.SubTypeId = Convert.ToInt64(ddlSubType.SelectedValue);
uvTeaSubRelationModel.ClassDepId = Convert.ToInt64(ddlClassDep.SelectedValue);
```

```
if (ddlClass.Enabled)
    uvTeaSubRelationModel.ClassId = Convert.ToInt64(ddlClass.SelectedValue);
if (ddlClassMajor.Enabled)
    uvTeaSubRelationModel.MajorId = Convert.ToInt64(ddlClassMajor.SelectedValue);
WebCommonUtil.dt2GridView(taskManageBLL.queryTask(uvTeaSubRelationModel), gvTeaSub);
WebCommonUtil.setValidateStatButton(gvTeaSub);
```

k. 后置代码文件 TaskAllocation.aspx.cs 文件中 GridView 控件内嵌的"审核不通过"按钮的 Click 事件代码如下。

```
//得到 id
long id = Convert.ToInt64(e.CommandArgument.ToString());
//消息
string msg;
if (taskManageBLL.modifyStat(id,Common.Constants.STAT_OCSS_VERIFYNOTPASS))
    msg = "  修改操作成功！";
else
    msg = "  修改操作失败！";
string url = "TaskAllocation.aspx";
//重定向
Response.Write("<script>alert('" + msg + "');location.href='" + url + "'</script>");
```

l. 后置代码文件 TaskAllocation.aspx.cs 文件中 GridView 控件内嵌的"审核通过"按钮的 Click 事件代码如下。

```
//得到 id
long id = Convert.ToInt64(e.CommandArgument.ToString());
//消息
string msg;
if (taskManageBLL.modifyStat(id, Common.Constants.STAT_OCSS_VERIFYPASS))
    msg = "  修改操作成功！";
else
    msg = "  修改操作失败！";
string url = "TaskAllocation.aspx";
//重定向
Response.Write("<script>alert('" + msg + "');location.href='" + url + "'</script>");
```

m. 后置代码文件 TaskAllocation.aspx.cs 文件中 GridView 控件内嵌的"删除"按钮的 Click 事件代码如下。

```
//得到 id
long id = Convert.ToInt64(e.CommandArgument.ToString());
//消息
string msg;
if (taskManageBLL.deleteTask(id))
    msg = "  删除成功！";
else
    msg = "  删除失败！";
string url = "TaskAllocation.aspx";
//重定向
Response.Write("<script>alert('" + msg + "');location.href='" + url + "'</script>");
```

3. 页面代码的保存与运行

代码输入完成，先将页面代码保存，然后按"F5"键或单击工具栏上的"运行"按钮运行该程序，程序运行后，经登录成功后，选择教学任务分配页面，显示如图 2-21 所示的效果。

―――― 相关知识点 ――――

ASP.NET 标准服务器控件、HTML 控件和 HTML 服务器控件

 知识点 2-8　ASP.NET 标准服务器控件、HTML 控件和 HTML 服务器控件的区别

ASP.NET 中的控件分为：ASP.NET 标准服务器控件、HTML 控件和 HTML 服务器控件。

（1）ASP.NET 标准服务器控件（Web 服务器控件）。Web 服务器控件的标签都是以"asp:"开头，称为标记前缀，后面是控件类型，另外 Web 服务器控件也都有 ID 属性和默认的 runat="server" 的属性，该 runat 属性不能忽略不写，否则控件会被忽略，如<asp:Button ID="btnConfirm" runat="server" Text="任务分配" OnClick="btnConfirm_Click" />。

（2）HTML 控件。HTML 标签，如<input id="Button1" type="button" value="button" />就是一个按钮标签，在 ASP.NET 中，这种标签称作"HTML 控件"。ASP.NET 不会对这种控件做任何处理，只是将这个控件信息 Response 给客户端浏览器，由客户端浏览器对 HTML 控件进行处理。

HTML 控件与 Web 服务器控件最大的区别是它们对事件处理的方法不同。

对于 HTML 控件，当引发一个事件时，浏览器会处理它。但对于 Web 服务器控件的事件是由服务器端处理，而不是由浏览器处理，客户端仅给服务器发送处理请求，告诉服务器处理事件。不过有些事件，例如，对于事件即时性要求强，服务器来不及及时处理的事件，就应用 HTML 控件事件，这时候 HTML 控件就发挥其作用了。例如，鼠标弹起时触发：

　　<INPUT type="button" value="Click Me" onmouseup="alert('Hi，你好!');">

（3）HTML 服务器控件。可以把上述的 HTML 控件转化为 HTML 服务器控件，转化后的为 HTML 服务器控件的代码是：<input id="Button1"　type="button" value=" button " runat="server" />。

可以发现：HTML 服务器控件就是 HTML 控件加上了 runat="server"属性。一般情况下很少使用 HTML 服务器控件，而是推荐使用标准控件，因为标准控件提供了相同的功能，而且更多。

2.3.7　子任务 7 选课审核页面设计

子任务 7 描述

利用 ASP.NET 的 DropDownList、Button、Label 及 GridView 控件实现后台"学生选课审核"页面设计和程序设计。网上选课系统后台"学生选课审核"页面及运行效果如图 2-22 所示。

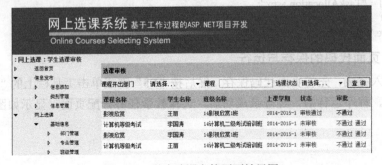

图 2-22　学生选课审核页面效果图

 **技能目标**

与 2.3.3 子任务 3 的技能目标相同。

 操作要点与步骤

管理员对学生网上选课进行审核，默认的选课状态为"未审核"，"未审核"的选课，可以审核通过，也可能审核不通过；"审核通过"的课程可以审批为"审核不通过"，"审核不通过"的课程可以审批为"审核通过"。

网上选课审核功能设计主要包括页面设计、代码设计等，其中代码设计包括对 BLL 类库中的 TaskManageBLL 类的修改以及实现网上选课页面的后置代码文件。

1. 添加 Verify.aspx 窗体

（1）在"Web"项目的"Admin/ocss"文件夹中，添加名称为 Verify.aspx 的网上选课审核窗体，其母版页为"master/OcssSite.Master"。

（2）在<asp:Content></asp:Content>标签内添加 3 行 7 列表格。

第 1 行：显示"选课审核"信息，代码如下。

```
<tr>
    <th colspan="7">选课审核</th>
</tr>
```

第 2 行：显示查询学生选课信息的条件，代码如下。

```
<tr>
    <td style="width:100px;">课程开出部门</td>
    <td>
        <asp:DropDownList ID="ddlSubDep" runat="server"
            Width="120px"  AutoPostBack="true"
            onselectedindexchanged="ddlSubDep_SelectedIndexChanged">
        </asp:DropDownList>
    </td>
    <td style="width:30px;">课程</td>
    <td>
        <asp:DropDownList ID="ddlSub" runat="server" Width="120px"
            Enabled="false"></asp:DropDownList>
    </td>
    <td style="width:50px;">选课状态</td>
    <td>
        <asp:DropDownList ID="ddlStat" runat="server" Width="100px">
            <asp:ListItem Value="" Text="请选择..."></asp:ListItem>
            <asp:ListItem Value="0" Text="未审核"></asp:ListItem>
            <asp:ListItem Value="2" Text="审核通过"></asp:ListItem>
            <asp:ListItem Value="1" Text="审核未通过"></asp:ListItem>
        </asp:DropDownList>
    </td>
    <td style="width:50px;">
        <asp:Button ID="btnQuery" runat="server"
Text=" 查询 " CssClass="button" onclick="btnQuery_Click" />
    </td>
</tr>
```

第 3 行：显示选课列表。

```
<tr>
    <td colspan="7">
        <asp:GridView ID="gvVerifySub" runat="server"
            AutoGenerateColumns="False" CellPadding="4"
            ForeColor="#333333" GridLines="None"
            AllowPaging="True" PageSize="15" HeaderStyle-Height="20px"
            onpageindexchanging="gvVerifySub_PageIndexChanging" >
            <Columns>

            </Columns>
            <RowStyle BackColor="#F7F6F3" ForeColor="#333333" />
            <PagerStyle BackColor="#284775" ForeColor="White"
                HorizontalAlign="Center"/>
            <AlternatingRowStyle BackColor="White" ForeColor="#284775" />
        </asp:GridView>
    </td>
</tr>
```

在<Columns></Columns>标签内，采用模板列，显示选课的信息，代码如下。

```
<asp:TemplateField HeaderText="课程名称">
    <ItemTemplate >
        <a href='SubDetailView.aspx?id=<%#Eval("subId") %>' target="_blank">
            <%#Eval("subName") %>
        </a>
    </ItemTemplate>
    <ItemStyle Width="150px" />
</asp:TemplateField>
<asp:TemplateField HeaderText="学生名称">
    <ItemTemplate >
        <a href='StuDetailView.aspx?id=<%#Eval("stuId") %>' target="_blank">
            <%#Eval("stuName") %>
        </a>
    </ItemTemplate>
    <ItemStyle Width="80px" />
</asp:TemplateField>
<asp:TemplateField HeaderText="班级名称">
    <ItemTemplate >
        <a href='ClassDetailView.aspx?id=<%#Eval("classId") %>' target="_blank">
            <%#Eval("className") %>
        </a>
    </ItemTemplate>
    <ItemStyle Width="150px" />
</asp:TemplateField>
<asp:TemplateField HeaderText="上课学期">
    <ItemTemplate >
        <%#Eval("term") %>
    </ItemTemplate>
    <ItemStyle Width="60px" />
</asp:TemplateField>
<asp:TemplateField HeaderText="状态">
    <ItemTemplate >
        <!--采用 Label 控件，以便于在代码中查找该字段-->
        <asp:Label ID="lblStat" runat="server"
            Text='<%#Eval("stat") %>'></asp:Label>
    </ItemTemplate>
    <ItemStyle Width="80px" />
</asp:TemplateField>
<asp:TemplateField HeaderText="审批">
```

```
        <ItemTemplate>
            <asp:LinkButton ID= "lbnDisable" CommandArgument='<%# Eval("id") %>' OnCommand=
"lbnDisable_Click " OnClientClick= "return confirm( '确定不通过审批? '); "   runat="server"> 不通过
</asp:LinkButton>
            <asp:LinkButton ID= "lbnEnable" CommandArgument='<%# Eval("id") %>' OnCommand=
"lbnEnable_Click " OnClientClick= "return confirm( '确定通过审批? '); "   runat="server"> 通过
</asp:LinkButton>
        </ItemTemplate>
        <ItemStyle Width="80px" />
    </asp:TemplateField>
```

网上选课页面用到了 2 个 DropDownList、1 个 Button、1 个 GridView 以及 2 个内嵌在 GridView 控件中的 LinkButton 控件和 1 个内嵌在 GridView 控件中的 Label 控件,各控件属性设置如表 2-31 所示。

表 2-31 子任务 7 在线选课审核页面控件主要属性设置表

控件名	属性名	设置值
GridView1	ID	gvVerifySub
	AllowPaging	True
	PageSize	15
	onpageindexchanging	gvVerifySub_PageIndexChanging
LinkButton1	ID	lbnDisable
	CommandArgument	<%# Eval("id") %>
	OnCommand	lbnDisable_Click
	OnClientClick	return confirm('确定不通过审批? ');
LinkButton2	ID	lbnEnable
	CommandArgument	<%# Eval("id") %>
	OnCommand	lbnEnable_Click
	OnClientClick	return confirm('确定通过审批? ');
DropDownList1	ID	ddlSubDep
	Width	120px
	AutoPostBack	True
	onselectedindexchanged	ddlSubDep_SelectedIndexChanged
DropDownList2	ID	ddlSub
	Width	120px
DropDownList3	ID	ddlStat
	Width	100px
Button1	ID	btnQuery
	Text	查询
	CssClass	button
	onclick	btnQuery_Click
Label1	ID	lblStat
	Text	<%#Eval("stat") %>

2. Verify.aspx 页面功能实现

完成了 Verify.aspx 页面及各控件的属性设计后,还需要编写 Verify.aspx.cs 页面后置代码文件程序,页面的后置代码文件将调用 TaskManageBLL 类查询学生选课信息以及设置学生选课的状态,所以需要在 TaskManageBLL 类中添加查询学生选课信息和设置学生选课状态方法。

（1）修改 TaskManageBLL 类，添加类体属性，代码如下。

```csharp
/// <summary>
/// 学习任务表 DAL 对象
/// </summary>
private UtStuSubRelationDAL utStuSubRelationDAL = new UtStuSubRelationDAL();
/// <summary>
/// 学习任务视图 DAL 对象
/// </summary>
private UvStuSubRelationDAL uvStuSubRelationDAL = new UvStuSubRelationDAL();
```

（2）修改 TaskManageBLL 类，添加 queryStudyTask ()方法，代码如下。

```csharp
/// <summary>
/// 根据课程 ID 和学习状态查询学期任务
/// </summary>
/// <param name="subId">课程 id</param>
/// <param name="stat">学习任务状态</param>
/// <returns>datatable 对象</returns>
public DataTable queryStudyTask(long subId, string stat)
{
    UvStuSubRelationModel uvStuSubRelationModel = new UvStuSubRelationModel();
    uvStuSubRelationModel.Stat = stat;
    uvStuSubRelationModel.SubId = subId;
    uvStuSubRelationModel.TermId =
                new TermManageBLL().queryTerm(DateTime.Now).Id;
    DataTable dt =
                uvStuSubRelationDAL.queryByCondition(uvStuSubRelationModel);
    for (int i = 0; i < dt.Rows.Count; i++)
    {
        DataRow dr = dt.Rows[i];
        stat = dr["stat"].ToString();
        if (stat == Common.Constants.STAT_OCSS_NOVERIFY)
            stat = Common.Constants.STAT_OCSS_NOVERIFY_CN;
        else if (stat == Common.Constants.STAT_OCSS_VERIFYNOTPASS)
            stat = Common.Constants.STAT_OCSS_VERIFYNOTPASS_CN;
        else if (stat == Common.Constants.STAT_OCSS_VERIFYPASS)
            stat = Common.Constants.STAT_OCSS_VERIFYPASS_CN;
        dr["stat"] = stat;
    }
    return dt;
}
```

（3）修改 TaskManageBLL 类，添加 modifyStudyTaskStat ()方法，代码如下。

```csharp
/// <summary>
/// 更新学习任务状态
/// </summary>
/// <param name="id">学习任务 ID</param>
/// <param name="stat">学习任务状态</param>
/// <returns></returns>
public bool modifyStudyTaskStat(long id, string stat)
{
    UtStuSubRelationModel utStuSubRelationModel = new UtStuSubRelationModel();
    utStuSubRelationModel.Id = id;
    utStuSubRelationModel.Stat = stat;
    return utStuSubRelationDAL.update(utStuSubRelationModel);
}
```

（4）实现 Verify.aspx 窗体的后置代码文件 Verify.aspx.cs 程序。
① 在后置代码文件 Verify.aspx.cs 中添加类体属性，代码如下。

```csharp
/// <summary>
/// 任务管理业务处理对象
/// </summary>
private TaskManageBLL taskManageBLL = new TaskManageBLL();
```

② 后置代码文件 Verify.aspx.cs 中 Page_Load 事件代码如下。

```csharp
if (Page.IsPostBack == false)
{
    //绑定部门列表
    DataTable dtDep = new DepManageBLL().queryAllValidDep();
    dtDep = WebCommonUtil.addDdlFirstItem2DataTable(dtDep, "depName", "id", 0);
    WebCommonUtil.dt2DropDownList(dtDep, ddlSubDep,"depName", "id");
    //绑定选课信息
    DataTable dt = taskManageBLL.queryStudyTask(0, string.Empty);
    for (int i = 0; i < dt.Rows.Count; i++)
    {
        string subTypeNo = dt.Rows[i]["subTypeNo"].ToString();
        if (subTypeNo.Substring(0, 2) == "BX")//去除必修课
        {
            dt.Rows.RemoveAt(i);
            i--;
            continue;
        }
    }
    WebCommonUtil.dt2GridView(dt, gvVerifySub);
    WebCommonUtil.setValidateStatButton(gvVerifySub);
}
```

③ 后置代码文件 Verify.aspx.cs 中 ddlSubDep 的 SelectedIndexChanged 事件代码如下。

```csharp
if (ddlSubDep.SelectedValue != "0")//课程归属部门有选项，设置课程下拉列表框
{
    SubManageBLL subManageBLL = new SubManageBLL();
    DataTable dtSub = subManageBLL.queryAllValidSubByDepId(Convert.ToInt64(ddlSubDep.SelectedValue));
    for (int i = 0; i < dtSub.Rows.Count; i++)
    {
        string subTypeNo = dtSub.Rows[i]["subTypeNo"].ToString();
        if (subTypeNo.Substring(0, 2) == "BX")
        {
            dtSub.Rows.RemoveAt(i);
            i--;
            continue;
        }
    }
    ddlSub.Enabled = true;
    dtSub = WebCommonUtil.addDdlFirstItem2DataTable(dtSub, "subName", "subId", 0);
    WebCommonUtil.dt2DropDownList(dtSub, ddlSub, "subName", "subId");
}
else//未选择课程开出部门，设置课程下拉列表框不能使用
    ddlSub.Enabled = false;
```

④ 后置代码文件 Verify.aspx.cs 中 gvVerifySub 的 PageIndexChanging 事件代码如下。

```csharp
gvVerifySub.PageIndex = e.NewPageIndex;
DataTable dt =taskManageBLL.queryStudyTask(
Convert.ToInt64(ddlSub.SelectedValue), ddlStat.SelectedValue);
WebCommonUtil.dt2GridView(dt, gvVerifySub);
```

⑤ 后置代码文件 Verify.aspx.cs 中 lbnDisable 的 Click 事件代码如下。

```csharp
//得到 id
long id = Convert.ToInt64(e.CommandArgument.ToString());
//消息
```

```csharp
string msg;
if (taskManageBLL.modifyStudyTaskStat(id,
Common.Constants.STAT_OCSS_VERIFYNOTPASS))
    msg = "  修改操作成功！ ";
else
    msg = "  修改操作失败！ ";
string url = "Verify.aspx";
//重定向
Response.Write(
"<script>alert('" + msg + "');location.href='" + url + "'</script>");
```

⑥ 后置代码文件 Verify.aspx.cs 中 lbnEnable 的 Click 事件代码如下。

```csharp
//得到 id
long id = Convert.ToInt64(e.CommandArgument.ToString());
//消息
string msg;
if (taskManageBLL.modifyStudyTaskStat(id,
                        Common.Constants.STAT_OCSS_VERIFYPASS))
    msg = "  修改操作成功！ ";
else
    msg = "  修改操作失败！ ";
string url = "Verify.aspx";
//重定向
Response.Write(
            "<script>alert('" + msg + "');location.href='" + url + "'</script>");
```

⑦ 后置代码文件 Verify.aspx.cs 中 btnQuery 的 Click 事件代码如下。

```csharp
long subId = 0;
if (ddlSub.Enabled == true && ddlSub.SelectedValue!="")
    subId = Convert.ToInt64( ddlSub.SelectedValue);
DataTable dt = taskManageBLL.queryStudyTask(subId,ddlStat.SelectedValue);
for (int i = 0; i < dt.Rows.Count; i++)
{
    string subTypeNo = dt.Rows[i]["subTypeNo"].ToString();
    if (subTypeNo.Substring(0, 2) == "BX")
    {
        dt.Rows.RemoveAt(i);
        i--;
        continue;
    }
}
WebCommonUtil.dt2GridView(dt, gvVerifySub);
WebCommonUtil.setValidateStatButton(gvVerifySub);
```

3. 页面代码的保存与运行

代码输入完成，先将页面代码保存，然后按"F5"键或单击工具栏上的"运行"按钮运行该程序，程序运行后，管理员登录成功后，选择"学生选课审核"选项，打开选课审核页面，显示如图 2-22 所示的效果。

2.4 任务 4：网上选课系统前台程序实现

2.4.1 子任务 1 注册页面设计

子任务 1 描述

学生选课、教师查看教学任务等工作都必须拥有合法的身份才能完成，如果学生和教师的信息都是通过管理员添加，管理员的工作量会非常大。所以本任务提供了"注册"功能页面，目的是让学生和教师通过注册自己的信息获得网上选课系统的合法使用权。注册后的学生可以选课、查看自己选课结果信息；注册后的教师可以查看自己的教学任务并进行相关课程考试的信息发布等工作。为了保证用户注册的信息真实有效，对用户输入的每个信息都进行了验证，目的是把好数据的入口关。网上选课系统前台"用户注册"页面及运行效果如图 2-23 所示。

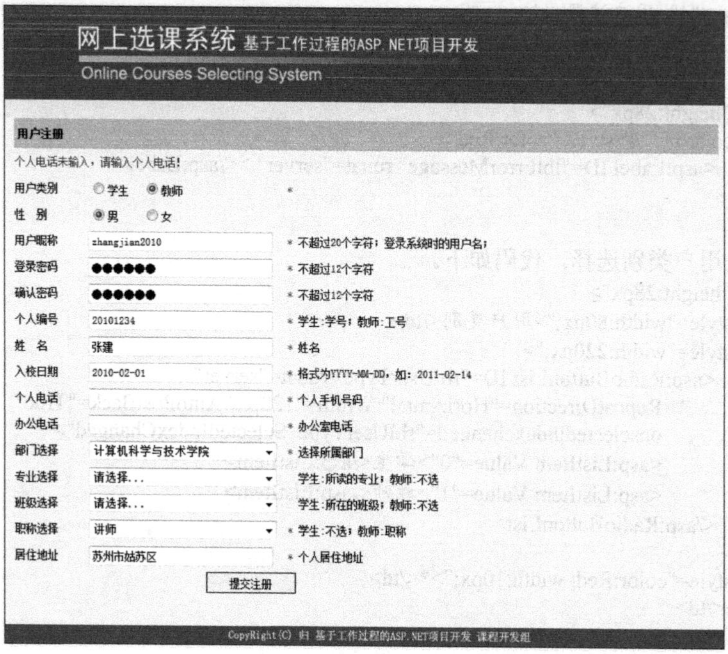

图 2-23 用户注册页面运行效果图

技能目标

① 能按照代码规范进行代码的编写；
② 能熟练运用 ASP.NET 常用标准控件 TextBox；
③ 能熟练运用 ASP.NET 常用标准控件 RadioButtonList；
④ 能熟练运用 ASP.NET 常用标准控件 DropDownList；

⑤ 能运用 ADO.NET 的知识实现对数据绑定等操作。

操作要点与步骤

系统用户的添加可以通过管理员后台进行添加，也可以通过用户前台的注册，用户注册完成后，即可通过注册的昵称和注册时输入的密码进行登录，登录成功后，根据用户类别，可以使用网上选课系统以及信息发布系统的相应功能。

用户注册的设计主要包括页面设计、代码设计等，其中代码设计包括对系统默认页面的后置代码文件 Default.aspx.cs 进行修改，因 Model、DAL、BLL 层中学生、教师信息封装类在学生管理和教师管理中已实现，在此直接调用。

1. 添加 Register.aspx 窗体

（1）在"Web"项目的"Front/ocss"文件夹中，添加名称为 Register.aspx 的用户注册窗体，其母版页为"master/OcssSite.Master"。

（2）在<asp:Content></asp:Content>标签内添加 18 行 4 列表格。

第 1 行：显示"用户注册"信息，代码如下。

```
<tr style="height:28px">
<th colspan="4">用户注册</th>
</tr>
```

第 2 行：错误信息显示，代码如下。

```
<tr style="height:28px">
    <td colspan="4" style="color:Red">
        <asp:Label ID="lblErrorMessage" runat="server" ></asp:Label>
    </td>
</tr>
```

第 3 行：用户类别选择，代码如下。

```
<tr style="height:28px">
    <td style="width:80px;">用户类别</td>
    <td style="width:220px;">
        <asp:RadioButtonList ID="rblUserType" runat="server"
            RepeatDirection="Horizontal" Width="120px" AutoPostBack="True"
            onselectedindexchanged="rblUserType_SelectedIndexChanged">
            <asp:ListItem Value="0">学生</asp:ListItem>
            <asp:ListItem Value="1">教师</asp:ListItem>
        </asp:RadioButtonList>
    </td>
    <td style="color:Red; width:10px;">*</td>
    <td></td>
</tr>
```

第 4 行：用户性别选择，代码如下。

```
<tr style="height:28px">
    <td >性  别</td>
    <td >
        <asp:RadioButtonList ID="rblGender" runat="server"
            RepeatDirection="Horizontal" Width="120px">
            <asp:ListItem Value="男" Selected="True">男</asp:ListItem>
            <asp:ListItem Value="女">女</asp:ListItem>
        </asp:RadioButtonList>
    </td>
    <td style="color:Red; width:10px;"></td>
    <td></td>
```

第 5 行：用户昵称/登录名输入，登录昵称输入完成后，需要查询输入的昵称是否已被使用，若已被使用，需重新输入新的昵称/登录名。

```
<tr style="height:28px">
    <td style="width:80px;">用户昵称</td>
    <td>
        <asp:TextBox ID="txtNickName" runat="server"
            MaxLength="20" Width="200px" AutoPostBack="true"
            ontextchanged="txtNickName_TextChanged"  ></asp:TextBox>
    </td>
    <td style="color:Red; width:10px;">*</td>
    <td>不超过 20 个字符；登录系统时的用户名；</td>
</tr>
```

第 6 行：输入登录密码，代码如下。

```
<tr style="height:28px">
    <td>登录密码</td>
    <td>
        <asp:TextBox ID="txtPwd1" runat="server" TextMode="Password" MaxLength="12" Width="200px" ></asp:TextBox>
    </td>
    <td style="color:Red; width:10px;">*</td>
    <td>不超过 12 个字符</td>
</tr>
```

第 7 行：输入确认密码，确认密码输入完成后，需校验两次登录密码是否一致，如两次输入的密码不一致，需重新输入密码，代码如下。

```
<tr style="height:28px">
    <td>确认密码</td>
    <td>
        <asp:TextBox ID="txtPwd2" runat="server"
            TextMode="Password" MaxLength="12" Width="200px" AutoPostBack="True"
            ontextchanged="txtPwd2_TextChanged" ></asp:TextBox>
    </td>
    <td style="color:Red; width:10px;">*</td>
    <td>不超过 12 个字符</td>
</tr>
```

第 8 行：输入个人编号，代码如下。

```
<tr style="height:28px">
    <td>个人编号</td>
    <td>
        <asp:TextBox ID="txtNo" runat="server" MaxLength="12" Width="200px" ></asp:TextBox>
    </td>
    <td style="color:Red; width:10px;">*</td>
    <td>学生:学号；教师:工号</td>
</tr>
```

第 9 行：输入用户姓名，代码如下。

```
<tr style="height:28px">
    <td>姓  名</td>
    <td>
        <asp:TextBox ID="txtName" runat="server"
            MaxLength="12" Width="200px" ></asp:TextBox>
    </td>
    <td style="color:Red; width:10px;">*</td>
    <td>姓名</td>
</tr>
```

第10行：输入入校日期，入校日期输入完成后，需校验入校日期输入是否正确，若不正确，则需重新输入入校日期，代码如下。

```
<tr style="height:28px">
    <td>入校日期</td>
    <td>
        <asp:TextBox ID="txtJoinDate" runat="server"
            MaxLength="12" Width="200px" AutoPostBack="True"
            ontextchanged="txtJoinDate_TextChanged" ></asp:TextBox>
    </td>
    <td style="color:Red; width:10px;">*</td>
    <td>格式为 YYYY-MM-DD，如：2011-02-14</td>
</tr>
```

第11行：输入个人电话，代码如下。

```
<tr style="height:28px">
    <td>个人电话</td>
    <td>
        <asp:TextBox ID="txtMobile" runat="server"
            MaxLength="12" Width="200px" ></asp:TextBox>
    </td>
    <td style="color:Red; width:10px;">*</td>
    <td>个人手机号码</td>
</tr>
```

第12行：输入办公电话，代码如下。

```
<tr style="height:28px">
    <td>办公电话</td>
    <td>
        <asp:TextBox ID="txtTeaOfficeTel" runat="server" MaxLength="15" Width="200px" ></asp:TextBox>
    </td>
    <td style="color:Red; width:10px;">
        <asp:Label ID="lblOfficeTel" runat="server">*</asp:Label>
    </td>
    <td>办公室电话</td>
</tr>
```

第13行：部门选择，部门下拉列表框发生变化，需更改专业和班级下拉列表框的信息，代码如下。

```
<tr style="height:28px">
    <td>部门选择</td>
    <td>
        <asp:DropDownList ID="ddlDep" runat="server" Width="210px"
            AutoPostBack="true"
            onselectedindexchanged="ddlDep_SelectedIndexChanged">
        </asp:DropDownList>
    </td>
    <td style="color:Red; width:10px;">
        <asp:Label ID="lblDepTip" runat="server">*</asp:Label>
    </td>
    <td>选择所属部门</td>
</tr>
```

第14行：专业选择，专业下拉列表框发生变化，需更改班级下拉列表框的信息，代码如下。

```
<tr style="height:28px">
    <td>专业选择</td>
    <td>
        <asp:DropDownList ID="ddlStuMajor" runat="server" Width="210px"
```

```
                    AutoPostBack="true"
                    onselectedindexchanged="ddlStuMajor_SelectedIndexChanged">
            </asp:DropDownList>
        </td>
        <td style="color:Red; width:10px;">
        </td>
        <td>学生:所读的专业; 教师:不选</td>
</tr>
```

第 15 行:班级选择,代码如下。

```
<tr style="height:28px">
    <td>班级选择</td>
    <td>
        <asp:DropDownList ID="ddlStuClass" runat="server"
            Width="210px"></asp:DropDownList>
    </td>
    <td style="color:Red; width:10px;">
        <asp:Label ID="lblClassTip" runat="server">*</asp:Label>
    </td>
    <td>学生:所在的班级; 教师:不选</td>
</tr>
```

第 16 行:职称选择,代码如下。

```
<tr style="height:28px">
            <td>职称选择</td>
            <td>
                <asp:DropDownList ID="ddlTitle" runat="server" Width="210px">
                </asp:DropDownList>
            </td>
            <td style="color:Red; width:10px;">
                <asp:Label ID="lblTitleTip" runat="server">*</asp:Label>
            </td>
            <td>学生:不选; 教师:职称</td>
</tr>
```

第 17 行:输入居住地址,代码如下。

```
<tr style="height:28px">
    <td>居住地址</td>
    <td>
        <asp:TextBox ID="txtAddr" runat="server"
            MaxLength="50" Width="200px" ></asp:TextBox>
    </td>
    <td style="color:Red; width:10px;">*</td>
    <td>个人居住地址</td>
</tr>
```

第 18 行:提交按钮,代码如下。

```
<tr style="height:28px">
    <td colspan="3" style="text-align:right">
        <asp:Button ID="btnSubmit" runat="server" Width="100px"
            CssClass="button" Text=" 提交注册 "
            onclick="btnSubmit_Click" />
    </td>
    <td></td>
</tr>
```

注册页面用到了 5 个 Label、9 个 TextBox、2 个 RadioButtonList、4 个 DropDownList 和 1 个 Button 控件，各控件属性设置如表 2-32 所示。

表 2-32　子任务 1 注册页面控件主要属性设置表

控 件 名	属 性 名	设 置 值
Label1	ID	lblErrorMessage
Label2	ID	lblDepTip
	Text	*
Label3	ID	lblClassTip
	Text	*
Label4	ID	lblTitleTip
	Text	*
Label5	ID	lblOfficeTel
	Text	*
TextBox1	ID	txtNickName
	MaxLength	20
	Width	200px
	AutoPostBack	True
	ontextchanged	txtNickName_TextChanged
TextBox2	ID	txtPwd1
	Width	200px
	MaxLength	12
	TextMode	Password
TextBox3	ID	txtPwd2
	Width	200px
	MaxLength	12
	TextMode	Password
TextBox4	ID	txtNo
	Width	200px
	MaxLength	12
TextBox5	ID	txtName
	Width	200px
	MaxLength	50
TextBox6	ID	txtJoinDate
	MaxLength	10
	Width	200px
	AutoPostBack	True
	ontextchanged	txtJoinDate_TextChanged
TextBox7	ID	txtMobile
	Width	200px
	MaxLength	15
TextBox8	ID	txtTeaOfficeTel
	Width	200px
	MaxLength	15

续表

控件名	属性名	设置值
TextBox9	ID	txtAddr
	Width	200px
	MaxLength	50
RadioButtonList1	ID	rblUserType
	RepeatDirection	Horizontal
	Width	120px
	AutoPostBack	True
	onselectedindexchanged	rblUserType_SelectedIndexChanged
RadioButtonList2	ID	rblGender
	RepeatDirection	Horizontal
	Width	120px
DropDownList1	ID	ddlDep
	Width	210px
	AutoPostBack	True
	onselectedindexchanged	ddlDep_SelectedIndexChanged
DropDownList2	ID	ddlStuMajor
	Width	210px
	AutoPostBack	True
	onselectedindexchanged	ddlStuMajor_SelectedIndexChanged
DropDownList3	ID	ddStuClass
	Width	210px
DropDownList4	ID	ddlTitle
	Width	210px
Button1	ID	btnSubmit
	CssClass	button

2. Register.aspx 页面功能实现

完成了 Register.aspx 页面及各控件的属性设计后，还需要编写后置代码文件 Register.aspx.cs 程序，页面的后置代码文件将调用 DepManageBLL 类的 queryAllValidDep () 方法实现页面部门列表项的绑定，调用 MajorManageBLL 类的 queryAllValidMajor()方法实现专业列表项的绑定，调用 ClassManageBLL 类的 queryAllValidClass()方法实现班级列表项的绑定，调用 TitleManageBLL 类 queryAllValidTitle()方法实现职称列表项的绑定；调用 LoginManageBLL 类的 isExists()方法查询昵称是否在登录表中存在、调用 addLogin()方法保存用户登录账号信息、调用 queryLoginId()方法查询用户的登录 ID，调用 TeaManageBLL 类的 addTea()方法保存教师信息、调用 StuManageBLL 类的 addStu()方法保存学生信息等。Register.aspx.aspx.cs 调用类的方法已在基础信息管理页面完成，所以 Register.aspx 功能实现只需对 Register.aspx.aspx.cs 后置代码文件设计即可。

（1）在后置代码文件 Register.aspx.cs 中添加类体属性，代码如下。

```
/// <summary>
/// 部门管理业务处理对象
/// </summary>
private DepManageBLL depManageBLL = new DepManageBLL();
/// <summary>
```

/// 专业管理业务处理对象
/// </summary>
private MajorManageBLL majorManageBLL = new MajorManageBLL();
/// <summary>
/// 班级管理业务处理对象
/// </summary>
private ClassManageBLL classManageBLL = new ClassManageBLL();

(2) 后置代码文件 Register.aspx.cs 中覆盖 OnPreRender()方法。实现密码文本框提交后 value 值不变，代码如下。

```
protected override void OnPreRender(EventArgs args)
{
    base.OnPreRender(args);
    txtPwd1.Attributes["value"] = txtPwd1.Text;
    txtPwd2.Attributes["value"] = txtPwd2.Text;
}
```

(3) 后置代码文件 Register.aspx.cs 中用户类别发生变化的 rblUserType_SelectedIndexChanged 事件代码如下。

```
ddlDep.Items.Clear();
ddlTitle.Items.Clear();
ddlStuClass.Items.Clear();
ddlStuMajor.Items.Clear();
ddlStuMajor.Enabled = false;
ddlStuClass.Enabled = false;
ddlDep.Enabled = false;
ddlTitle.Enabled = false;
if (rblUserType.SelectedValue == Common.Constants.USER_ROLE_TEACHER)
{
    lblDepTip.Visible = true;
    lblTitleTip.Visible = true;
    lblClassTip.Visible = false;
    lblOfficeTel.Visible = true;
    ddlDep.Enabled = true;
    ddlTitle.Enabled = true;
    WebCommonUtil.dt2DropDownList(WebCommonUtil.addDdlFirstItem2DataTable(depManageBLL.queryAllValidDep(), "depName", "id", 0), ddlDep, "depName", "id");
    TitleManageBLL titleManageBLL = new TitleManageBLL();
    WebCommonUtil.dt2DropDownList(WebCommonUtil.addDdlFirstItem2DataTable(titleManageBLL.queryAllValidTitle(), "titleName", "id", 0), ddlTitle, "titleName", "id");
}
if (rblUserType.SelectedValue == Common.Constants.USER_ROLE_STUDENT)
{
    lblDepTip.Visible = false;
    lblTitleTip.Visible = false;
    lblOfficeTel.Visible = false;
    lblClassTip.Visible = true;
    ddlStuMajor.Enabled = true;
    ddlStuClass.Enabled = true;
    WebCommonUtil.dt2DropDownList(
        WebCommonUtil.addDdlFirstItem2DataTable(
            majorManageBLL.queryAllValidMajor(), "majorName", "majorId", 0),
        ddlStuMajor, "majorName", "majorId");
    WebCommonUtil.dt2DropDownList(
        WebCommonUtil.addDdlFirstItem2DataTable(
            classManageBLL.queryAllValidClass(), "className", "classId", 0),
        ddlStuClass, "className", "classId");
```

(4) 后置代码文件 Register.aspx.cs 中，昵称文本框值变化，查询昵称是否存在的 txtNickName_TextChanged 事件代码如下。

```
LoginManageBLL loginManageBLL = new LoginManageBLL();
if (loginManageBLL.isExists(txtNickName.Text.Trim()))
{
    lblErrorMessage.Text = "昵称已存在, 重新输入";
    txtNickName.Focus();
    return;
}
```

（5）后置代码文件 Register.aspx.cs 中确认密码框值改变的 txtPwd2_TextChanged 事件代码如下。

```
if (txtPwd1.Text.Trim() != txtPwd2.Text.Trim())
{
    lblErrorMessage.Text = "两次密码不一致,请重新输入密码! ";
    txtPwd1.Focus();
    return;
}
```

（6）后置代码文件 Register.aspx.cs 中入校日期文本框值改变的 txtJoinDate_TextChanged 事件代码如下。

```
if (txtJoinDate.Text.Trim().Length != 10)
{
    lblErrorMessage.Text =
        "入校日期格式不正确,请重新输入入校日期! 格式为 YYYY-MM-DD, 如: 2012-02-14";
    txtJoinDate.Focus();
    return;
}
```

（7）后置代码文件 Register.aspx.cs 中部门下拉项改变的 ddlDep_SelectedIndexChanged 事件代码如下。

```
WebCommonUtil.dt2DropDownList(
    WebCommonUtil.addDdlFirstItem2DataTable(
        majorManageBLL.queryAllValidMajorByDepId(
            Convert.ToInt64(ddlDep.SelectedValue)),
        "majorName", "majorId", 0),
    ddlStuMajor, "majorName", "majorId");
WebCommonUtil.dt2DropDownList(
    WebCommonUtil.addDdlFirstItem2DataTable(
        classManageBLL.queryAllValidClassByDepId(
            Convert.ToInt64(ddlDep.SelectedValue)),
        "className", "classId", 0),
    ddlStuClass, "className", "classId");
```

（8）后置代码文件 Register.aspx.cs 中专业下拉项改变的 ddlStuMajor_SelectedIndexChanged 事件代码如下。

```
WebCommonUtil.dt2DropDownList(
    WebCommonUtil.addDdlFirstItem2DataTable(
        classManageBLL.queryAllValidClassByDepId(
            Convert.ToInt64(ddlDep.SelectedValue)),
        "className", "classId", 0),
    ddlStuClass, "className", "classId");
```

（9）后置代码文件 Register.aspx.cs 中提交按钮的 btnSubmit_Click 事件代码如下。

```
if (rblUserType.SelectedValue == string.Empty)
{
    lblErrorMessage.Text = "用户类别未选择,请选择用户类别! ";
    rblUserType.Focus();
    return;
}
if (txtNickName.Text.Trim() == string.Empty)
{
```

```csharp
            lblErrorMessage.Text = "昵称未输入,请输入昵称! ";
            txtNickName.Focus();
            return;
        }
        if (txtPwd1.Text.Trim() == string.Empty)
        {
            lblErrorMessage.Text = "登录密码未输入,请输入登录密码! ";
            txtPwd1.Focus();
            return;
        }
        if (txtPwd2.Text.Trim() == string.Empty)
        {
            lblErrorMessage.Text = "确认未输入,请输入确认密码! ";
            txtPwd2.Focus();
            return;
        }
        if (txtNo.Text.Trim() == string.Empty)
        {
            lblErrorMessage.Text = "编号未输入,请输入姓名! ";
            txtNo.Focus();
            return;
        }
        if (txtName.Text.Trim() == string.Empty)
        {
            lblErrorMessage.Text = "姓名未输入,请输入姓名! ";
            txtName.Focus();
            return;
        }
        if (txtJoinDate.Text.Trim() == string.Empty)
        {
            lblErrorMessage.Text = "入校日期未输入,请输入入校日期! ";
            txtJoinDate.Focus();
            return;
        }
        if (txtMobile.Text.Trim() == string.Empty)
        {
            lblErrorMessage.Text = "个人电话未输入,请输入个人电话! ";
            txtMobile.Focus();
            return;
        }
        if (rblUserType.SelectedValue == Common.Constants.USER_ROLE_TEACHER)
        {
            if (txtTeaOfficeTel.Text.Trim() == string.Empty)
            {
                lblErrorMessage.Text = "办公电话未输入,请输入办公电话! ";
                txtTeaOfficeTel.Focus();
                return;
            }
            if (ddlDep.SelectedValue == "0")
            {
                lblErrorMessage.Text = "所属部门未选择,请选择部门! ";
                ddlDep.Focus();
                return;
            }
            if (ddlTitle.SelectedValue == "0")
            {
                lblErrorMessage.Text = "职称未选择,请选择职称! ";
                ddlTitle.Focus();
                return;
```

```csharp
        }
    }
    if (rblUserType.SelectedValue == Common.Constants.USER_ROLE_STUDENT)
    {
        if (ddlStuClass.SelectedValue == "0")
        {
            lblErrorMessage.Text = "所属班级未选择，请选择班级！";
            ddlStuClass.Focus();
            return;
        }
    }
    if (txtAddr.Text.Trim() == string.Empty)
    {
        lblErrorMessage.Text = "居住地址未输入，请输入居住地址！";
        txtAddr.Focus();
        return;
    }
    Model.sys.UtLoginModel utLoginModel = new Model.sys.UtLoginModel();
    utLoginModel.NickName = txtNickName.Text.Trim();
    utLoginModel.Pwd = txtPwd1.Text.Trim();
    utLoginModel.Role = rblUserType.SelectedValue;
    utLoginModel.Stat = Common.Constants.STAT_VALID;
    LoginManageBLL loginManageBLL = new LoginManageBLL();
    if (!loginManageBLL.addLogin(utLoginModel))
    {
        lblErrorMessage.Text = "添加登录信息失败，请检查信息是否正确";
        txtNickName.Focus();
        return;
    }
    long loginId = loginManageBLL.queryLoginId(txtNickName.Text.Trim(),
                txtPwd1.Text.Trim(), rblUserType.SelectedValue);

    if (rblUserType.SelectedValue == Common.Constants.USER_ROLE_TEACHER)
    {
        Model.basis.UtTeaModel utTeaModel = new Model.basis.UtTeaModel();
        utTeaModel.Addr = txtAddr.Text.Trim();
        utTeaModel.DepId = Convert.ToInt64(ddlDep.SelectedValue);
        utTeaModel.Gender = rblGender.SelectedValue;
        utTeaModel.JoinDate = Convert.ToDateTime( txtJoinDate.Text.Trim());
        utTeaModel.Mobile = txtMobile.Text.Trim();
        utTeaModel.OfficeTel = txtTeaOfficeTel.Text.Trim();
        utTeaModel.Stat = Common.Constants.STAT_VALID;
        utTeaModel.TeaName = txtName.Text.Trim();
        utTeaModel.TeaNo = txtNo.Text.Trim();
        utTeaModel.TitleID = Convert.ToInt64(ddlTitle.SelectedValue);
        utTeaModel.LoginId = loginId;

        TeaManageBLL teaManageBLL = new TeaManageBLL();
        if (!teaManageBLL.addTea(utTeaModel))
        {
            lblErrorMessage.Text = "注册失败，请重新注册！";
            rblUserType.Focus();
            return;
        }
        else
        {
            Response.Write("<script>alert('注册成功！');</script>");
            //保存登录信息
            Session.Add("loginId", loginId);
```

```
                Session.Add(Common.Constants.SESSION_USER_ROLE,
rblUserType.SelectedValue);
                //转发到用户页面
                Response.Redirect("/Front/ocss/TaskQuery.aspx");
    }
}

if (rblUserType.SelectedValue == Common.Constants.USER_ROLE_STUDENT)
{
    Model.basis.UtStuModel utStuModel = new Model.basis.UtStuModel();
    utStuModel.Addr = txtAddr.Text.Trim();
    utStuModel.ClassId = Convert.ToInt64(ddlStuClass.SelectedValue);
    utStuModel.Gender = rblGender.SelectedValue;
    utStuModel.JoinDate = Convert.ToDateTime(txtJoinDate.Text.Trim());
    utStuModel.Tel = txtMobile.Text.Trim();
    utStuModel.Stat = Common.Constants.STAT_VALID;
    utStuModel.StuName = txtName.Text.Trim();
    utStuModel.StuNo = txtNo.Text.Trim();
    utStuModel.LoginId = loginId;

    StuManageBLL stuManageBLL = new StuManageBLL();
    if (!stuManageBLL.addStu(utStuModel))
    {
        lblErrorMessage.Text = "注册失败，请重新注册！";
        rblUserType.Focus();
        return;
    }
    else
    {
        Response.Write("<script>alert('注册成功！');</script>");
        //保存登录信息
        Session.Add("loginId", loginId);
        Session.Add(Common.Constants.SESSION_USER_ROLE,
rblUserType.SelectedValue);
        //转发到用户主页
        Response.Redirect("/Front/ocss/SelectSubject.aspx");
    }
}
```

▶3. 修改 Default.aspx 页面

完成了 Default.aspx 页面的注册按钮，实现其转发到注册页面的功能。

（1）修改按钮属性，代码如下。

```
<asp:Button ID="btnRegister" runat="server" Text=" 注 册 "
    CssClass="button" onclick="btnRegister_Click" />
```

（2）实现注册按钮的 btnRegister_Click 事件，代码如下。

```
Response.Redirect("Front/Register.aspx");
```

▶4. 页面代码的保存与运行

代码输入完成，先将页面代码保存，然后按"F5"键或单击工具栏上的"运行"按钮运行该程序，程序运行后，经 Default.aspx 页面打开注册页面，显示如图 2-23 所示的效果。

2.4.2 子任务 2 学生选课页面设计

子任务 2 描述

利用 ASP.NET 的 GridView 控件实现前台 "学生选课" 页面设计和程序设计。网上选课系统前台 "学生网上选课" 页面及运行效果如图 2-24 所示。

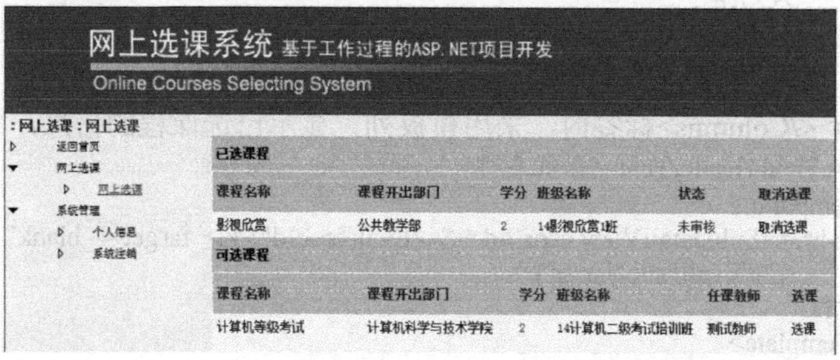

图 2-24 "学生网上选课" 页面及运行效果图

学生通过登录页面输入正确的学号及密码，进入网上选课页面时，在页面中显示该登录学生已选择过的课程信息列表以及显示可供选择的课程信息列表（不包括该登录学生已选择过的课程信息）。

技能目标

与 2.3.3 子任务 3 的技能目标相同。

操作要点与步骤

学生登录系统后，系统自动转发到网上选课页面，在该页面上，主要显示登录学生已选的课程列表和未选的课程列表。

网上选课功能开发主要包括页面设计、代码设计等，其中代码设计包括对 BLL 类库中的 TermManageBLL、StuManageBLL 类修改，添加处理网上选课业务的 SelectCourseManageBLL 类，以及实现网上选课页面的后置代码文件。

▶ 1. 添加 SelectSubject.aspx 窗体

（1）在 "Web" 项目的 "Front/ocss" 文件夹中，添加名称为 SelectSubject.aspx 的网上选课窗体，其母版页为 "master/OcssSite.Master"。

（2）在 <asp:Content></asp:Content> 标签内添加 4 行 1 列表格。

第 1 行：显示 "已选课程" 信息，代码如下。

```
<tr>
    <th>已选课程</th>
</tr>
```

第 2 行：显示 "已选课程" 列表的 GridView 控件，代码如下。

```
<tr>
    <td>
```

```
                <asp:GridView ID="gvSelectedSub" runat="server"
                    AutoGenerateColumns="False" CellPadding="4"
                    ForeColor="#333333" GridLines="None" HeaderStyle-Height="20px" >
                    <Columns>

                    </Columns>
                    <RowStyle BackColor="#F7F6F3" ForeColor="#333333" />
                    <PagerStyle BackColor="#284775"
                                ForeColor="White" HorizontalAlign="Center"/>
                    <AlternatingRowStyle BackColor="White" ForeColor="#284775" />
                </asp:GridView>
            </td>
        </tr>
```

在<Columns></Columns>标签内，采用模板列，显示已选课程的信息，代码如下。

```
<asp:TemplateField HeaderText="课程名称">
    <ItemTemplate >
        <a href='SubDetailView.aspx?id=<%#Eval("subId") %>' target="_blank">
            <%#Eval("subName") %>
        </a>
    </ItemTemplate>
    <ItemStyle Width="150px" />
</asp:TemplateField>
<asp:TemplateField HeaderText="课程开出部门">
    <ItemTemplate >
        <a href='DepDetailView.aspx?id=<%#Eval("subDepId") %>' target="_blank">
            <%#Eval("subDepName") %>
        </a>
    </ItemTemplate>
    <ItemStyle Width="150px" />
</asp:TemplateField>
<asp:TemplateField HeaderText="学分">
    <ItemTemplate >
        <%#Eval("credit") %>
    </ItemTemplate>
    <ItemStyle Width="30px" />
</asp:TemplateField>
<asp:TemplateField HeaderText="班级名称">
    <ItemTemplate >
        <a href='ClassDetailView.aspx?id=<%#Eval("classId") %>' target="_blank">
            <%#Eval("className") %>
        </a>
    </ItemTemplate>
    <ItemStyle Width="150px" />
</asp:TemplateField>
<asp:TemplateField HeaderText="状态">
    <ItemTemplate>
        <%#Eval("stat") %>
    </ItemTemplate>
    <ItemStyle Width="80px" />
</asp:TemplateField>
<asp:TemplateField HeaderText="取消选课">
    <ItemTemplate>
        <asp:LinkButton ID= "lbnDelete"
CommandArgument='<%# Eval("id") %>' runat="server"
            OnCommand= "lbnDelete_Click " OnClientClick= "return confirm( '确定取消选择这门课程?');" >
            取消选课
        </asp:LinkButton>
```

```
        </ItemTemplate>
        <ItemStyle Width="80px" />
</asp:TemplateField>
```

第3行：显示"可选课程"信息，代码如下。

```
<tr>
    <th>可选课程</th>
</tr>
```

第4行：显示"可选课程"列表的 GridView 控件，代码如下。

```
<tr>
    <td>
        <asp:GridView ID="gvSub" runat="server"
                    AutoGenerateColumns="False" CellPadding="4"
                    ForeColor="#333333" GridLines="None"
                    AllowPaging="True"   PageSize="15"
                    HeaderStyle-Height="20px"
                    onpageindexchanging="gvSub_PageIndexChanging" >
            <Columns>

            </Columns>
            <RowStyle BackColor="#F7F6F3" ForeColor="#333333" />
            <PagerStyle BackColor="#284775"
                        ForeColor="White" HorizontalAlign="Center"/>
            <AlternatingRowStyle BackColor="White" ForeColor="#284775" />
        </asp:GridView>
    </td>
</tr>
```

在 \<Columns\>\</Columns\> 标签内，采用模板列，显示可选课程的信息，代码如下。

```
<asp:TemplateField HeaderText="课程名称">
    <ItemTemplate >
        <a href='../../Admin/ocss/SubDetailView.aspx?id=<%#Eval("subId") %>'
        target="_blank">
        <%#Eval("subName") %>
        </a>
    </ItemTemplate>
    <ItemStyle Width="150px" />
</asp:TemplateField>
<asp:TemplateField HeaderText="课程开出部门">
    <ItemTemplate >
        <a href='../../Admin/ocss/DepDetailView.aspx?id=<%#Eval("subDepId") %>'
        target="_blank">
            <%#Eval("subDepName") %>
        </a>
    </ItemTemplate>
    <ItemStyle Width="150px" />
</asp:TemplateField>
<asp:TemplateField HeaderText="学分">
    <ItemTemplate >
        <%#Eval("credit") %>
    </ItemTemplate>
    <ItemStyle Width="30px" />
</asp:TemplateField>
<asp:TemplateField HeaderText="班级名称">
    <ItemTemplate >
        <a target="_blank"
        href='../../Admin/ocss/ClassDetailView.aspx?id=<%#Eval("classId") %>' >
            <%#Eval("className") %>
        </a>
    </ItemTemplate>
```

```
                <ItemStyle Width="150px" />
            </asp:TemplateField>
            <asp:TemplateField HeaderText="任课教师">
                <ItemTemplate >
                    <a href='../../Admin/ocss/TeaDetailView.aspx?id=<%#Eval("teaId") %>'
                        target="_blank">
                        <%#Eval("teaName") %>
                    </a>
                </ItemTemplate>
                <ItemStyle Width="80px" />
            </asp:TemplateField>
            <asp:TemplateField HeaderText="选课">
                <ItemTemplate>
                    <asp:LinkButton ID= "lbnSelect" CommandArgument='<%# Eval("id") %>'
                        OnCommand= "lbnSelect_Click " runat="server"
                        OnClientClick= "return confirm( '确定选择这门课程？');"  > 选课
                    </asp:LinkButton>
                </ItemTemplate>
                <ItemStyle Width="40px" />
            </asp:TemplateField>
```

网上选课页面用到了 2 个 GridView 以及 2 个内嵌在 GridView 控件中的 LinkButton 控件，各控件属性设置如表 2-33 所示。

表 2-33 子任务 2 网上选课页面控件主要属性设置表

控 件 名	属 性 名	设 置 值
GridView1	ID	gvSelectedSub
GridView2	ID	gvSub
	AllowPaging	True
	PageSize	15
	onpageindexchanging	gvSub_PageIndexChanging
LinkButton1	ID	lbnDelete
	CommandArgument	<%# Eval("id") %>
	OnCommand	lbnDelete_Click
	OnClientClick	return confirm('确定取消选择这门课程？');
LinkButton2	ID	lbnSelect
	CommandArgument	<%# Eval("id") %>
	OnCommand	lbnSelect_Click
	OnClientClick	return confirm('确定选择这门课程？');

▶ 2. SelectSubject.aspx 页面功能实现

完成了 SelectSubject.aspx 页面及各控件的属性设计后，还需要编写页面后置代码文件 SelectSubject.aspx.cs 程序，页面的后置代码文件将调用 SelectCourseManageBLL 类的 queryAllSelectedCourseByUserId ()方法实现查询已选课程，调用 queryAllNonSelectedCourse() 方法查询所有未选课程，调用 addSelectCourse()方法添加选课信息，调用 deleteSelectCourse() 方法删除选课信息；根据业务处理的需求，需要修改 TermManageBLL 类，在其中添加查询当前学期的 queryTerm()方法；修改 StuManageBLL 类，在其中添加根据登录 ID 查询学生信息的 queryStuByLoginId()方法。

（1）修改 TermManageBLL 类，添加 queryTerm()方法，代码如下。

```
/// <summary>
```

```csharp
/// 返回指定日期所在的学期
/// </summary>
/// <param name="dateTime"></param>
/// <returns></returns>
public UtTermModel queryTerm(DateTime dateTime)
{
    int startYear = dateTime.Year;
    int endYear = dateTime.Year + 1;
    int month = dateTime.Month;
    int termOrder = 0;
    if (month >= 2 && month <= 8)
    {
        startYear--;
        endYear--;
        termOrder = 2;
    }
    else
        termOrder = 1;
    UtTermModel utTermModel = new UtTermModel();
    utTermModel.StartYear = startYear.ToString();
    utTermModel.EndYear = endYear.ToString();
    utTermModel.TermOrder = termOrder.ToString();
    DataTable dt = utTermDAL.queryByCondition(utTermModel);
    if (dt.Rows.Count == 1)
    {
        utTermModel.Id = Convert.ToInt64(dt.Rows[0]["id"]);
        return utTermModel;
    }
    else
        return null;
}
```

(2) 修改 StuManageBLL 类，添加 queryStuByLoginId()方法，代码如下。

```csharp
/// <summary>
/// 根据登录 ID，查询学生信息
/// </summary>
/// <param name="id"></param>
/// <returns></returns>
public UtStuModel queryStuByLoginId(long id)
{
    UtStuModel utStuModel = new UtStuModel();
    utStuModel.Stat = Constants.STAT_VALID;
    utStuModel.LoginId = id;
    DataTable dt = utStuDAL.queryByCondition(utStuModel);
    utStuModel.Id = Convert.ToInt64(dt.Rows[0]["id"]);
    utStuModel.LoginId = Convert.ToInt64(dt.Rows[0]["loginId"]);
    utStuModel.ClassId = Convert.ToInt64(dt.Rows[0]["classId"]);
    utStuModel.StuNo = dt.Rows[0]["stuNo"].ToString();
    utStuModel.StuName = dt.Rows[0]["stuName"].ToString();
    utStuModel.Gender = dt.Rows[0]["gender"].ToString();
    utStuModel.JoinDate = Convert.ToDateTime(dt.Rows[0]["joinDate"]);
    utStuModel.Tel = dt.Rows[0]["tel"].ToString();
    utStuModel.Addr = dt.Rows[0]["addr"].ToString();
    utStuModel.Stat = dt.Rows[0]["stat"].ToString();
    return utStuModel;
}
```

(3) 实现网上选课业务处理类 SelectCourseManageBLL。

① 在 BLL 类库的 "front/ocss" 文件夹中，添加 SelectCourseManageBLL.cs 类，代码如下。

```csharp
/// <summary>
```

```csharp
/// 选课管理业务处理类
/// </summary>
public class SelectCourseManageBLL
{


}
```

② 添加类体属性，代码如下。

```csharp
/// <summary>
/// 学生课程关系表 DAL
/// </summary>
private UtStuSubRelationDAL utStuSubRelationDAL = new UtStuSubRelationDAL();
/// <summary>
/// 学生课程关系视图 DAL
/// </summary>
private UvStuSubRelationDAL uvStuSubRelationDAL = new UvStuSubRelationDAL();
/// <summary>
/// 教师课程关系表 DAL
/// </summary>
private UtTeaSubRelationDAL utTeaSubRelationDAL = new UtTeaSubRelationDAL();
/// <summary>
/// 教师课程关系视图 DAL
/// </summary>
private UvTeaSubRelationDAL uvTeaSubRelationDAL = new UvTeaSubRelationDAL();
/// <summary>
/// 学期管理业务处理对象
/// </summary>
private TermManageBLL termManageBLL = new TermManageBLL();
```

③ 添加根据登录用户查询该用户所有已选课程的 queryAllSelectedCourseByUserId()方法，代码如下。

```csharp
/// <summary>
/// 查询所有已选的课程
/// </summary>
/// <param name="id">用户 ID</param>
/// <returns>datatable 对象</returns>
public DataTable queryAllSelectedCourseByUserId(long id)
{
    UvStuSubRelationModel uvStuSubRelationModel = new UvStuSubRelationModel();
    uvStuSubRelationModel.TermId = termManageBLL.queryTerm(DateTime.Now).Id;
    uvStuSubRelationModel.StuId = id;
    DataTable dt = uvStuSubRelationDAL.queryByCondition(uvStuSubRelationModel);
    for (int i = 0; i < dt.Rows.Count; i++)
    {
        DataRow dr = dt.Rows[i];
        string subTypeNo = dr["subTypeNo"].ToString();
        if (subTypeNo.Substring(0, 2) == "BX")//移除必修课
        {
            dt.Rows.RemoveAt(i);
            i--;
            continue;
        }
        string stat = dr["stat"].ToString();
        if (stat == Common.Constants.STAT_OCSS_NOVERIFY)
            stat = Common.Constants.STAT_OCSS_NOVERIFY_CN;
        else if (stat == Common.Constants.STAT_OCSS_VERIFYNOTPASS)
            stat = Common.Constants.STAT_OCSS_VERIFYNOTPASS_CN;
        else if (stat == Common.Constants.STAT_OCSS_VERIFYPASS)
            stat = Common.Constants.STAT_OCSS_VERIFYPASS_CN;
```

```csharp
            dr["stat"] = stat;
        }
        return dt;
    }
```

④ 添加根据用户 ID 查询所有未选课程的 queryAllNonSelectedCourse()方法，代码如下。

```csharp
/// <summary>
/// 查询所有未选课程
/// </summary>
/// <returns>datatable 对象</returns>
public DataTable queryAllNonSelectedCourse(long id)
{
    //查询所有待选课程
    UvTeaSubRelationModel uvTeaSubRelationModel = new UvTeaSubRelationModel();
    uvTeaSubRelationModel.TermId = termManageBLL.queryTerm(DateTime.Now).Id;
    uvTeaSubRelationModel.Stat = Common.Constants.STAT_OCSS_VERIFYPASS;
    DataTable dtAllCourse = uvTeaSubRelationDAL.queryByCondition(uvTeaSubRelation Model);
    //查询所有已选课程
    UvStuSubRelationModel uvStuSubRelationModel = new UvStuSubRelationModel();
    uvStuSubRelationModel.TermId = termManageBLL.queryTerm(DateTime.Now).Id;
    uvStuSubRelationModel.StuId = id;
    DataTable dtSelectedCourse = uvStuSubRelationDAL.queryByCondition(uvStuSubRelationModel);
    //从待选课程中去除已选课程
    for (int i = 0; i < dtAllCourse.Rows.Count; i++)
    {
        long termId = Convert.ToInt64(dtAllCourse.Rows[i]["termId"]);
        long subId = Convert.ToInt64(dtAllCourse.Rows[i]["subId"]);
        long classId = Convert.ToInt64(dtAllCourse.Rows[i]["classId"]);
        string subTypeNo = dtAllCourse.Rows[i]["subTypeNo"].ToString();
        if (subTypeNo.Substring(0, 2) == "BX")//移除必修课
        {
            dtAllCourse.Rows.RemoveAt(i);
            i--;
            continue;
        }
        for (int j = 0; j < dtSelectedCourse.Rows.Count; j++)//移除已选课程
        {
            long termId1 = Convert.ToInt64(dtSelectedCourse.Rows[j]["termId"]);
            long subId1 = Convert.ToInt64(dtSelectedCourse.Rows[j]["subId"]);
            long classId1 = Convert.ToInt64(dtSelectedCourse.Rows[j]["classId"]);
            if (termId == termId1 && subId == subId1 && classId == classId1)
            {
                dtAllCourse.Rows.RemoveAt(i);
                i--;
                break;
            }
        }
    }
    return dtAllCourse;
}
```

⑤ 添加删除已选课程的 deleteSelectCourse()方法，代码如下。

```csharp
/// <summary>
/// 删除一门选课
/// </summary>
/// <param name="id">删除选课的 ID</param>
/// <returns>true_添加成功  false_添加失败</returns>
public bool deleteSelectCourse(long id)
{
```

```
        return utStuSubRelationDAL.delete(id);
}
```

⑥ 添加 addSelectCourse()方法，实现增加选课信息功能，代码如下。

```
/// <summary>
/// 添加一门选课
/// </summary>
/// <param name="utStuSubRelationModel">学生课程关系数据表封装对象</param>
/// <returns>true_添加成功  false_添加失败</returns>
public bool addSelectCourse(long taskId,long stuId)
{
    //查询教学任务
    UtTeaSubRelationModel utTeaSubRelationModel =
utTeaSubRelationDAL.queryById(taskId);
    //学习任务对象
    UtStuSubRelationModel utStuSubRelationModel = new UtStuSubRelationModel();
    utStuSubRelationModel.ClassId = utTeaSubRelationModel.ClassId;
    utStuSubRelationModel.StuId = stuId;
    utStuSubRelationModel.SubId = utTeaSubRelationModel.SubId;
    utStuSubRelationModel.TermId = utTeaSubRelationModel.TermId;
    utStuSubRelationModel.Stat = Common.Constants.STAT_OCSS_NOVERIFY;
    return utStuSubRelationDAL.save(utStuSubRelationModel);
}
```

（4）编写 SelectSubject.aspx 窗体的后置代码文件 SelectSubject.aspx.cs 程序。

① 添加类体属性，代码如下。

```
/// <summary>
/// 选课业务处理对象
/// </summary>
private SelectCourseManageBLL selectCourseManageBLL =
new SelectCourseManageBLL();
/// <summary>
/// 学生信息管理业务处理对象
/// </summary>
private StuManageBLL stuManageBLL = new StuManageBLL();
```

② 实现 Page_Load 事件，代码如下。

```
long loginId = Convert.ToInt64(Session["loginId"]);
long userId = stuManageBLL.queryStuByLoginId(loginId).Id;
//查询所有未选的课程，从教师课程关系视图中查询
WebCommonUtil.dt2GridView(selectCourseManageBLL.queryAllNonSelectedCourse(userId), gvSub);
//查询所有已选的课程，从学生课程关系视图中查询
WebCommonUtil.dt2GridView(selectCourseManageBLL.queryAllSelectedCourseByUserId(userId), gvSelectedSub);
```

③ 实现 lbnSelect 的 Click 事件，代码如下。

```
long id = Convert.ToInt64(e.CommandArgument.ToString());
//消息
string msg;
long loginId = Convert.ToInt64(Session["loginId"]);
long userId = stuManageBLL.queryStuByLoginId(loginId).Id;
if (selectCourseManageBLL.addSelectCourse(id,userId))
    msg = "   选课成功！ ";
else
    msg = "   选课失败！ ";
string url = "SelectSubject.aspx";
//重定向
Response.Write(
"<script>alert('" + msg + "');location.href='" + url + "'</script>");
```

④ 实现 lbnDelete 的 Click 事件，代码如下。

```
//得到 id
long id = Convert.ToInt64(e.CommandArgument.ToString());
//消息
string msg;
if (selectCourseManageBLL.deleteSelectCourse(id))
    msg = "  删除成功！ ";
else
    msg = "  删除失败！ ";
string url = "SelectSubject.aspx";
//重定向
Response.Write(
"<script>alert('" + msg + "');location.href='" + url + "'</script>");
```

⑤ 实现 gvSub 的 PageIndexChanging 事件，代码如下。

```
gvSub.PageIndex = e.NewPageIndex;
long userId = Convert.ToInt64(Session["loginId"]);
//查询所有未选的课程，从教师课程关系视图中查询
WebCommonUtil.dt2GridView(
            selectCourseManageBLL.queryAllNonSelectedCourse(userId), gvSub);
```

3. 页面代码的保存与运行

代码输入完成，先将页面代码保存，然后按"F5"键或单击工具栏上的"运行"按钮运行该程序。程序运行后，经 Default.aspx 页面打开注册页面，学生登录成功后，并进行选课，显示如图 2-24 所示的效果。

2.4.3 子任务 3 教师任务查看页面设计

子任务 3 描述

利用 ASP.NET 的 DropDownList、Button、GridView 等控件实现前台"教学任务查看"页面设计和程序设计。网上选课系统前台"教学任务"页面及运行效果如图 2-25 所示。

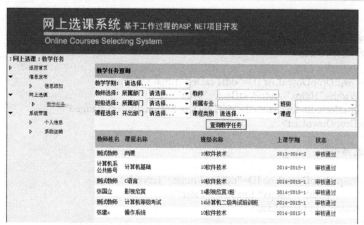

图 2-25 教学任务查看页面及运行效果图

教师通过登录页面输入正确的教师号及密码进入该页面时，页面默认选择当前学期的教学任务，教师可根据页面设置的查询条件查询相应的教学任务。当教师选择学期、教师、班

级及课程后，单击"查询教学任务"按钮时，在页面的下面会显示相应的教学任务。

 技能目标

与 2.3.3 子任务 3 的技能目标相同。

 操作要点与步骤

教学任务查看功能模块的开发主要包括页面设计和代码设计，其中代码设计包括 BLL 类库的 TeaManageBLL 类和 TaskManageBLL 类的修改，以及教学任务查看窗体后置代码文件的设计。

▶ 1. 添加 TaskQuery.aspx 窗体

（1）在"Web"项目的"Front/ocss"文件夹，添加 TaskQuery.aspx 窗体，母版页选择"master/OcssSite.Master"。

（2）在<asp:Content></asp:Content>标签内插入 8 行 7 列的表格。

第 1 行：显示"教学任务查询"信息，代码如下。

```
<tr>
    <th colspan="7">教学任务查询</th>
</tr>
```

第 2 行：教学学期选择，默认的教学学期为当前日期的下个学期，代码如下。

```
<tr>
    <td>教学学期：</td>
    <td colspan="2">
        <asp:DropDownList ID="ddlTerm" runat="server" Width="156px" >
        </asp:DropDownList>
    </td>
    <td colspan="4"></td>
</tr>
```

第 3 行：教师选择，采取级联选择的方式，根据教师所属部门的选择对教师进行筛选，代码如下。

```
<tr>
    <td>教师选择：</td>
    <td>所属部门</td>
    <td>
        <asp:DropDownList ID="ddlTeaDep" runat="server"
            Width="100px" AutoPostBack="True"
            onselectedindexchanged="ddlTeaDep_SelectedIndexChanged">
        </asp:DropDownList>
    </td>
    <td>教师</td>
    <td>
        <asp:DropDownList ID="ddlTea" runat="server"
            Width="140px" Enabled="False">
        </asp:DropDownList>
    </td>
    <td colspan="2"></td>
</tr>
```

第 4 行：班级选择，采取级联选择的方式，对部门下的专业以及专业下的班级进行筛选，代码如下。

```
<tr>
    <td>班级选择: </td>
    <td>所属部门</td>
    <td>
        <asp:DropDownList ID="ddlClassDep" runat="server"
            Width="100px" AutoPostBack="True"
            onselectedindexchanged="ddlClassDep_SelectedIndexChanged">
        </asp:DropDownList>
    </td>
    <td>所属专业</td>
    <td>
        <asp:DropDownList ID="ddlClassMajor" runat="server"
            Width="140px" AutoPostBack="True" Enabled="False"
            onselectedindexchanged="ddlClassMajor_SelectedIndexChanged" >
        </asp:DropDownList>
    </td>
    <td>班级</td>
    <td>
        <asp:DropDownList ID="ddlClass" runat="server"
            Width="140px" Enabled="False">
        </asp:DropDownList>
    </td>
</tr>
```

第 5 行：课程选择，采取级联选择的方式，对部门开设的课程以及课程类别组合筛选课程，代码如下。

```
<tr>
    <td style="width:60px;">课程选择: </td>
    <td style="width:54px;">开出部门</td>
    <td style="width:102px;">
        <asp:DropDownList ID="ddlSubDep" runat="server"
            Width="100px" AutoPostBack="True"
            onselectedindexchanged="ddlSubDep_SelectedIndexChanged">
        </asp:DropDownList>
    </td>
    <td style="width:54px;">课程类别</td>
    <td style="width:142px;">
        <asp:DropDownList ID="ddlSubType" runat="server"
            Width="140px" AutoPostBack="True"
            onselectedindexchanged="ddlSubType_SelectedIndexChanged">
        </asp:DropDownList>
    </td>
    <td style="width:30px;">课程</td>
    <td style="width:142px;">
        <asp:DropDownList ID="ddlSub" runat="server"
            Width="140px" Enabled="False">
        </asp:DropDownList>
    </td>
</tr>
```

第 6 行：显示错误提示信息，代码如下。

```
<tr>
    <td colspan="7" style="color:Red">
        <asp:Label ID="lblErrorMessage" runat="server" ></asp:Label>
    </td>
</tr>
```

第 7 行：查询教学任务的按钮，代码如下。

```
<tr>
    <td colspan="7" style="text-align:center;">
```

```
                <asp:Button ID="btnQuery" runat="server"
                    CssClass="button" Text="查询教学任务" onclick="btnQuery_Click" />
            </td>
        </tr>
```

第 8 行：采用 GridView 控件来显示"已分配的教学任务"信息或显示查询教学任务的信息，代码如下。

```
        <tr>
            <td colspan="7">
                <asp:GridView ID="gvTeaSub" runat="server" AutoGenerateColumns="False"
                    CellPadding="4" ForeColor="#333333" GridLines="None"
                    AllowPaging="True"    PageSize="15" HeaderStyle-Height="20px"
                    onpageindexchanging="gvTeaSub_PageIndexChanging" >
                    <Columns>

                    </Columns>
                    <RowStyle BackColor="#F7F6F3" ForeColor="#333333" />
                    <PagerStyle BackColor="#284775" ForeColor="White"
                            HorizontalAlign="Center"/>
                    <AlternatingRowStyle BackColor="White" ForeColor="#284775" />
                </asp:GridView>
            </td>
        </tr>
```

在<Columns></Columns>标签内，采用模板列，代码如下。

```
<asp:TemplateField HeaderText="教师姓名">
    <ItemTemplate >
        <a href='../../Admin/ocss/TeaDetailView.aspx?id=<%#Eval("teaId") %>'
           target="_blank">
            <%#Eval("teaName") %>
        </a>
    </ItemTemplate>
    <ItemStyle Width="60px" />
</asp:TemplateField>
<asp:TemplateField HeaderText="课程名称">
    <ItemTemplate >
        <a href='../../Admin/ocss/SubDetailView.aspx?id=<%#Eval("subId") %>'
           target="_blank">
            <%#Eval("subName") %>
        </a>
    </ItemTemplate>
    <ItemStyle Width="180px" />
</asp:TemplateField>
<asp:TemplateField HeaderText="班级名称">
    <ItemTemplate >
        <a target="_blank"
           href='../../Admin/ocss/ClassDetailView.aspx?id=<%#Eval("classId")%>'>
            <%#Eval("className") %>
        </a>
    </ItemTemplate>
    <ItemStyle Width="180px" />
</asp:TemplateField>
<asp:TemplateField HeaderText="上课学期">
    <ItemTemplate >
        <%#Eval("term") %>
    </ItemTemplate>
    <ItemStyle Width="80px" />
</asp:TemplateField>
<asp:TemplateField HeaderText="状态">
    <ItemTemplate >
```

```
            <%#Eval("stat") %>
        </ItemTemplate>
        <ItemStyle Width="100px" />
</asp:TemplateField>
```

查询教学任务用到了 10 个 DropDownList、1 个 Button 和 1 个 GridView 控件，各控件属性设置如表 2-34 所示。

表 2-34　子任务 3 内容层控件主要属性设置表

控件名	属性名	设置值
DropDownList1	ID	ddlTerm
	Width	156px
DropDownList2	ID	ddlTeaDep
	AutoPostBack	True
	onselectedindexchanged	ddlTeaDep_SelectedIndexChanged
	Width	100px
DropDownList3	ID	ddlTea
	Enabled	False
	Width	140px
DropDownList4	ID	ddlClassMajor
	AutoPostBack	True
	onselectedindexchanged	ddlClassDep_SelectedIndexChanged
	Width	100px
DropDownList5	ID	ddlClassDep
	AutoPostBack	True
	onselectedindexchanged	ddlClassMajor_SelectedIndexChanged
	Width	140px
DropDownList6	ID	ddlClass
	Width	140px
DropDownList7	ID	ddlSubDep
	AutoPostBack	True
	onselectedindexchanged	ddlSubDep_SelectedIndexChanged
	Width	100px
DropDownList8	ID	ddlSubType
	AutoPostBack	True
	onselectedindexchanged	ddlSubType_SelectedIndexChanged
	Width	140px
DropDownList9	ID	ddlSub
	Width	140px
Button1	ID	btnQuery
	CssClass	button
	Text	查询教学任务
	onclick	btnQuery_Click
GridView1	ID	gvTeaSub
	AutoGenerateColumns	False
	AllowPaging	True
	PageSize	15
	onpageindexchanging	gvTeaSub_PageIndexChanging

● 2. TaskQuery.aspx 页面功能实现

完成了 TaskQuery.aspx 页面及各控件的属性设计后，还需要编写页面后置代码文件 TaskQuery.aspx.cs 程序，页面的后置代码文件将调用 TaskManageBLL 类进行业务逻辑处理，需要修改 TaskManageBLL 类进行业务处理，在其中添加查询教学任务的方法；修改 TeaManageBLL 类，在其中添加根据登录 ID 查询教师信息的方法。

（1）修改 TeaManageBLL 类，添加 queryTeaInfoByLoginId()方法。修改 BLL 类库"Admin/ocss"中的 TeaManageBLL 类，添加 queryTeaInfoByLoginId()方法，代码如下。

```csharp
/// <summary>
/// 根据登录 ID，查询教师信息
/// </summary>
/// <param name="loginId">登录 ID</param>
/// <returns>教师信息封装对象</returns>
public UtTeaModel queryTeaInfoByLoginId(long loginId)
{
    UtTeaModel utTeaModel = new UtTeaModel();
    utTeaModel.LoginId = loginId;
    utTeaModel.Stat = Constants.STAT_VALID;
    DataTable dt = utTeaDAL.queryByCondition(utTeaModel);
    utTeaModel.Id = Convert.ToInt64(dt.Rows[0]["id"]);
    utTeaModel.LoginId = Convert.ToInt64(dt.Rows[0]["loginId"]);
    utTeaModel.DepId = Convert.ToInt64(dt.Rows[0]["depId"]);
    utTeaModel.TitleID = Convert.ToInt64(dt.Rows[0]["titleID"]);
    utTeaModel.TeaNo = dt.Rows[0]["teaNo"].ToString();
    utTeaModel.TeaName = dt.Rows[0]["teaName"].ToString();
    utTeaModel.Gender = dt.Rows[0]["gender"].ToString();
    utTeaModel.JoinDate = Convert.ToDateTime(dt.Rows[0]["joinDate"]);
    utTeaModel.OfficeTel = dt.Rows[0]["officeTel"].ToString();
    utTeaModel.Mobile = dt.Rows[0]["mobile"].ToString();
    utTeaModel.Addr = dt.Rows[0]["addr"].ToString();
    utTeaModel.Stat = dt.Rows[0]["stat"].ToString();
    return utTeaModel;
}
```

（2）修改 TaskManageBLL 类，添加 queryTeachTask()方法。修改 BLL 类库"Admin/ocss"中的 TaskManageBLL 类，添加 queryTeachTask()方法，代码如下。

```csharp
/// <summary>
/// 根据条件查询教学任务
/// </summary>
/// <param name="uvTeaSubRelationModel">查询条件封装对象</param>
/// <returns>datatable 对象</returns>
public DataTable queryTeachTask(UvTeaSubRelationModel uvTeaSubRelationModel)
{
    DataTable dt = uvTeaSubRelationDAL.queryByCondition(uvTeaSubRelationModel);
    for (int i = 0; i < dt.Rows.Count; i++)
    {
        string stat = dt.Rows[i]["stat"].ToString();
        if (stat == Common.Constants.STAT_OCSS_NOVERIFY)
            stat = Common.Constants.STAT_OCSS_NOVERIFY_CN;
        else if (stat == Common.Constants.STAT_OCSS_VERIFYNOTPASS)
            stat = Common.Constants.STAT_OCSS_VERIFYNOTPASS_CN;
        else if (stat == Common.Constants.STAT_OCSS_VERIFYPASS)
            stat = Common.Constants.STAT_OCSS_VERIFYPASS_CN;
        dt.Rows[i]["stat"] = stat;
    }
    return dt;
}
```

(3) 设计 TaskQuery.aspx 窗体后置代码文件 TaskQuery.aspx.cs 程序。

① 在后置代码文件 TaskQuery.aspx.cs 中添加类体变量，代码如下。

```csharp
/// <summary>
/// 部门管理业务处理对象
/// </summary>
private DepManageBLL depManageBLL = new DepManageBLL();
/// <summary>
/// 专业管理业务处理对象
/// </summary>
private MajorManageBLL majorManageBLL = new MajorManageBLL();
/// <summary>
/// 课程类别管理业务处理对象
/// </summary>
private SubTypeManageBLL subTypeManageBLL = new SubTypeManageBLL();
/// <summary>
/// 教学任务管理业务处理对象
/// </summary>
private TaskManageBLL taskManageBLL = new TaskManageBLL();
```

② 后置代码文件 TaskQuery.aspx.cs 中 Page_Load 事件代码如下。

```csharp
if (Page.IsPostBack == false)
{
    //绑定部门下拉列表框
    DataTable dtDep = depManageBLL.queryAllValidDep();
    dtDep = WebCommonUtil.addDdlFirstItem2DataTable(dtDep, "depName", "id", 0);
    WebCommonUtil.dt2DropDownList(dtDep, ddlTeaDep, "depName", "id");
    WebCommonUtil.dt2DropDownList(dtDep, ddlSubDep, "depName", "id");
    WebCommonUtil.dt2DropDownList(dtDep, ddlClassDep, "depName", "id");
    //绑定课程类型下拉列表框
    DataTable dtSubType = subTypeManageBLL.queryAllValidSubType();
    dtSubType = WebCommonUtil.addDdlFirstItem2DataTable(dtSubType, "name", "id", 0);
    WebCommonUtil.dt2DropDownList(dtSubType, ddlSubType, "name", "id");
    //绑定学期下拉列表框
    TermManageBLL termManageBLL = new TermManageBLL();
    Model.basis.UtTermModel utTermModel = termManageBLL.queryNextTerm(DateTime.Now);
    DataTable dtTerm = termManageBLL.queryAllTerm();
    dtTerm = WebCommonUtil.addDdlFirstItem2DataTable(dtTerm,"term","id",0);
    WebCommonUtil.dt2DropDownList(dtTerm, ddlTerm, "term", "id");
    ddlTerm.SelectedValue = utTermModel.Id.ToString();
    //获取 Session 中教师 loginId
    long loginId = Convert.ToInt64(Session["loginId"]);
    long userId = new TeaManageBLL().queryTeaInfoByLoginId(loginId).Id;
    //查询已分配的教学任务
    UvTeaSubRelationModel uvTeaSubRelationModel = new UvTeaSubRelationModel();
    uvTeaSubRelationModel.TeaId = userId;
    uvTeaSubRelationModel.TermId = termManageBLL.queryTerm(DateTime.Now).Id;
    WebCommonUtil.dt2GridView(taskManageBLL.queryTeachTask(uvTeaSubRelationModel), gvTeaSub);
}
```

③ 后置代码文件 TaskQuery.aspx.cs 中"教学任务查询"按钮的 Click 事件代码如下。

```csharp
Model.ocss.UvTeaSubRelationModel uvTeaSubRelationModel = new Model.ocss.UvTeaSubRelationModel();
uvTeaSubRelationModel.TermId = Convert.ToInt64(ddlTerm.SelectedValue);
uvTeaSubRelationModel.TeaDepId = Convert.ToInt64(ddlTeaDep.SelectedValue);
if(ddlTea.Enabled)
    uvTeaSubRelationModel.TeaId = Convert.ToInt64(ddlTea.SelectedValue);
uvTeaSubRelationModel.SubDepId = Convert.ToInt64(ddlSubDep.SelectedValue);
if(ddlSub.Enabled)
```

```
            uvTeaSubRelationModel.SubId = Convert.ToInt64(ddlSub.SelectedValue);
    uvTeaSubRelationModel.SubTypeId = Convert.ToInt64(ddlSubType.SelectedValue);
    uvTeaSubRelationModel.ClassDepId = Convert.ToInt64(ddlClassDep.SelectedValue);
    if(ddlClass.Enabled)
            uvTeaSubRelationModel.ClassId = Convert.ToInt64(ddlClass.SelectedValue);
    if(ddlClassMajor.Enabled)
            uvTeaSubRelationModel.MajorId = Convert.ToInt64(ddlClassMajor.SelectedValue);
    WebCommonUtil.dt2GridView(taskManageBLL.queryTeachTask(uvTeaSubRelationModel),
gvTeaSub);
```

④ GridView 控件的 PageIndexChanging 事件代码如下。

```
gvTeaSub.PageIndex = e.NewPageIndex;
Model.ocss.UvTeaSubRelationModel uvTeaSubRelationModel = new
        Model.ocss.UvTeaSubRelationModel();
uvTeaSubRelationModel.TermId = Convert.ToInt64(ddlTerm.SelectedValue);
uvTeaSubRelationModel.TeaDepId = Convert.ToInt64(ddlTeaDep.SelectedValue);
if (ddlTea.Enabled)
        uvTeaSubRelationModel.TeaId = Convert.ToInt64(ddlTea.SelectedValue);
uvTeaSubRelationModel.SubDepId = Convert.ToInt64(ddlSubDep.SelectedValue);
if (ddlSub.Enabled)
        uvTeaSubRelationModel.SubId = Convert.ToInt64(ddlSub.SelectedValue);
uvTeaSubRelationModel.SubTypeId = Convert.ToInt64(ddlSubType.SelectedValue);
uvTeaSubRelationModel.ClassDepId = Convert.ToInt64(ddlClassDep.SelectedValue);
if (ddlClass.Enabled)
        uvTeaSubRelationModel.ClassId = Convert.ToInt64(ddlClass.SelectedValue);
if (ddlClassMajor.Enabled)
        uvTeaSubRelationModel.MajorId = Convert.ToInt64(ddlClassMajor.SelectedValue);
WebCommonUtil.dt2GridView(taskManageBLL.queryTask(uvTeaSubRelationModel), gvTeaSub);
```

⑤ 其他 DropDownList 级联，请参照"教学任务分配"页面实现。

3. 页面代码的保存与运行

代码输入完成，先将页面代码保存，然后按"F5"键或单击工具栏上的"运行"按钮运行该程序，程序运行后，教师经登录成功后，转到教学任务查询页面，显示如图 2-25 所示的效果。

2.5 任务 5：网上选课系统测试

任务描述

完成"教学任务分配"单元测试。目的是测试"教学任务分配"页面能否完成管理员将课程分配给教师的功能。

技能目标

① 能掌握网上选课系统"教学任务分配"单元测试用例的设计方法；
② 能学会利用设计的单元测试用例进行"教学任务分配"单元测试。

操作要点与步骤

(1) 后台管理员登录后台,选择"教学任务分配"导航菜单,为单元测试做好准备工作。
(2) 按表 2-35 设计网上选课系统"教学任务分配"单元测试用例。

表 2-35 网上选课系统"教学任务分配"单元测试用例

"教学任务分配"单元测试用例设计					
"教学任务分配"功能是否正确					
前提条件					
1. 教师表有测试的教师记录;课程表有测试的课程;其他基础信息数据表已存在测试的数据					
2. 进入此后台的人员为系统管理员或有"教学任务分配"权限的人员					
输入/动作					
页面					
	测试用例阶段			实际测试阶段	
页面操作	判断方法	期望输出	实际输出	备注
打开页面	查看 uv_ocss_teacherSubjectRelation 视图	页面已分配课程列表中数据和视图中数据一致	与期望一致	
	查看学期下拉列表框列表项	列表项和 ut_base_term 数据表数据一致且默认选择当前日期的下一个学期	与期望一致	
	教师所属部门、班级所属部门、课程开出部门下拉列表框列表项	列表项和 ut_base_department 数据表一致,且显示有效的部门	与期望一致	
	课程类型列表框下拉列表项	列表项和 ut_base_subType 数据表一致	与期望一致	
改变教师所属部门下拉列表框	教师下拉列表框有下拉选项	教师下拉列表框显示该部门的教师列表	与期望一致	
改变班级所属部门下拉列表框	专业下拉列表框有下拉选项	列表项和 ut_base_major 数据表一致,且显示该部门下的所有有效专业	与期望一致	
改变班级所属专业下拉列表框	班级下拉列表框有下拉选项	列表项和 ut_base_class 数据表一致,且显示该专业下的所有有效班级	与期望一致	
改变课程开出部门下拉列表框或课程类别下拉列表框	课程下拉列表框有下拉选项	列表项和 ut_base_subject 数据表一致,且显示该部门的指定课程类型的所有课程	与期望一致	
提交任务分配	查看 uv_ocss_teacherSubjectRelation 视图	正确分配,弹出分配成功信息,同时信息插入到 ut_ocss_teacherSubjectRelation 表中;分配不成功,弹出分配失败信息	与期望一致	
数据表(ut_ocss_teacherSubjectRelation)					
	测试用例阶段			实际测试阶段	
字段名称	描述	判断方法	期望输出	实际输出	备注
ID	主键,自动增长	在数据库中查看	自动增长	与期望一致	
subId	课程 ID	在 ut_base_subject 表中查看是否正确	与课程表主键 ID 值一致	与期望一致	

续表

测试用例阶段				实际测试阶段	
字段名称	描述	字段名称	描述	字段名称	描述
teaId	教师ID	在 ut_base_teacher 表中查看是否正确	与教师表主键ID值一致	与期望一致	
termId	学期ID	在 ut_base_term 表中查看是否正确	与学期表主键ID值一致	与期望一致	
classId	班级ID	在 ut_base_class 表中查看是否正确	与班级表主键ID值一致	与期望一致	
stat	状态	值为2：审核通过	2	与期望一致	

期望输出	
"教学任务分配"模块功能均正确实现	
实际情况（测试时间与描述）	
功能正确实现	
测试结论	通过

（3）按表2-24设计网上选课系统"教学任务分配"单元测试用例进行测试：根据表中测试用例的"判断方法"测试"实际输出"是否与"期望输出"一致。

（4）按表2-24设计网上选课系统"教学任务分配"单元测试用例进行实际的测试，测试所有的"期望输出"是否全部满足，最后得出"测试结论"是通过或不通过。

2.6 任务6：部署、维护（发布站点预编译）

Web应用程序的安装和部署是一个很重要的工作，因为Web应用程序开发出来的最终目的是让广大的用户使用，但是不能要求每个用户的计算机上都安装编程软件的开发环境，所以要使自己开发的应用程序能够安装和部署在其他机器上，并且能够脱离开发环境运行。

学习情境1"信息发布系统"的任务6部署工作是完全手工配置完成的，这样的部署不仅速度慢，而且存在很多不安全的因素。学习情境1的部署存在以下缺陷。

① 由于学习情境1所有数据库连接字符串代码是写在每个页面的代码中的，所以当用户数据库服务器的用户名和密码与开发环境的数据库服务器的用户名和密码不一致时，就需要修改每个页面的代码。

② 由于是源代码部署，所以存在不安全因素。用户可以修改源程序，可能造成系统的瘫痪。

为了克服以上的缺陷①，在学习情境2"网上选课系统"中所有数据库连接字符串代码没有写在每个页面的代码中，而是数据库连接字符串写在Web.config文件中，而网上选课系统中所有页面中用到数据库连接字符串时，都到Web.config文件中读取，这样的系统在部署到用户的服务器上时，不需要修改每个页面的代码，只需修改Web.config文件中数据库连接字符串的信息即可。

为了克服以上的缺陷②，在学习情境2"网上选课系统"中使用"发布站点预编译"功能来部署网上选课系统。采用"发布站点预编译"功能发布比起简单的复制Web站点到一个目标Web服务器有以下的优点。

① "发布站点预编译"功能能找出在整个站点的所有编译错误，并且在配置文件中识别错误。

② 因为页面已经被编译，初始化单独页面速度更快（如果复制页面到一个站点而不是编译它们，在第一次请求时，页面会被编译并且已编译的代码会被装载）。

③ 为了给文件提供更多的安全性，不能将源代码和网站一起部署。

任务描述

使用"发布站点预编译"功能来部署网上选课系统。将开发环境下的网上选课系统的源程序进行预编译发布，并且要求不允许在部署后更改所有.aspx 页面的布局。

**技能目标**

掌握"发布站点预编译"功能的操作。

操作要点与步骤

采用"发布站点预编译"功能发布网上选课系统站点到一个目标 Web 服务器的具体操作步骤如下。

（1）VS.NET 2010 打开解决方案 OnlineExam。

（2）右击 Web 项目，从弹出的快捷菜单中选择"发布(B)…"选项，打开"发布 Web"对话框，如图 2-26 所示。在发布方法下拉框中选择"文件系统"，在目标位置的文本框中输入"C:\OCSS"，然后单击"发布"按钮。

（3）修改 IIS 的虚拟目录。参照图 1-47，将物理路径改为"C:\OCSS"。

图 2-26 "发布 Web"对话框

🔍 **说明**

发布操作的目的地可以是以下任意一种类型：
① Web 部署；
② FTP；

③ 文件系统；
④ FPSE。

> **说明**
>
> 打开"C:\OCSS"文件夹，查看经预编译的网站信息，所有的.cs 源代码文件被编译成 DLL 文件并存放在 bin 文件夹内，用户不可做修改。

（4）在另一台计算机上打开浏览器，在浏览器的地址栏中输入部署服务器的 IP 地址（如 http://192.168.107.12），则可以打开网上选课系统的首页。

练习园地 2

一、基础题

1．简述"母版页"的作用。

2．简述"母版页"中 TreeView 控件的 DataSourceID 属性如何配置。

3．在"母版页"中 SiteMapDataSource 控件有一个 SiteMapProvider 属性，在设置这个属性之前，需要做什么？

4．请说出在"母版页"中 SiteMapPath 控件的作用，SiteMapPath 控件的 SiteMapProvider 属性如何设置？

5．在对 SiteMapDataSource 控件和 SiteMapPath 控件设置了 SiteMapProvider 属性后，在 Web.config 文件中如何配置？

6．请说出运用站点地图（SiteMap）技术的好处。

7．请说出 GridView 控件的常用属性及常用方法，需要进行哪些设置，才能实现对 GridView 控件的分页？

8．在网上选课系统后台教学任务分配时，如何实现当同一学期、同一个班级和同一门课被重复选择分配是不允许的功能？

二、实战题

1．请将学习情境 1 "信息发布系统"登录后台的程序改成输入"登录 ID"和"密码"登录。

2．请参照"网上选课系统"的实现过程，改造学习情境 1 "信息发布系统"。

3．请参照 2.4.2 子任务 2 网上选课系统前台学生选课页面设计，完成 2.4.3 子任务 3 网上选课系统前台教师任务查看页面设计，实现教师只能查看自己的课程。

4．请将学习情境 2 "网上选课系统"中母版页用到的 TreeView 控件换成 Menu 控件，完成导航的任务。

三、挑战题

1．数据库设计中未采用外键约束，请思考这样设计有何优缺点。

2．请说出学习情境 2 "网上选课系统"的"母版页"OcssSite.Master.cs 中 Page_Load 事件代码段的实际意义并在以后的应用中巧妙地运用，代码如下。

```
protected void Page_Load(object sender, EventArgs e)
{
    if(Page.IsPostBack == false)//页面首次加载
```

```csharp
        }
        //未登录或登录失效，转发到登录页面
        if (Session[Constants.SESSION_USER_ROLE] == null)
            Response.Redirect("~/Default.aspx");
        //获取 Session 中的用户角色
        string role = Session[Constants.SESSION_USER_ROLE].ToString();
        string siteMapProvider = string.Empty;
        //根据角色值，设置 siteMapDataSource 和 siteMapPath 的站点地图
        if(role==Constants.USER_ROLE_ADMIN)
            siteMapProvider = "adminSiteMap";
        else if(role == Constants.USER_ROLE_TEACHER)
            siteMapProvider = "teaSiteMap";
        else if (role == Constants.USER_ROLE_STUDENT)
            siteMapProvider = "stuSiteMap";
        siteMapDataSource.SiteMapProvider = siteMapProvider;
        siteMapPath.SiteMapProvider = siteMapProvider;
    }
}
```

学习情境 3
在线考试——网上考试系统

【学习目标】 按"需求分析"、"软件设计"、"编码"、"测试"和"部署、维护"软件开发的 5 个工作过程进行学习情境 3"网上考试系统"的学习,学生通过学习"网上考试系统"情境,完成软件公司新人"转正"阶段的工作。"网上考试系统"是整个学习领域中的最后一个学习情境,该情境是在总结前面两个学习情境的基础上,对知识进行巩固、深化,从而达到综合应用所学知识的目的;本情境加强了 Session 的综合应用,目的是为了进一步提高系统的安全性;为了使系统更具先进性,本情境还使用了当前较为流行的 Ajax 技术,从而实现了页面局部刷新功能。学生通过学习"网上考试系统"情境,将更熟练地掌握 GridView 控件、SiteMap 控件、RadioButtonList 控件、Ajax 控件以及自定义控件的作用方法,掌握更多、更实用的 ASP.NET 程序设计的知识,从而进一步缩小了学生综合应用能力与企业需求之间的差距。

3.1 任务 1:需求分析

任务 1 描述

按照软件开发要求,完成"网上考试系统"的需求分析。

技能目标

① 能掌握软件的需求分析方法;
② 能熟练运用建模软件(如 Visio、Rational Rose 等)对系统进行需求分析,并画出系统功能模块图、用例图。

为了能让学生在网上成功地在指定考试时间内进行考试,网上考试系统在网上选课系统的基础上,增加了题库管理、试卷管理、考试、阅卷及考试结果查询等功能。

网上考试系统分为后台管理模块和前台管理模块。后台管理模块包括题库管理、试卷管理和答卷管理,其中题库管理包括题库添加、题库查询、题库修改等;试卷管理包括试卷生成、试卷查询、试卷详情查看和启用/停用试卷等;答卷管理包括批阅试卷;前台管理模块包括网上考试和考试结果查询等。图 3-1 是网上考试系统的功能模块图。

(1)如图 3-1 所示,题库管理功能模块包括题库添加、题库修改、题库查询 3 个子功能模块。

题库添加子功能模块：在教师登录后，根据担任教学任务的课程，选择其所担任教学任务的课程，向该门课程中添加相应的试题。

题库查询子功能模块：在教师登录后，选择课程、章节、试题类型进行查询。通过查询列表，教师可以查看试题的详情、进行试题修改等操作。

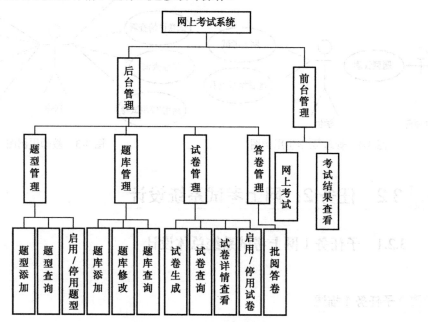

图 3-1　网上考试系统的功能模块图

（2）如图 3-1 所示，试卷管理功能模块主要包括试卷生成、试卷查询、试卷详情查看和启用/停用试卷 4 个子功能模块。

试卷生成子功能模块：在教师登录后，根据担任教学任务的课程，选择其所担任教学任务的课程，填入该试卷的名称、考试时长、考试时间、各章节试题的数量和试题题型、分值等试卷信息，根据以上试卷信息生成相应的试卷，试卷生成成功后弹出"试卷添加成功"的提示信息。

试卷详情查看子功能模块：在教师添加试卷功能后，在显示某课程下所有试卷的列表上单击列表上的链接，便可以查看试卷详情。

（3）如图 3-1 所示，答卷管理功能模块包括批阅答卷子模块，该模块是在教师登录并选择课程后，列出待批阅的答卷列表，教师选择未批阅的答卷进行批阅。

（4）如图 3-1 所示，学生主要完成前台网上考试和考试结果查看两个子模块的操作。

学生登录后，从试卷列表中选择可参加考试的链接，进入网上考试模块，在考试模块中，主要显示考生基本信息、试卷基本信息。学生完成网上考试后，单击交卷，提交考试所有答卷信息，完成网上考试。

在教师批阅试卷后，学生可以查询其考试的结果，该功能由考试结果查看子模块实现。

网上考试系统涉及管理员、教师和学生三个角色。管理员经登录后，可对试题类型进行管理；教师登录后，可对题库管理、试卷管理和答卷管理进行操作；学生登录后，可进行网上考试并可及时查看考试结果。

图 3-2 为管理员和学生用例图，管理员用例包括试题类型管理用例；学生用例包括网上

考试和考试结果查看用例。图 3-3 为教师用例图，教师用例包括题库添加、修改、查看，以及试卷的生成、试卷详情查看、试卷查询、启用/停用试卷和批阅答卷等用例。

图 3-2 管理员/学生用例图　　　　　　图 3-3 教师用例图

3.2 任务 2：网上考试系统设计

3.2.1 子任务 1 网上考试系统总体设计

按照软件开发要求，完成"网上考试系统"的总体设计。

① 能掌握软件的总体设计方法；
② 能熟练运用建模软件（如 Visio、Rational Rose 等）对系统进行需求分析，并画出系统功能模块时序图。

题库添加时序图：在教师登录进入系统后，根据所担任的课程，对课程相应各章节进行试题添加，从而完成该门课程题库的添加工作，图 3-4 为试题添加时序图。

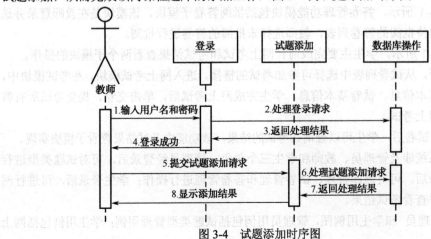

图 3-4 试题添加时序图

题库修改时序图：在教师登录进入系统后，根据所担任的课程，查询该课程下所有的试题，对需要修改的试题进行修改，从而完成题库的修改优化工作，图3-5为试题修改时序图。

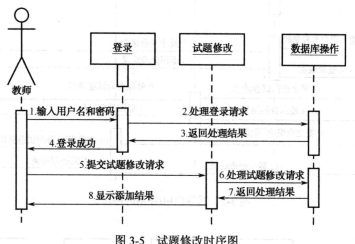

图3-5 试题修改时序图

试卷生成时序图：在教师登录进入系统后，根据担任教学任务的课程，选择其所担任教学任务的课程，填入该试卷的名称、考试时长、考试时间、各个章节试题的数量和试题题型分值等试卷信息，提交后，在该门课的题库中进行随机抽取试题，从而生成试卷，图3-6为试卷生成时序图。

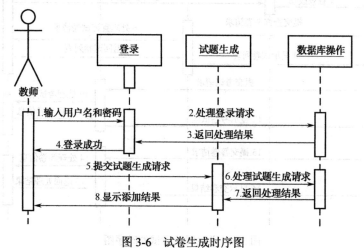

图3-6 试卷生成时序图

试卷启用/停用时序图：在教师登录进入系统后，根据"网上选课系统"中分配的教学任务，选择担任的课程，查看该课程的试卷，对试卷进行启用/停用操作，图3-7为试卷启用/停用时序图。

网上考试是"网上考试系统"的核心模块之一，考生登录进入系统后，查看自己考试的试卷列表。在考试模块中要判断当前是否在本场考试时间范围（考试时间范围为开考到考试开始后15分钟之内）。如果没有可选的考场，则学生无法进行考试；如果有可选的考场，则允许学生从试卷列表中选择试卷进入考试状态。图3-8为学生网上考试的时序图。

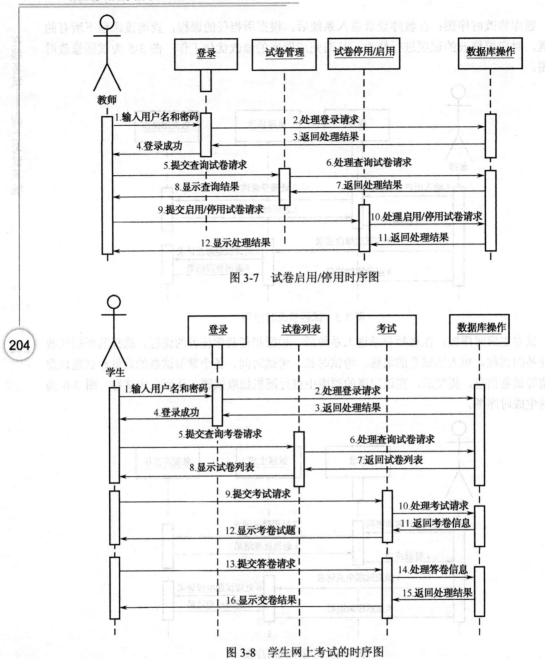

图 3-7 试卷启用/停用时序图

图 3-8 学生网上考试的时序图

3.2.2 子任务 2 网上考试系统数据库设计

设计合理的数据库表的结构，不仅有利于网上考试系统的开发，而且有利于提高网上考试系统的性能。

 子任务 2 描述

根据网上考试系统的需求分析及总体设计开发要求，设计合理、够用、符合规范的"网上考试系统"数据库。

 技能目标

① 能掌握数据库表设计方法；
② 能掌握视图建立的方法。

根据网上考试系统的需求分析及总体设计，网上考试系统在网上选课系统数据库基础上增加了章节表 ut_base_chap、试题类型表 ut_exam_questionType、试题表 ut_exam_question、试题选项内容表 ut_exam_selectContent、试卷表 ut_exam_paper、试卷详情表 ut_exam_paperDetail、试卷分值表 ut_exam_paperPoint、考生答卷表 ut_exam_studentAnswer 和考生答卷详情表 ut_exam_studentAnswerDetail 等数据表。

章节表 ut_exam_chap 主要保存课程章节基本信息，主要包括章节所属的课程、章节名称、章节状态等信息，章节表的结构如表 3-1 所示。

表 3-1 章节表（ut_base_chap）

字段名称	数据类型	主键	是否为空	描述
ID	bigint	是	否	主键，自动增长
subId	bigint	否	否	课程 ID
chapName	nvarchar(50)	否	否	章节名称
stat	char(1)	否	否	状态 1_正常 0_停用，默认值为 1

试题类型表 ut_exam_questionType 主要保存试题类型的基本信息，主要包括试题类型编号、类型名称以及类型的状态等信息，试题类型表的结构如表 3-2 所示。

表 3-2 试题类型表（ut_exam_questionType）

字段名称	数据类型	主键	是否为空	描述
ID	bigint	是	否	主键，自动增长
typeNo	char(4)	否	否	试题类型编号
typeName	nvarchar(50)	否	否	试题类型名称
stat	char(1)	否	否	状态 1_正常 0_停用，默认值为 1

试题表 ut_exam_question 主要保存试题基本信息，主要包括试题所属的章节、试题类型、试题题干内容、试题状态等信息，试题表的结构如表 3-3 所示。

表 3-3 试题表（ut_exam_question）

字段名称	数据类型	主键	是否为空	描述
ID	bigint	是	否	主键，自动增长
chapId	bigint	否	否	章节 ID
questionTypeId	int	否	否	试题类型 ID
questionContent	nvarchar(200)	否	否	试题内容
stat	char(1)	否	否	状态 1_正常 0_停用，默认值为 1

试题选项内容表 ut_exam_selectContent 主要保存试题选项内容及选项所属的试题题干的 ID、是否正确等信息，试题选项内容表的结构如表 3-4 所示。

表 3-4 试题选项内容表（ut_exam_selectContent）

字段名称	数据类型	主键	是否为空	描述
ID	bigint	是	否	主键，自动增长
questionId	bigint	否	否	试题 ID
selectContent	nvarchar(100)	否	否	选项内容
correct	char(1)	否	否	是否正确，0_错误 1_正确

试卷表 ut_exam_paper 主要保存试卷所属的课程、试卷编号、试卷名称、创建日期、考试时间和考试时长等基本信息，试卷表的结构如表 3-5 所示。

表 3-5 试卷表（ut_exam_paper）

字段名称	数据类型	主键	是否为空	描述
ID	bigint	是	否	主键，自动增长
subId	bigint	否	否	课程 ID
paperNo	char(12)	否	否	试卷编号 日期 8 位（YYYYMMDD）+4 位序号
paperName	nvarchar(50)	否	否	试卷名称
createDate	datetime	否	否	创建日期
examDate	datetime	否	否	考试时间
timeLength	int	否	否	时长
stat	char(1)	否	否	状态 1_正常 0_停用，默认值为 1

试卷详情表 ut_exam_paperDetail 主要记录试卷中的试题信息，主要信息有试卷 ID 和试题 ID，试卷详情表的结构如表 3-6 所示。

表 3-6 试卷详情表（ut_exam_paperDetail）

字段名称	数据类型	主键	是否为空	描述
ID	bigint	是	否	主键，自动增长
paperId	bigint	否	否	试卷 ID
questionId	bigint	否	否	试题 ID

试卷分值表 ut_exam_paperPoint 主要记录试卷中不同题型试题的分值，主要信息有试卷 ID、试题类型 ID 和分值，试卷分值表的结构如表 3-7 所示。

表 3-7 试卷分值表（ut_exam_paperPoint）

字段名称	数据类型	主键	是否为空	描述
ID	bigint	是	否	主键，自动增长
paperId	bigint	否	否	试卷 ID
questionTypeId	bigint	否	否	试题类型 ID
point	float	否	否	分值

考生答卷表 ut_exam_studentAnswer 主要记录考生考试的基本信息，主要包括试卷 ID、考生 ID、开始考试时间、结束考试时间和考试的成绩，考生答卷表的结构如表 3-8 所示。

表 3-8 考生答卷表（ut_exam_studentAnswer）

字段名称	数据类型	主键	是否为空	描述
ID	bigint	是	否	主键，自动增长
paperId	bigint	否	否	试卷 ID

续表

字段名称	数据类型	主键	是否为空	描述
stuId	bigint	否	否	学生 ID
startTime	datetime	否	否	考试开始时间
endTime	datetime	否	是	考试结束时间
score	float	否	是	考试成绩
stat	char(1)	否	是	状态 1_已阅 0_未阅，默认值为 0

考生答卷详情表 ut_exam_studentAnswerDetail 主要记录考生考卷的详细信息，主要包括考试答卷 ID、答卷的试题 ID、答题选项 ID，正确答案、学生提交的答案以及答案的结果等信息，考生答卷详情表的结构如表 3-9 所示。

表 3-9 考生答卷详情表（ut_exam_studentAnswerDetail）

字段名称	数据类型	主键	是否为空	描述
ID	bigint	是	否	主键，自动增长
studentAnswerId	bigint	否	否	答卷 ID
questionId	bigint	否	否	试题 ID
selectContentId	bigint	否	否	选项 ID
rightAnswer	nvarchar(500)	否	否	正确答案
stuAnswer	nvarchar(500)	否	是	学生答案
result	char(1)	否	是	答案结果 0_错误 1_正确

为了简化 SQL 语句，提高查询数据的速度，在数据库中建立了视图供页面查询数据使用，网上考试系统建立了章节 uv_base_chap 视图、教师课程章节 uv_exam_teaSubChap 视图、试题 uv_exam_question 视图、试题详情 uv_exam_questionDetail 视图、学生答卷详情 uv_exam_studentAnswerDetail 视图、学生考卷 uv_exam_stuPaper 视图。

章节 uv_base_chap 视图基于 ut_base_chap 表和 uv_base_subject 视图建立。该视图主要建立了章节和课程之间的关系，提供了章节名称、章节所属课程的信息，以及课程开出的部门信息等，图 3-9 为 uv_exam_chap 视图。

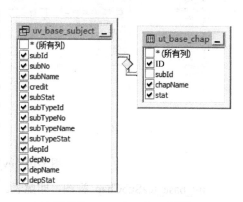

图 3-9 uv_exam_chap 视图

uv_base_chap 视图，即虚表。它充分反映了章节和课程之间的情况，该视图（虚表）结构如表 3-10 所示。

表 3-10 uv_exam_chap 视图（虚表）的结构字段说明

视图字段名称	字段所属的表名	源表字段	表间关系
chapId	ut_base_chap	ID	章节表与课程视图之间关系： ut_base_chap.subId = uv_base_subject. subId
chapName		chapName	
chapStat		stat	
subId	uv_base_subject	subId	
subNo		subNo	
subName		subName	

续表

视图字段名称	字段所属的表名	源表字段	表间关系
credit		credit	
subStat		subStat	
subTypeId		subTypeId	
subTypeNo		subTypeNo	
subTypeName	uv_base_subject	subTypeName	
subTypeStat		subTypeStat	
depId		depId	
depNo		depNo	
depName		depName	
depStat		depStat	

教师课程章节 uv_exam_teaSubChap 视图基于 uv_base_chap 视图、教师课程关系 ut_ocss_teacherSubjectRelation 表、教师 uv_base_teacher 视图、班级 uv_base_class 视图、学期 ut_base_term 表等建立。该视图主要建立了教师、课程章节、授课班级以及学期之间的关系，提供了章节信息、教师信息、授课班级信息以及学期等信息，图 3-10 为 uv_exam_teaSubChap 视图。

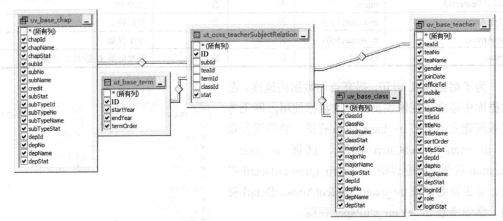

图 3-10 uv_exam_teaSubChap 视图

uv_base_teaSubChap 视图，即虚表。它充分反映了教师与所任学期、班级、课程的章节之间的情况，该视图（虚表）结构如表 3-11 所示。

表 3-11 uv_exam_teaSubChapt 视图（虚表）的结构字段说明

视图字段名称	字段所属的表名	源表字段	表间关系
teaSubId	ut_ocss_teacherSubjectRelation	ID	1. 教师课程关系表与学期表之间关系：ut_ocss_teacherSubjectRelation.termId = ut_base_term.ID
teaSubStat		stat	
teaId		teaId	2. 教师课程关系表与教师基础信息视图之间关系：ut_ocss_teacherSubjectRelation.teaId = uv_base_teacher.teaId
teaNo		teaNo	
teaName		teaName	
gender	uv_base_teacher	gender	3. 教师课程关系表与班级基础信息视图之间关系：ut_ocss_teacherSubjectRelation.classId = uv_base_class.classId
joinDate		joinDate	
officeTel		officeTel	
mobile		mobile	4. 教师课程关系表与章节基础信息视图之间关系：
addr		addr	

续表

视图字段名称	字段所属的表名	源表字段	表间关系
teaStat	uv_base_teacher	teaStat	ut_ocss_teacherSubjectRelation.subId = uv_base_chap.subId
titileId		titileId	
titleNo		titleNo	
titleName		titleName	
sortOrder		sortOrder	
titleStat		titleStat	
depId		depId	
depNo		depNo	
depName		depName	
depStat		depStat	
loginId		loginId	
role		role	
loginStat		loginStat	
classId	uv_base_class	classId	
classNo		classNo	
className		className	
classStat		classStat	
majorId		majorId	
majorNo		majorNo	
majorName		majorName	
majorStat		majorStat	
classDepId		classDepId	
classDepNo		classDepNo	
classDepName		classDepName	
classDepStat		classDepStat	
chapId	uv_base_chap	chapId	
chapName		chapName	
chapStat		chapStat	
subId		subId	
subNo		subNo	
subName		subName	
credit		credit	
subStat		subStat	
subTypeId		subTypeId	
subTypeNo		subTypeNo	
subTypeName		subTypeName	
subTypeStat		subTypeStat	
depId		depId	
depNo		depNo	
depName		depName	
depStat		depStat	

续表

视图字段名称	字段所属的表名	源表字段	表间关系
termed	ut_base_term	ID	
startYear		startYear	
endYear		endYear	
termOrder		termOrder	
term		startYear + '-' + endYear + '-' + termOrder	

试题 uv_exam_question 视图基于 uv_base_chap 视图、试题 ut_exam_question 表、试题类型 ut_exam_questionType 表等建立。该视图主要建立了课程章节、试题、试题类别之间的关系，提供了章节信息、试题信息、试题类别等信息，图 3-11 为 uv_exam_question 视图。

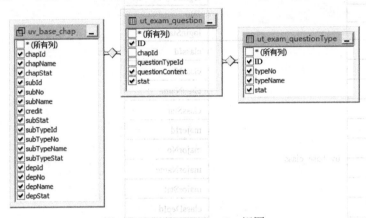

图 3-11　uv_exam_question 视图

uv_base_question 视图，即虚表。它充分反映了章节、试题、试题类别之间的情况，该视图（虚表）结构如表 3-12 所示。

表 3-12　uv_exam_question 视图（虚表）的结构字段说明

视图字段名称	字段所属的表名	源表字段	表间关系
questionId	ut_exam_question	ID	1. 试题表与试题类型表之间关系：ut_exam_question.questionTypeId = ut_exam_questionType.ID 2. 试题表与章节视图之间关系：ut_exam_question.chapId = ut_exam_chap.chapId
questionContent		questionContent	
questionStat		stat	
questionTypeId	ut_exam_questionType	ID	
questionTypeNo		typeNo	
questionTypeName		typeName	
questionTypeStat		stat	
chapId	uv_base_chap	chapId	
chapName		chapName	
chapStat		chapStat	
subId		subId	
subNo		subNo	
subName		subName	
credit		credit	
subStat		subStat	

续表

视图字段名称	字段所属的表名	源表字段	表间关系
subTypeId		subTypeId	
subTypeNo		subTypeNo	
subTypeName		subTypeName	
subTypeStat	uv_base_chap	subTypeStat	
depId		depId	
depNo		depNo	
depName		depName	
depStat		depStat	

试题详情 uv_exam_questionDetail 视图基于 uv_base_question 视图、试题 ut_exam_selectContent 表建立。该视图主要建立了试题、选项内容关系，提供了试题信息、试题所属课程信息、课程开出部门的信息、试题选项等信息，图 3-12 为 uv_exam_questionDetail 视图。

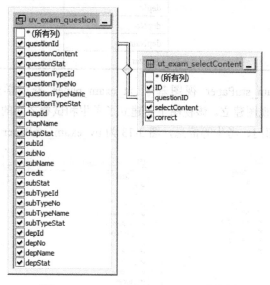

图 3-12 uv_exam_questionDetail 视图

uv_base_questionDetail 视图，即虚表。它充分反映了试题、选项内容之间的情况，该视图（虚表）结构如表 3-13 所示。

表 3-13 uv_exam_questionDetail 视图（虚表）的结构字段说明

视图字段名称	字段所属的表名	源表字段	表间关系
selectContentId		ID	试题内容表与试题视图之间关系：
selectContent	ut_exam_selectContent	selectContent	ut_exam_selectContent.questionId =
correct		correct	uv_exam_question.questionId
questionId		questionId	
questionContent		questionContent	
questionStat		questionStat	
questionTypeId	uv_exam_question	questionTypeId	
questionTypeNo		questionTypeNo	
questionTypeName		questionTypeName	
questionTypeStat		questionTypeStat	

续表

视图字段名称	字段所属的表名	源表字段	表间关系
chapId		chapId	
chapName		chapName	
chapStat		chapStat	
subId		subId	
subNo		subNo	
subName		subName	
credit		credit	
subStat	uv_exam_question	subStat	
subTypeId		subTypeId	
subTypeNo		subTypeNo	
subTypeName		subTypeName	
subTypeStat		subTypeStat	
depId		depId	
depNo		depNo	
depName		depName	
depStat		depStat	

考生试卷 uv_exam_stuPaper 视图基于 ut_exam_paper 表、学生课程关系 uv_ocss_studentSubjectRelation 视图建立。该视图主要建立了考生和试卷之间的关系，提供了试卷、课程、学期、课程开出部门、考生等信息，图 3-13 为 uv_exam_stuPaper 视图。

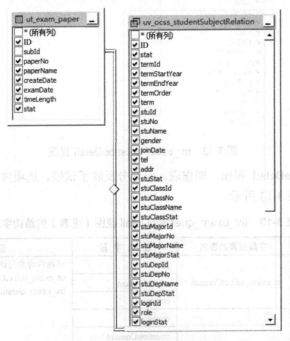

图 3-13 uv_exam_stuPaper 视图

uv_base_stuPaper 视图，即虚表。它充分反映了试卷、课程、学期、课程开出部门、考生之间的情况，该视图（虚表）结构如表 3-14 所示。

表 3-14 uv_exam_stuPaper 视图（虚表）的结构字段说明

视图字段名称	字段所属的表名	源表字段	表间关系
paperId	ut_exam_paper	ID	试卷表与学生课程视图的关系： uv_ocss_studentSubjectRelation.subId = ut_exam_paper.subId
paperNo	ut_exam_paper	paperNo	
paperName	ut_exam_paper	paperName	
createDate	ut_exam_paper	createDate	
examDate	ut_exam_paper	examDate	
timeLength	ut_exam_paper	timeLength	
paperStat	ut_exam_paper	stat	
stuSubId	uv_ocss_studentSubjectRelation	ID	
stuSubStat	uv_ocss_studentSubjectRelation	stat	
termId	uv_ocss_studentSubjectRelation	termId	
termStartYear	uv_ocss_studentSubjectRelation	termStartYear	
termEndYear	uv_ocss_studentSubjectRelation	termEndYear	
termOrder	uv_ocss_studentSubjectRelation	termOrder	
term	uv_ocss_studentSubjectRelation	term	
stuId	uv_ocss_studentSubjectRelation	stuId	
stuNo	uv_ocss_studentSubjectRelation	stuNo	
stuName	uv_ocss_studentSubjectRelation	stuName	
gender	uv_ocss_studentSubjectRelation	gender	
joinDate	uv_ocss_studentSubjectRelation	joinDate	
tel	uv_ocss_studentSubjectRelation	tel	
addr	uv_ocss_studentSubjectRelation	addr	
stuStat	uv_ocss_studentSubjectRelation	stuStat	
stuClassId	uv_ocss_studentSubjectRelation	stuClassId	
stuClassNo	uv_ocss_studentSubjectRelation	stuClassNo	
stuClassName	uv_ocss_studentSubjectRelation	stuClassName	
stuClassStat	uv_ocss_studentSubjectRelation	stuClassStat	
stuMajorId	uv_ocss_studentSubjectRelation	stuMajorId	
stuMajorNo	uv_ocss_studentSubjectRelation	stuMajorNo	
stuMajorName	uv_ocss_studentSubjectRelation	stuMajorName	
stuMajorStat	uv_ocss_studentSubjectRelation	stuMajorStat	
stuDepId	uv_ocss_studentSubjectRelation	stuDepId	
stuDepNo	uv_ocss_studentSubjectRelation	stuDepNo	
stuDepName	uv_ocss_studentSubjectRelation	stuDepName	
stuDepStat	uv_ocss_studentSubjectRelation	stuDepStat	
loginId	uv_ocss_studentSubjectRelation	loginId	
role	uv_ocss_studentSubjectRelation	Role	
loginStat	uv_ocss_studentSubjectRelation	loginStat	
subId	uv_ocss_studentSubjectRelation	subId	
subNo	uv_ocss_studentSubjectRelation	subNo	
subName	uv_ocss_studentSubjectRelation	subName	
credit	uv_ocss_studentSubjectRelation	credit	
subStat	uv_ocss_studentSubjectRelation	subStat	
subTypeId	uv_ocss_studentSubjectRelation	subTypeId	
subTypeNo	uv_ocss_studentSubjectRelation	subTypeNo	

续表

视图字段名称	字段所属的表名	源表字段	表间关系
subTypeName	ut_ocss_studentSubjectRelation	subTypeName	
subTypeStat		subTypeStat	
subDepId		subDepId	
subDepNo		subDepNo	
subDepName		subDepName	
subDepStat		subDepStat	
classId		classId	
classNo		classNo	
className		className	
classStat		classStat	

试题 uv_exam_studentAnswerDetail 视图主要提供了学生答卷基本信息、学生答题信息、试题信息、试题类型信息、试题分值信息、试卷信息、学生信息等，图 3-14 为 uv_exam_studentAnswerDetail 视图。

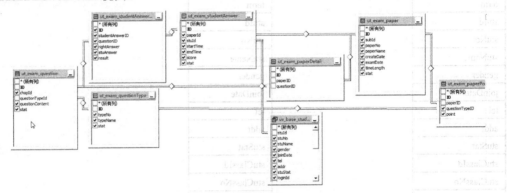

图 3-14 uv_exam_studentAnswerDetail 视图

uv_exam_studentAnswerDetail 视图，即虚表。它充分反映了学生答卷基本信息、学生答题信息、试题信息、试题类型信息、试题分值信息、试卷信息、学生之间的情况，该视图（虚表）结构如表 3-15 所示。

表 3-15 uv_exam_studentAnswerDetail 视图（虚表）的结构字段说明

视图字段名称	字段所属的表名	源表字段	表间关系
paperId	ut_exam_studentAnswer	paperId	1. 学生答卷与答题表之间关系：ut_exam_studentAnswerDetail.studentAnswerId = ut_exam_studentAnswer.ID
stuId		stuId	
startTime		startTime	2. 试卷表与学生答案表之间关系：ut_exam_studentAnswer.paperId = ut_exam_paper.ID
endTime		endTime	
Score		Score	3. 试卷表与试卷详情表之间关系：ut_exam_paper.ID = ut_exam_paperDetail.paperId
stuAnswerStat		stat	
subId	ut_exam_paper	subId	4. 试题详情表与试题表之间关系：ut_exam_paperDetail.questionId = dbo.ut_exam_question.ID
paperNo		paperNo	
paperName		paperName	5. 学生答案详情表与试题表之间关系：ut_exam_studentAnswerDetail.questionId = ut_exam_question.ID
createDate		createDate	
examDate		examDate	

续表

视图字段名称	字段所属的表名	源表字段	表间关系
timeLength		timeLength	6. 试题表与试题类型表之间关系：ut_exam_question.questionTypeID = ut_exam_questionType.ID
paperStat		stat	
questionTypeId	ut_exam_paperPoint	questionTypeId	7. 试题得分表与试题类型表之间关系：ut_exam_questionType.ID = ut_exam_paperPoint.questionTypeID
point		point	
typeNo			8. 试卷表与试卷分值表之间关系：ut_exam_paper.ID = ut_exam_paperPoint.paperId
typeName	ut_exam_questionType		
questionTypeStat		stat	9. 学生答案表与学生信息视图之间关系：ut_exam_studentAnswer.stuId = dbo.uv_base_student.stuId
stuAnswerDetailId		ID	
studentAnswerId		studentAnswerId	
questionId	ut_exam_studentAnswerDetail	questionId	
rightAnswer		rightAnswer	
stuAnswer		stuAnswer	
result		result	
chapId		chapId	
questionContent	ut_exam_question	questionContent	
questionStat		stat	
stuNo		stuNo	
stuName		stuName	
gender		gender	
joinDate		joinDate	
tel		tel	
Addr		addr	
stuStat		stuStat	
loginId		loginId	
role		role	
loginStat		loginStat	
classId		classId	
classNo	uv_base_student	classNo	
className		className	
classStat		classStat	
majorId		majorId	
majorNo		majorNo	
majorName		majorName	
majorStat		majorStat	
depId		depId	
depNo		depNo	
depName		depName	
depStat		depStat	

3.3 任务3：网上考试系统后台程序实现

3.3.1 子任务1 系统整体框架搭建

子任务1描述

在"网上选课"的项目基础上，采用三层架构实现"网上考试系统"。本任务主要搭建系统的框架，巩固三层架构框架的搭建过程。

技能目标

能熟练运用 Microsoft Visual Studio 2010 建立解决方案以及在该解决方案下建立项目，学会文件的规划管理。

操作要点与步骤

▶ **1. Model 层**

在 Model 类库中添加 exam 文件夹。

▶ **2. DAL 层**

在 DAL 类库中添加 exam 文件夹。

▶ **3. BLL 层**

在 BLL 类库中 admin、front 文件夹里分别添加 oes 文件夹。

▶ **4. UI 层**

（1）在 Web 项目的 Admin、Front 文件夹中分别添加 oes 文件夹。

（2）在 Web 项目中添加 UserControl 文件夹。

（3）修改 public.css 文件，在 public.css 文件添加 logo_oes 样式，代码如下。

```css
/*logo_oes 样式*/
#logo_oes{
    background-image:url("../images/logo_oes.jpg");
    background-color:Transparent;
    background-repeat:no-repeat;
    width:800px;
    height:100px;
    color:#f9ba0f;
}
```

（4）修改站点地图。

① 修改教师站点地图。打开 Web 项目中的 "sitemap/teaWeb.sitemap" 文件，在其中添加网上考试的导航菜单，代码如下。

```
<!--网上考试系统-->
<siteMapNode url="" title="网上考试" description="情境3 网上考试">
    <siteMapNode url="~/Admin/oes/ChapManage.aspx"
```

```
                title="章节管理"   description="章节管理" />
    <siteMapNode url="~/Admin/oes/QuestionManage.aspx"
                title="题库管理"   description="试题库管理" />
    <siteMapNode url="~/Admin/oes/PaperManage.aspx"
                title="试卷管理"   description="试卷管理" />
    <siteMapNode url="~/Admin/oes/CorrectingPaper.aspx"
                title="批阅试卷"   description="批阅试卷" />
</siteMapNode>
```

② 修改学生站点地图。打开 Web 项目中的"sitemap/stuWeb.sitemap"文件，在其中添加网上考试的导航菜单，代码如下。

```
<!--网上考试系统-->
<siteMapNode url="" title="网上考试"   description="情境 3 网上考试">
    <siteMapNode url="~/Front/oes/Exam.aspx"
                title="网上考试"   description="网上考试" />
    <siteMapNode url="~/Front/oes/ExamResult.aspx"
                title="考试结果"   description="考试结果查看" />
</siteMapNode>
```

③ 修改管理员站点地图。打开 Web 项目中的"sitemap/adminWeb.sitemap"文件，在其中添加网上考试的导航菜单，代码如下。

```
<!--网上考试-->
<siteMapNode url="" title="网上考试"   description="情境 3 网上考试">
    <siteMapNode url="~/Admin/oes/QuestionTypeManage.aspx"
                title="试题类型管理"   description="试题类型信息管理" />
</siteMapNode>
```

3.3.2　子任务 2 网上考试系统母版页设计

 子任务 2 描述

在学习情境 2 "网上选课系统"开发中，采用了母版页技术，可以大幅度降低页面设计工作量，可以统一页面的风格，但是在此情境中，美中不足的是当用户发出请求后，服务器响应后请求的页面会整体重新刷新。为了避免页面整体重新刷新的弊端，在学习情境 3 "网上考试系统"中引入了 Ajax（Asynchronous JavaScript and XML，异步 JavaScript 和 XML）技术（Microsoft 为 ASP.NET 提供了 Ajax 扩展功能控件），用户可以充分体验请求和响应过程中页面只是局部刷新乃至无刷新的效果。在母版页中使用 Ajax 控件，用户请求页面时，服务器响应请求时页面只是局部刷新（"无刷新"）。

为了在学习情境 3 "网上考试系统"实现每个页面都支持 Ajax 技术，需要在学习情境 2 "网上选课系统"的母版页的基础上添加 Ajax 功能控件，生成学习情境 3 "网上考试系统"新的母版页。添加 Ajax 功能生成新的母版页设计图，效果如图 3-15 所示。

 技能目标

① 熟悉添加 ASP.NET Ajax 扩展控件的方法；
② 能熟练应用 ScriptManager、UpdatePanel 和 UpdateProgress 等常见的 Ajax 控件。

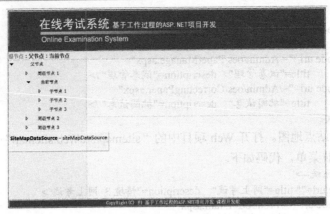

图 3-15 子任务 2 母版页设计图

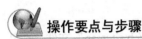操作要点与步骤

1. ASP.NET Ajax 扩展控件的安装

（1）下载 Ajax 控件包。在"http://www.asp.net/ajax"网站上下载的 AjaxControlToolkit.Binary.NET40 压缩包，将其中的"AjaxControlToolkit.dll"文件解压缩出来放到磁盘上（如：C:\Program Files\Microsoft Visual Studio 10.0\Common7\IDE）。

（2）添加控件。右击工具箱的空白处，弹出快捷菜单，如图 3-16 所示。选择"选择项(I)…选项"，弹出"选择工具箱项"对话框，如图 3-17 所示。

图 3-16 快捷菜单　　　　图 3-17 "选择工具箱项"对话框

在图 3-17 中选择".NETFramework 组件"选项卡，然后单击图 3-17 中右下部"浏览(B)…"按钮，打开"打开"对话框，如图 3-18 所示。

在图 3-18 中，找到解压出来的"AjaxControlToolkit.dll"文件，选中该文件，单击"打开"，按钮后返回到图 3-17"选择工具箱项"对话框，然后单击图 3-17 中右下部"确定"按钮，则 Ajax 控件工具箱被添加成功。在工具箱中出现如图 3-19 所示的 AJAX Extensions 工具箱。

图 3-18 "打开"对话框

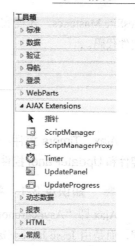

图 3-19 AJAX Extensions 工具箱

AJAX Extensions 选项卡中常见的控件有 Timer、ScriptManager、ScriptMangerProxy、UpdateProgress 和 UpdatePanel 等。

▶2. 母版页设计

参照"情境 2 网上选课系统"的母版页，添加网上考试的母版页 OesSite.Master。

（1）logo 区。参照"情境 2 网上选课系统"母版页的 logo 样式，将母版页 OesSite.Master 的 logo 样式改为如下代码。

```
<!-- logo -->
<div id="logo_oes"></div>
```

（2）参照"情境 2 网上选课系统"母版页的 content 区样式，将母版页 OesSite.Master 的 content 区改为如下代码。

```
<!-- 内容区 -->
<div id="content">
    <asp:ScriptManager ID="scriptManager" runat="server">
    </asp:ScriptManager>
    <asp:UpdatePanel ID="updatePanel" runat="server" >
        <ContentTemplate>
            <asp:ContentPlaceHolder ID="contentPlaceHolder" runat="server">

            </asp:ContentPlaceHolder>
        </ContentTemplate>
    </asp:UpdatePanel>
</div>
```

与 OcssSite.Master 母版页比较可以发现：OesSite.Master 母版页中添加了 1 个 ScriptManager 控件、1 个 UpdatePanel 控件、1 个 UpdateProgress 控件，各控件属性设置如表 3-16 所示。

表 3-16 子任务 2 母版页控件主要属性设置表

控 件 名	属 性 名	设 置 值
ScriptManager	ID	scriptManager
UpdatePanel1	ID	updatePanel

▶3. 实现母版页功能

完成 OesSite.Master 母版页及各控件的属性设计后，还需要编写母版页的后置代码文件

OesSite.Master.cs，才能实现母版页的功能；OesSite.Master.cs 文件代码同 OcssSite.Master.cs 文件代码。

相关知识点

Ajax、Timers 控件、ScriptManager 控件、ScriptMangerProxy 控件、UpdateProgress 控件和 UpdatePanel 控件

知识点 3-1　Ajax

Ajax 即"Asynchronous JavaScript and XML"（异步 JavaScript 和 XML），Ajax 并非缩写词，而是由 Jesse James Gaiiett 创造的名词。Ajax 是一种在无须重新加载整个网页的情况下，能够更新部分网页的技术。

知识点 3-2　Timers 控件

Timers 控件主要是响应时间控制的控件，工具箱中的图标为 ![Timer]，该控件主要属性有：

（1）属性 Interval——控制需要等待的时间，默认单位为毫秒，即 1000 即为 1 秒；

（2）事件 Tick——Timer 唯一的独立事件，该事件用于设计在经过 Interval 属性中指定的毫秒数触发所要完成的任务。

知识点 3-3　ScriptManager 控件

ScriptManager 控件是脚本控制控件，作为 Ajax 基础控件之一，其主要功能是提供脚本控制的支持，工具箱中的图标为 ![ScriptManager]，该控件属性如表 3-17 所示。

表 3-17　ScriptManager 控件属性

属　性　名	说　明
EnablePartialRendering	用于标志此页内是否允许局部刷新，默认值为 True
AllowCustomErrorsRedirect	表示当 Ajax 调用发生错误后，是否导航到 Web.config 中定义的错误配置，如果值为 False，则使用 AsyncPostBackErrorMessage 和 OnAsyncPostBackError 两个属性实现错误提示
AsyncPostBackErrorMessage	异步调用发生错误时的提示信息
OnAsyncPostBackError	异步调用发生错误时的事件
AsyncPostBackTimeOut	表示异步调用的有效时间，默认值为 90 秒
AuthenticationService	用来表示提供验证服务的路径
ProfileService	表示提供个性化服务的路径
Scripts	对脚本的调用，其中可以嵌套多个 ScriptReference 模板以实现对多个脚本文件的调用
Service	对服务的调用，通常指 Web Service 服务，可以嵌套多个 ServiceReference 模板以实现多个服务的引用

知识点 3-4　ScriptMangerProxy 控件

ScriptMangerProxy 控件用法和 ScriptManager 控件用法相似，工具箱中的图标为 ![ScriptManagerProxy]。值得一提的是一个页面只能有一个 ScriptManager，而 ScriptManagerProxy 则是当母版页和内容页需要引用不同的服务或者脚本时，在内容页中用 ScriptManagerProxy 代理 ScriptManager 的职能。

知识点 3-5　UpdateProgress 控件

UpdateProgress 控件主要实现在页面与后台交互过程中，页面展示的内容一般为提示信

息,工具箱中的图标为 ![UpdateProgress],该控件实际上是一个 div,通过代码控制 div 的显示或隐藏来实现更新提示,使用 UpdateProgress 可以设计良好的等待界面,达到与用户友好交互的目的。UpdateProgress 控件的主要属性如表 3-18 所示。

表 3-18 UpdateProgress 控件的主要属性

属 性 名	说 明
AssociateUpdatePanelID	关联的 UpdatePanel,此时 UpdateProgress 需放置于 UpdatePanel 外

知识点 3-6 UpdatePanel 控件

UpdatePanel 控件主要功能是使得页面部分更新,也就是对放入其中的控件,进行无刷新与服务器通信,工具箱中的图标为 ![UpdatePanel],该控件的主要属性如表 3-19 所示。

表 3-19 UpdatePanel 控件的主要属性

属 性	说 明
UpdateMode	内容模板的更新模式,有 Always 和 Conditional 两种模式,默认情况下为 Always。区别:Always 即一旦有任何事件可触发 UpdatePanel 更新即开始更新内容模板,而 Conditional 则是有条件的更新,一般为设置了 Trigger 属性后由 Trigger 引发的更新
ChildrenAsTriggers	内容模板内的子控件的回发是否更新本模板,值为 True 或 False
RenderMode	局部更新控件的呈现形式,当模式为 Block 时局部更新控件在客户端以 div 的形式展现,当模式为 Inline 时以 span 形式展现
UpdatePanel 主要子元素	
ContentTemplate	局部更新控件的内容模板,可以在其内添加任何控件
Triggers	局部内容更新触发器,类似于数据库中的 Trigger。触发器分为异步回发(AsyncPostBackTrigger)和类似于普通页面的回发机制(PostBackTrigger),前者实现局部更新,后者会引起整个页面的全部更新

技巧

要使一个页面的多个部分进行无刷新通信,可以使用多个 UpdatePanel 和 UpdateProgress,这样每个部分更新时,可以显示不同的信息,还可以确保页面其他部分能和用户进行无间断的交互。

3.3.3 子任务 3 章节管理页面设计

子任务 3 描述

利用 ASP.NET 的 GridView、Button、DropDownList、LinkButton、Label 等控件完成网上考试系统后台章节信息管理页面设计与实现。

网上考试系统后台"章节管理"页面运行效果如图 3-20 所示。在图 3-20 中在"课程"下拉列表中选择课程,在章节名称文本框中输入"章节名称",单击"添加章节"按钮,完成章节名称信息的添加。在章节列表中,单击"课程名称"打开课程详情页面;单击"修改"按钮,打开章节信息修改页面;单击"停用"按钮,可以停用该章节;单击"启用"按钮,可启用该章节。

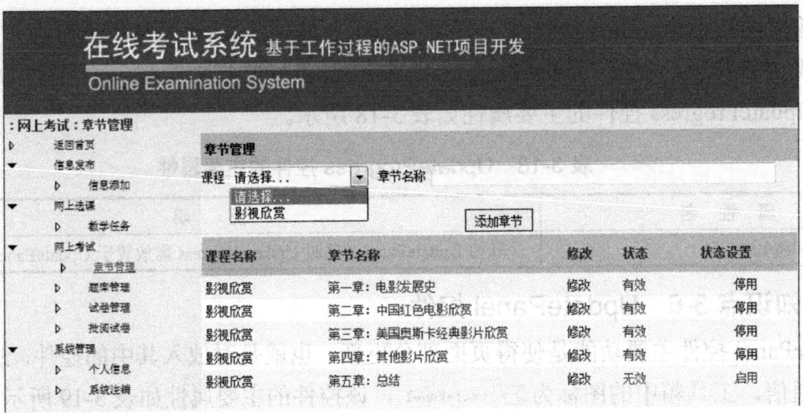

图 3-20 章节管理页面

技能目标

① 能按照代码规范进行代码的编写；
② 能熟练运用 Page 对象的 IsPostBack 属性对页面加载处理；
③ 能熟练运用 ASP.NETGridView 控件绑定数据信息；
④ 能熟练运用 GridView 控件的模板进行数据的常见操作；
⑤ 能熟练运用 GridView 控件的 PageIndexChanging 事件完成记录的分页操作；
⑥ 能熟练对 GridView 控件进行遍历，修改 GridView 控件；
⑦ 能熟练对 DropDownList 控件，进行级联筛选。

操作要点与步骤

章节信息管理和情境 2 中基础信息管理操作要点和步骤类似，可参照情境 2 中基础信息管理进行设计。章节信息管理的设计主要包括页面设计、代码设计等，其中代码设计包括公共类的修改，以及 BLL、DAL、Model 层中类的设计等。

▶ 1. 添加 ChapManage.aspx 窗体

（1）在"Web"项目中，右击"Admin/oes"文件夹，新建 ChapManage.aspx 窗体，母版页选择"master/OesSite.Master"。

（2）在<asp:Content></asp:Content>标签内添加 5 行 4 列的表格。

第 1 行：显示"章节管理"信息，代码如下。

```
<tr>
    <th colspan="4" >章节管理</th>
</tr>
```

第 2 行：课程选择和章节名称输入文本框，代码如下。

```
<tr>
    <td>课程</td>
    <td>
        <asp:DropDownList ID="ddlSub" runat="server"
            Width="140px" AutoPostBack="True"
            onselectedindexchanged="ddlSub_SelectedIndexChanged">
```

```
            </asp:DropDownList>
        </td>
        <td>章节名称</td>
        <td>
            <asp:TextBox ID="txtName" runat="server" Width="340px"></asp:TextBox>
        </td>
    </tr>
```

第3行：标签控件供显示出错信息，代码如下。

```
    <tr>
        <td colspan="4" style="color:Red">
            <asp:Label ID="lblErrorMessage" runat="server" ></asp:Label>
        </td>
    </tr>
```

第4行："添加章节"按钮，代码如下。

```
    <tr>
        <td  style="text-align:center;" colspan="4">
            <asp:Button id="btnSubmit" runat="server"
                Text=" 添加章节 " CssClass="button"
                onclick="btnSubmit_Click" />
        </td>
    </tr>
```

第5行：在表格的单元格中插入一个GridView控件，代码如下。

```
    <tr>
        <td colspan="4">
            <asp:GridView ID="gvChap" runat="server" AutoGenerateColumns="False"
                CellPadding="4" ForeColor="#333333" GridLines="None"
                AllowPaging="True"    PageSize="15" HeaderStyle-Height="20px"
                onpageindexchanging="gvChap_PageIndexChanging">
                <Columns>

                </Columns>
                <RowStyle BackColor="#F7F6F3" ForeColor="#333333" />
                <PagerStyle BackColor="#284775"
                            ForeColor="White" HorizontalAlign="Center"/>
                <AlternatingRowStyle BackColor="White" ForeColor="#284775" />
            </asp:GridView>
        </td>
    </tr>
```

在< Columns ></ Columns >标签内设置gvChap控件属性，添加代码如下。

```
<asp:TemplateField HeaderText="课程名称">
    <ItemTemplate >
        <a href='../ocss/SubDetailView.aspx?id=<%#Eval("subId") %>'
            target="_blank">
            <%#Eval("subName") %>
        </a>
    </ItemTemplate>
    <ItemStyle Width="100px" />
</asp:TemplateField>
<asp:TemplateField HeaderText="章节名称">
    <ItemTemplate >
        <%#Eval("chapName") %>
    </ItemTemplate>
    <ItemStyle Width="200px" />
</asp:TemplateField>
<asp:TemplateField HeaderText="修改">
    <ItemTemplate >
        <a href='ChapModify.aspx?id=<%#Eval("chapId") %>' target="_blank">
```

```
                    修改
                  </a>
              </ItemTemplate>
              <ItemStyle Width="40px" />
          </asp:TemplateField>
          <asp:TemplateField HeaderText="状态">
              <ItemTemplate >
                  <!--采用 Label 控件，以便于在代码中查找该字段-->
                  <asp:Label ID="lblStat" runat="server" Text='<%#Eval("chapStat") %>'>
                  </asp:Label>
              </ItemTemplate>
              <ItemStyle Width="60px" />
          </asp:TemplateField>
          <asp:TemplateField HeaderText="状态设置" HeaderStyle-HorizontalAlign="Center">
              <ItemTemplate>
                  <asp:LinkButton ID= "lbnDisable" CommandName='<%# Eval("chapName")%>'
                      CommandArgument='<%# Eval("chapId") %>' OnCommand= "lbnDisable_
                      Click"OnClientClick= "return confirm('你确定要停用该章节？');"
                      runat="server">
                      停用
                  </asp:LinkButton>
                  <asp:LinkButton ID= "lbnEnable" CommandName='<%# Eval("chapName")%>'
                      CommandArgument='<%# Eval("chapId") %>'
                      OnCommand= "lbnEnable_Click" runat="server"
                      OnClientClick= "return confirm('你确定要启用该章节？');">
                      启用
                  </asp:LinkButton>
              </ItemTemplate>
              <ItemStyle Width="80px" HorizontalAlign="Center" />
          </asp:TemplateField>
```

章节管理页面用到了 1 个 TextBox、1 个 Button、1 个 Label、1 个 DropDownList、1 个 GridView 以及嵌套在 GridView 控件中的 2 个 LinkButton 控件和 1 个 Label 控件，各控件属性设置如表 3-20 所示。

表 3-20　子任务 3　内容层控件主要属性设置表

控件名	属性名	设置值
TextBox1	ID	txtName
	Width	340px
DropDownList1	ID	ddlSub
	Width	140px
	AutoPostBack	True
	onselectedindexchanged	ddlSub_SelectedIndexChanged
Button1	ID	btnSubmit
	CssClass	button
	Text	添加章节
	onclick	btnSubmit_Click
Label1	ID	lblErrorMessage
Label2	ID	lblStat
	Text	<%#Eval("chapStat") %>
GridView1	ID	gvChap
	AutoGenerateColumns	False
	AllowPaging	True

续表

控件名	属性名	设置值
GridView1	PageSize	15
	onpageindexchanging	gvChap_PageIndexChanging
LinkButton1	ID	lbnDisable
	CommandName	<%# Eval("chapName") %>
	CommandArgument	<%# Eval("chapId") %>
	OnCommand	lbnDisable_Click
	OnClientClick	return confirm('你确定要停用该章节？');
LinkButton2	ID	lbnEnable
	CommandName	<%# Eval("chapName") %>
	CommandArgument	<%# Eval("chapId") %>
	OnCommand	lbnEnable_Click
	OnClientClick	return confirm('你确定要启用该章节？');

2. ChapManage.aspx 页面功能实现

完成了 ChapManage.aspx 页面及各控件的属性设计后，还需要编写页面后置代码文件 ChapManage.aspx.cs 程序，对 BLL、DAL、Model 三层进行相应的设计，修改 Common 层以及对 Default.aspx.cs 文件进行修改等。

（1）Common 层修改。修改 Common 项目中的 Constants 类，添加用户 ID 符号常量，代码如下。

```
/// <summary>
/// session 中用户 ID
/// </summary>
public static string SESSION_USER_ID = "SESSION_USER_ID";
```

（2）Model 层实现。参照情境 2 中的"基础信息管理"模块开发，完成数据表及视图封装类的设计。章节管理 Model 层主要包括 UvTeaSubChapModel、UtChapModel 及相应封装类的设计。

（3）DAL 层实现。参照情境 2 中的"基础信息管理"模块开发，完成数据访问层类的设计。章节管理 DAL 层主要包括 UtChapDAL、UvChapDAL、UvTeaSubChapDAL 等类的开发。

（4）BLL 层实现。

① ChapManageBLL 业务处理类开发。

a. 在 BLL 项目中"admin/oes"文件夹中添加 ChapManageBLL 类，代码如下。

```
/// <summary>
/// 章节信息管理业务封装类
/// </summary>
public class ChapManageBLL
{

}
```

b. 在 ChapManageBLL 中添加类体成员属性，代码如下。

```
/// <summary>
/// 章节数据表 DAL 处理对象
/// </summary>
private UtChapDAL utChapDAL = new UtChapDAL();

/// <summary>
/// 教师课程章节视图 DAL 处理对象
```

```csharp
/// </summary>
private UvTeaSubChapDAL uvTeaSubChapDAL = new UvTeaSubChapDAL();
```

c. 添加查询章节信息的 queryTeaSubChap()方法，代码如下。

```csharp
/// <summary>
/// 根据教师ID，课程ID，查询课程章节信息
/// </summary>
/// <param name="teaId">教师ID</param>
/// <param name="subId">课程ID</param>
/// <param name="termId">学期ID</param>
/// <param name="stat2cn">状态转为中文 true_转换 false_不转换</param>
/// <returns></returns>
public DataTable queryTeaSubChap(long teaId,long subId,long termId,bool stat2cn)
{
    UvTeaSubChapModel uvTeaSubChapModel = new UvTeaSubChapModel();
    uvTeaSubChapModel.TeaId = teaId;
    uvTeaSubChapModel.SubId = subId;
    uvTeaSubChapModel.TermId = termId;
    DataTable dt = uvTeaSubChapDAL.queryByCondition(uvTeaSubChapModel);
    if(stat2cn)
        for (int i = 0; i < dt.Rows.Count; i++)
        {
            string stat = dt.Rows[i]["chapStat"].ToString();
            if (stat == Common.Constants.STAT_INVALID)
                stat = Common.Constants.STAT_INVALID_CN;
            else
                stat = Common.Constants.STAT_VALID_CN;
            dt.Rows[i]["chapStat"] = stat;
        }
    return dt;
}
```

d. 添加修改章节状态的 modifyStat()方法，代码如下。

```csharp
/// <summary>
/// 修改章节状态
/// </summary>
/// <param name="id">章节ID</param>
/// <param name="stat">章节新状态</param>
/// <returns>true_修改成功 false_修改失败</returns>
public bool modifyStat(long id, string stat)
{
    bool result = false;
    if (stat.Trim() != string.Empty)
    {
        UtChapModel utChapModel = new UtChapModel();
        utChapModel.Stat = stat;
        utChapModel.Id = id;
        result = utChapDAL.update(utChapModel);
    }
    return result;
}
```

e. 添加查询章节是否存在的 isExists ()方法，代码如下。

```csharp
/// <summary>
/// 根据课程ID和章节名称查询章节是否存在，存在返回true,否则返回false
/// </summary>
/// <param name="subId">课程ID</param>
/// <param name="chapName">章节名称</param>
/// <returns>true_存在 false_不存在</returns>
public bool isExists(long subId,string chapName)
```

```csharp
    UtChapModel utChapModel = new UtChapModel();
    utChapModel.SubId = subId;
    utChapModel.ChapName = chapName;
    DataTable dt = utChapDAL.queryByCondition(utChapModel);
    if (dt.Rows.Count != 0)
        return true;
    else
        return false;
}
```

f. 添加新章节的 addChap()方法，代码如下。

```csharp
/// <summary>
/// 保存章节信息
/// </summary>
/// <param name="subId">课程 ID</param>
/// <param name="chapName">章节名称</param>
/// <returns>true_成功 false_失败</returns>
public bool addChap(long subId,string chapName)
{
    UtChapModel utChapModel = new UtChapModel();
    utChapModel.SubId = subId;
    utChapModel.ChapName = chapName;
    utChapModel.Stat = Common.Constants.STAT_VALID;
    return utChapDAL.save(utChapModel);
}
```

（5）Web 层后置代码文件实现。Web 层后置代码文件主要包括对 Default.aspx.cs 的修改，在其中将用户 ID 保存到 Session 中；并编写后置代码文件 ChapManage.aspx.cs。

① 修改 Default.aspx.cs 文件。将用户 ID 保存到 Session 中，代码如下。

```csharp
if (loginId > 0)
{
    //保存登录信息
    Session.Add("loginId", loginId);
    //网上选课系统 需要调用用户角色
    Session.Add(Constants.SESSION_USER_ROLE, role);
    long userId = 0;
    if (role == "2")//如果是管理员
    {
        //转向后台信息类别管理页面
        //Response.Redirect("Admin/ips/InfoTypeManage.aspx");
        userId = new AdminManageBLL().queryAdminUserByLoginId(loginId).Id;
        //保存用户的 ID
        Session.Add(Common.Constants.SESSION_USER_ID, userId);
        //转到网上选课 部门管理页面
        Response.Redirect("Admin/ocss/depManage.aspx");
    }
    else if (role == "1")//如果是教师
    {
        userId = new TeaManageBLL().queryTeaInfoByLoginId(loginId).Id;
        //保存用户的 ID
        Session.Add(Common.Constants.SESSION_USER_ID, userId);
        Response.Redirect("/Front/ocss/TaskQuery.aspx");
    }
    else if (role == "0")//如果是学生
    {
        userId = new StuManageBLL().queryStuByLoginId(loginId).Id;
        //保存用户的 ID
```

```
            Session.Add(Common.Constants.SESSION_USER_ID, userId);
            Response.Redirect("/Front/ocss/SelectSubject.aspx");
        }
    }
```

② 编写后置代码文件 ChapManage.aspx.cs。

a. 添加类体属性，代码如下。

```
//教学任务业务处理对象
private TaskManageBLL taskManageBLL = new TaskManageBLL();
//章节管理业务处理对象
private ChapManageBLL chapManageBLL = new ChapManageBLL();
```

b. 实现 Page_Load 事件，代码如下。

```
//获取教师 ID
long teaId = Convert.ToInt64(Session[Common.Constants.SESSION_USER_ID]);
//查询当前学期 ID
long termId = new TermManageBLL().queryTerm(DateTime.Now).Id;
if (Page.IsPostBack == false)
{
    //教师课程关系视图 Model 对象
    UvTeaSubRelationModel uvTeaSubRelationModel = new UvTeaSubRelationModel();
    uvTeaSubRelationModel.TeaId=teaId;
    uvTeaSubRelationModel.TermId = termId;
    uvTeaSubRelationModel.TeaStat = Common.Constants.STAT_VALID;
    uvTeaSubRelationModel.Stat = Common.Constants.STAT_OCSS_VERIFYPASS;
    //根据教师课程关系视图 Model 对象，查询教学任务
    DataTable dtSub = new TaskManageBLL().queryTeachTask(uvTeaSubRelationModel);
    //添加"请选择..."列表项
    dtSub = WebCommonUtil.addDdlFirstItem2DataTable(
                                    dtSub, "subName", "subId", 0);
    WebCommonUtil.dt2DropDownList(dtSub, ddlSub, "subName", "subId");
}
//课程 ID
long subId = 0;
if (ddlSub.SelectedValue != "0")
    subId = Convert.ToInt64(ddlSub.SelectedValue);
//教师课程章节视图
DataTable dtTeaSubChap = chapManageBLL.queryTeaSubChap(
teaId, subId, termId,true);
WebCommonUtil.dt2GridView(dtTeaSubChap, gvChap);
WebCommonUtil.setModifyStatButton(gvChap);
```

c. 实现"添加章节"按钮的 Click 事件，代码如下。

```
if (ddlSub.SelectedValue == "0")
{
    lblErrorMessage.Text = "添加章节，必须选择课程！";
    ddlSub.Focus();
    return;
}
if (txtName.Text.Trim() == string.Empty)
{
    lblErrorMessage.Text = "添加章节，必须输入章节名称！ ";
    txtName.Focus();
    return;
}
long subId = Convert.ToInt64(ddlSub.SelectedValue);
if(chapManageBLL.isExists(subId,txtName.Text.Trim()))
{
    lblErrorMessage.Text = "章节已存在，请重新输入章节名称！ ";
```

```
        txtName.Focus();
        return;
}
string msg = string.Empty;
string url = "ChapManage.aspx";
if (chapManageBLL.addChap(subId, txtName.Text.Trim()))
    msg = "添加成功! ";
else
    msg = "添加失败! ";
Response.Write("<script>alert('" + msg + "');location.href='" + url + "'</script>");
```

d. 实现停用按钮的 Click 事件，代码如下。

```
//得到 ID
long id = Convert.ToInt64(e.CommandArgument.ToString());
//消息
string msg = string.Empty;
if (chapManageBLL.modifyStat(id, Common.Constants.STAT_INVALID))
    msg += "修改操作成功! ";
else
    msg += "修改操作失败! ";
string url = "ChapManage.aspx";
//重定向
Response.Write(
"<script>alert('" + msg + "');location.href='" + url + "'</script>");
```

e. 实现启用按钮的 Click 事件，代码如下。

```
//得到 ID
long id = Convert.ToInt64(e.CommandArgument.ToString());
//消息
string msg = string.Empty;
if (chapManageBLL.modifyStat(id, Common.Constants.STAT_VALID))
    msg += "修改操作成功! ";
else
    msg += "修改操作失败! ";
string url = "ChapManage.aspx";
//重定向
Response.Write(
"<script>alert('" + msg + "');location.href='" + url + "'</script>");
```

f. 实现课程下拉列表框发生改变的 SelectedIndexChanged 事件，代码如下。

```
//获取教师 ID
long teaId = Convert.ToInt64(Session[Common.Constants.SESSION_USER_ID]);
//查询当前学期 ID
long termId = new TermManageBLL().queryTerm(DateTime.Now).Id;
//课程 ID
long subId = 0;
if(ddlSub.SelectedValue!="0")
    subId = Convert.ToInt64(ddlSub.SelectedValue);
//教师课程章节视图
DataTable dtTeaSubChap =
        chapManageBLL.queryTeaSubChap(teaId, subId, termId,true);
WebCommonUtil.dt2GridView(dtTeaSubChap, gvChap);
WebCommonUtil.setModifyStatButton(gvChap);
```

g. 实现 gvChap 分页的 PageIndexChanging 事件，代码如下。

```
gvChap.PageIndex = e.NewPageIndex;
//获取教师 ID
long teaId = Convert.ToInt64(Session[Common.Constants.SESSION_USER_ID]);
//查询当前学期 ID
long termId = new TermManageBLL().queryTerm(DateTime.Now).Id;
```

```
//课程 ID
long subId = 0;
if (ddlSub.SelectedValue != "0")
    subId = Convert.ToInt64(ddlSub.SelectedValue);
//教师课程章节视图
DataTable dtTeaSubChap =
        chapManageBLL.queryTeaSubChap(teaId, subId, termId, true);
WebCommonUtil.dt2GridView(dtTeaSubChap, gvChap);
WebCommonUtil.setModifyStatButton(gvChap);
```

3. 页面代码的保存与运行

代码输入完成,先将页面代码保存,然后按"F5"键或单击工具栏上的"运行"按钮运行该程序,程序运行后,教师经登录成功,选择"章节管理"选项,打开"章节管理"页面,显示如图 3-20 所示的效果。

──── 相关知识点 ────

Eval 函数

知识点 3-7　Eval 函数

高版本的 ASP.NET 改善了模板中的数据绑定操作,把 ASP.NET 1.x 中的数据绑定语法 DataBinder.Eval（Container.DataItem,fieldname）简化为 Eval（fieldname）。Eval 方法与 DataBinder.Eval 一样可以接收一个可选的格式化字符串参数。缩短的 Eval 语法与 DataBinder.Eval 的不同点是：Eval 会根据最近的容器对象（如 DataListItem）的 DataItem 属性来自动地解析字段,而 DataBinder.Eval 需要使用参数来指定容器。由于这个原因,Eval 只能在数据绑定控件的模板中使用,而不能用于 Page（页面）层。

1. Eval 方法

DataBinder.Eval 方法的语法如下。

```
<%# DataBinder.Eval(Container.DataItem, expression) %>
```

其中,Container.DataItem 表达式引用对该表达式进行计算的对象。该表达式通常是一个字符串,表示数据项对象上要访问的字段的名称。DataItem 属性表示当前容器上下文中的对象。容器通常即将生成的该数据项对象（如 DataGridItem 对象）的当前实例。

2. 简洁的 Eval

DataBinder.Eval 的原始语法可以被简化。只要在 ASP.NET 1.x 中接受如下表达式的地方。

```
<%# DataBinder.Eval(Container.DataItem, expression) %>
```

就可以使用如下代码。

```
<%# Eval(expression) %>
```

3.3.4　子任务 4 题库管理页面设计

子任务 4 描述

利用 ASP.NET 中的 DropDownList、Button、GridView 控件以及自定义控件实现网上考试系统后台"题库管理"功能。

教师登录网上考试系统，选择"题库管理"选项，打开 QuestionManage.aspx 页面，依次选择"任教课程→课程的章节→题目的类型"命令，然后出现添加相应试题类型的试题输入界面，在此界面的下方显示已录入试题的信息。添加试题界面的运行效果如图 3-21 所示。

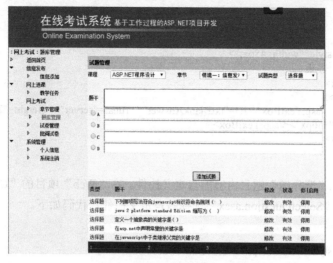

图 3-21 "试题添加"页面运行效果图

① 能按照代码规范组织编写代码；
② 能熟练实现 DropDownList 控件级联效果；
③ 掌握自定义控件开发与使用方法；
④ 能熟练掌握 GridView 控件绑定数据与分页功能；
⑤ 能熟练运用 IsPostBack 属性进行页面初始化设置。

题库管理的开发主要包括页面设计、代码设计等，其中代码设计包括 BLL、DAL、Model 层中的类的设计等。

1. UI 层开发

（1）添加自定义控件。在输入试题内容时，不同类型的试题，输入的内容及界面不一样。为简化并方便程序开发，分别为输入"选择题"、"填空题"、"判断题"及其他类型的题目内容设计各自的自定义控件。

① 设计输入"填空题"题目内容的自定义控件。在"Web"项目中，右击"UserControl"文件夹，从弹出的快捷菜单中选择"添加(D)"→"新建项(W)…"命令，在弹出如图 1-32 的对话框中，选择"Web 用户控件"选项，在名称中输入"FillQuestion.ascx"，添加该控件的代码如下：

```
<table >
    <tr>
        <td style="width:45px;">
            题干
```

```
            </td>
            <td>
                <asp:TextBox ID="txtBlankContent" runat="server" Width="550px"
                    Height="40px" TextMode="MultiLine"></asp:TextBox>
            </td>
        </tr>
        <tr>
            <td style="width: 45px;">
                答案
            </td>
            <td>
                <asp:TextBox ID="txtBlankAnswer" runat="server" Height="20px" TextMode="MultiLine" Width="550px"></asp:TextBox>
            </td>
        </tr>
    </table>
```

② 设计输入"选择题"题目内容的自定义控件。在"Web"项目的"UserControl"文件夹中,添加名为"SelectQuestion.ascx"选择题自定义控件,代码如下。

```
<table>
    <tr>
        <td style="width:45px">题干</td>
        <td>
            <asp:TextBox ID="txtSelectContent" runat="server"
                Width="550px" Height="40px" TextMode="MultiLine"></asp:TextBox>
        </td>
    </tr>
    <tr>
        <td style="width:45px; ">
            <asp:RadioButton ID="rdbA" runat="server" Width="30px"
                Text="A" GroupName="rdbSelect" />
        </td>
        <td>
            <asp:TextBox ID="txtSelectA" runat="server"
                Height="20px" Width="550px"></asp:TextBox>
        </td>
    </tr>
    <tr>
        <td>
            <asp:RadioButton ID="rdbB" runat="server" Width="30px"
                Text="B" GroupName="rdbSelect" />
        </td>
        <td>
            <asp:TextBox ID="txtSelectB" runat="server"
                Height="20px" Width="550px"></asp:TextBox>
        </td>
    </tr>
    <tr>
        <td>
            <asp:RadioButton ID="rdbC" runat="server" Width="30px"
                Text="C" GroupName="rdbSelect" />
        </td>
        <td>
            <asp:TextBox ID="txtSelectC" runat="server"
                Height="20px" Width="550px"></asp:TextBox>
        </td>
    </tr>
    <tr>
        <td>
```

```
                <asp:RadioButton ID="rdbD" runat="server" Width="30px"
                    Text="D" GroupName="rdbSelect" />
            </td>
            <td>
                <asp:TextBox ID="txtSelectD" runat="server"
                    Height="20px" Width="550px"></asp:TextBox>
            </td>
        </tr>
</table>
```

③ 设计输入"判断题"题目内容的自定义控件。在"Web"项目的"UserControl"文件夹中，添加名为"JudgeQuestion.ascx"判断题自定义控件，代码如下。

```
<table >
    <tr>
        <td style="width:45px;">
            题干
        </td>
        <td>
            <asp:TextBox ID="txtJudgeContent" runat="server"
                Width="550px" Height="40px" TextMode="MultiLine"></asp:TextBox>
        </td>
    </tr>
    <tr>
        <td style="width: 45px;">
            答案
        </td>
        <td>
            <asp:RadioButtonList ID="rdlJudgeResult" runat="server"
                RepeatDirection="Horizontal" Width="200px">
                <asp:ListItem    Text="正确" Value="1"></asp:ListItem>
                <asp:ListItem    Text="错误" Value="0"></asp:ListItem>
            </asp:RadioButtonList>
        </td>
    </tr>
</table>
```

（2）添加 QuestionManage.aspx 窗体。

① 在"Web"项目中，右击"Admin/oes"文件夹，新建 ChapManage.aspx 窗体，母版页选择"master/OesSite.Master"。

② 添加注册自定义控件的命令。在<asp:Content></asp:Content>标签上方添加对自定义控件的注册，代码如下。

```
<%@ Register Src="~/UserControl/SelectQuestion.ascx" TagName="SelectQuestion" TagPrefix="uc1" %>
<%@ Register Src="~/UserControl/JudgeQuestion.ascx" TagName=" JudgeQuestion " TagPrefix="uc2" %>
<%@ Register Src="~/UserControl/FillQuestion.ascx" TagName="FillQuestion" TagPrefix="uc3" %>
```

③ 在<asp:Content></asp:Content>标签内添加 6 行 6 列的表格。

第 1 行：显示"试题管理"信息，代码如下。

```
<tr>
    <th colspan="6" >试题管理</th>
</tr>
```

第 2 行：课程选择、章节选择和试题类型选择，代码如下。

```
<tr>
    <td style="width:45px">课程</td>
    <td style="width:140px">
        <asp:DropDownList ID="ddlSub" runat="server" AutoPostBack="True"
            Width="140px" onselectedindexchanged="ddlSub_SelectedIndexChanged">
```

```
                </asp:DropDownList>
            </td>
            <td style="width:45px">章节</td>
            <td  style="width:120px">
                <asp:DropDownList ID="ddlChapter" runat="server" Width="120px"
                    Enabled="False" AutoPostBack="True"
                    onselectedindexchanged="ddlChapter_SelectedIndexChanged">
                </asp:DropDownList>
            </td>
            <td style="width:55px">试题类型</td>
            <td  style="width:80px">
                <asp:DropDownList ID="ddlQuestionType" runat="server" Width="80px"
                    AutoPostBack="True" Enabled="False"
                    onselectedindexchanged="ddlQuestionType_SelectedIndexChanged"      >
                </asp:DropDownList>
            </td>
        </tr>
```

第3行：使用所定义的3种自定义控件，初始默认3种自定义控件不可见，代码如下。

```
        <tr>
            <td style="height:200px;" colspan="6">
                <table>
                    <tr id="trSelect" runat="server" visible="false">
                        <td>
                            <uc1:SelectQuestion
                                runat="server" ID="ucSelect" Visible="true" />
                        </td>
                    </tr>
                    <tr id="trJudge" runat="server" visible="false">
                        <td >
                            <uc2: JudgeQuestion runat="server"ID="ucJudge" Visible="true" />
                        </td>
                    </tr>
                    <tr id="trFill" runat="server" visible="false">
                        <td >
                            <uc3:FillQuestion runat="server" ID="ucFill" Visible="true" />
                        </td>
                    </tr>
                </table>
            </td>
        </tr>
```

第4行：显示出错信息，代码如下。

```
        <tr>
            <td colspan="6" style="color:Red">
                <asp:Label ID="lblErrorMessage" runat="server" ></asp:Label>
            </td>
        </tr>
```

第5行："添加试题"按钮，代码如下。

```
        <tr id="trConfirm" runat="server" visible="false">
            <td align="center" style="height: 20px" colspan="6">
                <asp:Button ID="btnConfirm" runat="server" Text=" 添加试题 "
                    CssClass="button"
                    onclick="btnConfirm_Click" Visible="true" />
            </td>
        </tr>
```

第6行：在表格的单元格中插入一个GridView控件，代码如下。

```
        <tr>
            <td colspan="6">
```

```
<asp:GridView ID="gvQuestion" runat="server" AutoGenerateColumns="False"
    CellPadding="4" ForeColor="#333333" GridLines="None"
    AllowPaging="True"   PageSize="15" HeaderStyle-Height="20px"
    onpageindexchanging="gvQuestion_PageIndexChanging">
    <Columns>

    </Columns>
    <RowStyle BackColor="#F7F6F3" ForeColor="#333333" />
    <PagerStyle BackColor="#284775"
                ForeColor="White" HorizontalAlign="Center"/>
    <AlternatingRowStyle BackColor="White" ForeColor="#284775" />
</asp:GridView>
</td>
</tr>
```

在< Columns ></ Columns >标签内设置 gvChap 控件，添加代码如下。

```
<asp:TemplateField HeaderText="类型">
    <ItemTemplate >
        <%#Eval("questionTypeName")%>
    </ItemTemplate>
    <ItemStyle Width="60px" />
</asp:TemplateField>
<asp:TemplateField HeaderText="题干">
    <ItemTemplate >
        <a href='QuestionDetailView.aspx?id=<%#Eval("questionId") %>'
           target="_blank">
            <%#Eval("questionContent")%>
        </a>
    </ItemTemplate>
    <ItemStyle Width="400px" />
</asp:TemplateField>
<asp:TemplateField HeaderText="修改">
    <ItemTemplate >
        <a href='QuestionModify.aspx?id=<%#Eval("questionId") %>'
           target="_blank">
        修改
        </a>
    </ItemTemplate>
    <ItemStyle Width="40px" />
</asp:TemplateField>
<asp:TemplateField HeaderText="状态">
    <ItemTemplate >
        <asp:Label ID="lblStat" runat="server"
            Text='<%#Eval("questionStat") %>'></asp:Label>
    </ItemTemplate>
    <ItemStyle Width="40px" />
</asp:TemplateField>
<asp:TemplateField HeaderText="停用/启用">
    <ItemTemplate >
        <asp:LinkButton ID= "lbnDisable"   runat="server"
            CommandArgument='<%# Eval("questionId") %>'
            OnCommand= "lbnDisable_Click "
            OnClientClick=
                "return confirm( '你确定要停用该试题类别?'); "  >
        停用
        </asp:LinkButton>
        <asp:LinkButton ID= "lbnEnable" runat="server"
            CommandArgument='<%# Eval("questionId") %>'
            OnCommand= "lbnEnable_Click "
```

```
            OnClientClick=
                "return confirm('你确定要启用该试题类别?');"   >
            启用
            </asp:LinkButton>
        </ItemTemplate>
        <ItemStyle Width="60px" />
    </asp:TemplateField>
```

试题管理页面用到了 3 个自定义控件、1 个 Button、1 个 Label、3 个 DropDownList、1 个 GridView 以及嵌套在 GridView 控件中的 2 个 LinkButton 控件和 1 个 Label 控件,各控件属性设置如表 3-21 所示。

表 3-21　子任务 4　内容层控件主要属性设置表

控件名	属性名	设置值
DropDownList1	ID	ddlSub
	Width	140px
	AutoPostBack	True
	onselectedindexchanged	ddlSub_SelectedIndexChanged
DropDownList2	ID	ddlChapter
	Width	120px
	AutoPostBack	True
	onselectedindexchanged	ddlQuestionType_SelectedIndexChanged
DropDownList3	ID	ddChapter
	Width	80px
	AutoPostBack	True
	onselectedindexchanged	ddlQuestionType _SelectedIndexChanged
uc1:SelectQuestion	ID	ucSelect
uc2:ChoiceQuestion	ID	ucJudge
uc3:FillQuestion	ID	ucFill
Button1	ID	btnSubmit
	CssClass	button
	Text	添加试题
	onclick	btnSubmit_Click
Label1	ID	lblErrorMessage
Label2	ID	lblStat
	Text	<%#Eval("questionStat") %>
GridView1	ID	gvQuestion
	AutoGenerateColumns	False
	AllowPaging	True
	PageSize	15
	onpageindexchanging	gvQuestion_PageIndexChanging
LinkButton1	ID	lbnDisable
	CommandArgument	<%# Eval("questioned ") %>
	OnCommand	lbnDisable _Click
	OnClientClick	return confirm('你确定要停用该试题?');
LinkButton2	ID	lbnEnable
	CommandArgument	<%# Eval("questioned") %>
	OnCommand	lbnEnable _Click
	OnClientClick	return confirm('你确定要启用该试题?');

●2. QuestionManage.aspx 页面功能实现

完成了 QuestionManage.aspx 页面及各控件的属性设计后，还需要编写页面后置代码文件 QuestionManage.aspx.cs 程序以及对 BLL、DAL、Model 三层进行开发等。

（1）Model 层实现。参照情境 2 中的"基础信息管理"模块开发，完成数据表及视图封装类的设计。试题管理 Model 层主要包括 UtQuestionModel、UtSelectContentModel、UvQuestionModel、UvQuestionDetailModel 及相应封装类的设计。

（2）DAL 层实现。参照情境 2 中的"基础信息管理"模块开发，完成数据访问层类的设计。试题管理 DAL 层主要包括 UtQuestionDAL、UtSelectContentDAL、UvQuestionDAL、UvQuestionDetailDAL 等类的设计。

在 UtSelectContentDAL 类体中，添加根据课程 ID，查询试题类别 ID，试题类别名称，试题数量的方法 queryQuestionCount()和根据章节 ID，查询该章节下的所有试题类别的方法 queryQuestionTypeByChapId()，代码如下。

```
/// <summary>
/// 根据课程 ID，查询试题类别 ID，试题类别名称，试题数量
/// </summary>
/// <param name="subId">课程 ID</param>
/// <returns></returns>
public DataTable queryQuestionCount(long subId)
{
    sql = "select questionTypeId,questionTypeName,COUNT(questionTypeId) as questionCount ";
    sql += "from uv_exam_question ";
    sql += "where 1=1 and subId= " + subId + " ";
    sql += "group by questionTypeId,questionTypeName ";
    return dbUtil.dbQuery(sql);
}
/// <summary>
/// 根据章节 ID，查询该章节下的所有试题类别，返回试题类别 ID，试题类别 name
/// </summary>
/// <param name="chapId"></param>
/// <returns></returns>
public DataTable queryQuestionTypeByChapId(long chapId)
{
    sql = "select distinct questionTypeId,questionTypeName ";
    sql += "from uv_exam_question ";
    sql += "where 1=1 ";
    sql += "and questionTypeStat='" + Common.Constants.STAT_VALID + "'";
    return dbUtil.dbQuery(sql);
}
```

（3）BLL 层实现。BLL 层的实现包括 QuestionManageBLL、SelectContentManageBLL 类的实现。

① QuestionManageBLL 业务处理类开发。

a. 在 BLL 项目中 "admin/oes" 文件夹中添加 QuestionManageBLL 类，代码如下。

```
/// <summary>
/// 试题信息管理业务封装类
/// </summary>
public class QuestionManageBLL
{

}
```

b. 在 QuestionManageBLL 中添加类体成员属性，代码如下。

```csharp
/// <summary>
/// 章节数据表 DAL 处理对象
/// </summary>
private UtChapDAL utChapDAL = new UtChapDAL();

/// <summary>
/// 教师课程章节视图 DAL 处理对象
/// </summary>
private UvTeaSubChapDAL uvTeaSubChapDAL = new UvTeaSubChapDAL();
```

c. 添加"根据课程 ID，章节 ID，试题类别 ID 查询试题，返回试题视图的 datatable 对象"的 queryQuestion() 方法，代码如下。

```csharp
/// <summary>
/// 根据课程 ID，章节 ID，试题类别 ID 查询试题，返回试题视图的 datatable 对象
/// </summary>
/// <param name="subId">课程 ID</param>
/// <param name="chapId">章节 ID</param>
/// <param name="questionTypeId">试题类别 ID</param>
/// <param name="stat2cn">状态转换为中文 true_转换 false_不转换</param>
/// <returns>试题视图的 datatable 对象</returns>
public DataTable queryQuestion(long subId, long chapId, long questionTypeId, bool stat2cn)
{
    UvQuestionModel uvQuestionModel = new UvQuestionModel();
    uvQuestionModel.ChapId = chapId;
    uvQuestionModel.SubId = subId;
    uvQuestionModel.QuestionTypeId = questionTypeId;
    uvQuestionModel.SubStat = Common.Constants.STAT_VALID;
    uvQuestionModel.ChapStat = Common.Constants.STAT_VALID;
    uvQuestionModel.QuestionTypeStat = Common.Constants.STAT_VALID;
    DataTable dt = uvQuestionDAL.queryByCondition(uvQuestionModel);
    if (stat2cn)
    {
        for (int i = 0; i < dt.Rows.Count; i++)
        {
            string stat = dt.Rows[i]["questionStat"].ToString();
            if (stat == Common.Constants.STAT_INVALID)
                stat = Common.Constants.STAT_INVALID_CN;
            else
                stat = Common.Constants.STAT_VALID_CN;
            dt.Rows[i]["questionStat"] = stat;
        }
    }
    return dt;
}
```

d. 添加修改试题状态的 modifyStat() 方法，代码如下。

```csharp
/// <summary>
/// 修改试题类别状态
/// </summary>
/// <param name="id">试题类别 ID</param>
/// <param name="stat">试题类别新状态</param>
/// <returns>true_修改成功 false_修改失败</returns>
public bool modifyStat(long id, string stat)
{
    bool result = false;
    if (stat.Trim() != string.Empty)
    {
```

```csharp
            UtQuestionModel utQuestionModel = new UtQuestionModel();
            utQuestionModel.Stat = stat;
            utQuestionModel.Id = id;
            result = utQuestionDAL.update(utQuestionModel);
        }
        return result;
    }
```

e. 添加查询试题是否存在的 isExists ()方法，代码如下。

```csharp
/// <summary>
/// 根据章节 ID，试题类型 ID，试题内容查询试题是否存在，存在返回 true，否则返回 false
/// </summary>
/// <param name="chapId">章节 ID</param>
/// <param name="questionTypeId">试题类型 ID</param>
/// <param name="questionContent">试题内容</param>
/// <returns>true_存在 false_不存在</returns>
public bool isExists(long chapId, long questionTypeId, string questionContent)
{
    long questionId =
        queryQuestionIdByCondition(chapId, questionTypeId, questionContent);
    if (questionId != 0)
        return true;
    else
        return false;
}
```

f. 添加保存试题的 addQuestion()方法。

```csharp
// <summary>
/// 保存试题信息
/// </summary>
/// <param name="chapId">章节 ID</param>
/// <param name="questionTypeId">试题类型 ID</param>
/// <param name="questionContent">试题内容</param>
/// <returns>true_成功 false_失败</returns>
public bool addQuestion(long chapId, long questionTypeId,string questionContent)
{
    UtQuestionModel utQuestionModel = new UtQuestionModel();
    utQuestionModel.ChapId = chapId;
    utQuestionModel.QuestionTypeId = questionTypeId;
    utQuestionModel.QuestionContent = questionContent;
    utQuestionModel.Stat = Common.Constants.STAT_VALID;
    return utQuestionDAL.save(utQuestionModel);
}
```

g. 添加"根据章节 ID，试题类型 ID，题干内容，查询试题 ID"的 queryQuestionIdByCondition ()方法，代码如下。

```csharp
/// <summary>
/// 根据章节 ID，试题类型 ID，题干内容，查询试题 ID
/// </summary>
/// <param name="chapId">章节 ID</param>
/// <param name="questionTypeId">试题类型 ID</param>
/// <param name="questionContent">试题内容</param>
/// <returns></returns>
public long queryQuestionIdByCondition(long chapId, long questionTypeId, string questionContent)
{
    long questionId = 0;
    UtQuestionModel utQuestionModel = new UtQuestionModel();
    utQuestionModel.ChapId = chapId;
    utQuestionModel.QuestionTypeId = questionTypeId;
```

```
        utQuestionModel.QuestionContent = questionContent;
        DataTable dt = utQuestionDAL.queryByCondition(utQuestionModel);
        if (dt.Rows.Count != 0)
            questionId = Convert.ToInt64(dt.Rows[0]["id"]);
        return questionId;
    }
```

② SelectContentManageBLL 业务处理类设计。

a. 在 BLL 项目中 "admin/oes" 文件夹中添加 SelectContentManageBLL 类，代码如下。

```
/// <summary>
/// 选项信息管理业务封装类
/// </summary>
public class SelectContentManageBLL
{

}
```

b. 在 SelectContentManageBLL 中添加类体成员属性，代码如下。

```
/// <summary>
/// 选项内容数据表 DAL 对象
/// </summary>
private UtSelectContentDAL utSelectContentDAL = new UtSelectContentDAL();
```

c. 添加"根据试题 ID，答案内容查询答案是否存在"的 isExists()方法，代码如下。

```
/// <summary>
/// 根据试题 ID，答案内容查询答案是否存在，存在返回 true，否则返回 false
/// </summary>
/// <param name="questionId">试题 ID</param>
/// <param name="selectContent">答案内容</param>
/// <returns>true_存在 false_不存在</returns>
public bool isExists(long questionId, string selectContent)
{
    UtSelectContentModel utSelectContentModel = new UtSelectContentModel();
    utSelectContentModel.QuestionID = questionId;
    utSelectContentModel.SelectContent = selectContent;
    DataTable dt = utSelectContentDAL.queryByCondition(utSelectContentModel);
    if (dt.Rows.Count != 0)
        return true;
    else
        return false;
}
```

d. 添加"保存选项信息"的 addSelectContent()方法，代码如下。

```
/// <summary>
/// 保存选项信息
/// </summary>
/// <param name="questionId">试题 ID</param>
/// <param name="selectContent">答案内容</param>
/// <param name="correct">0_错误 1_正确</param>
/// <returns>true_成功 false_失败</returns>
public bool addSelectContent(long questionId, string selectContent, string correct)
{
    UtSelectContentModel utSelectContentModel = new UtSelectContentModel();
    utSelectContentModel.QuestionID = questionId;
    utSelectContentModel.SelectContent = selectContent;
    utSelectContentModel.Correct = correct;
    return utSelectContentDAL.save(utSelectContentModel);
}
```

（4）Web 层后置代码文件实现。Web 层 QuestionManage.aspx.cs 后置代码文件的实现。

① 添加类体成员变量，代码如下。

```csharp
/// <summary>
/// 试题管理业务处理对象
/// </summary>
private QuestionManageBLL questionManageBLL = new QuestionManageBLL();
/// <summary>
/// 试题选项管理业务处理对象
/// </summary>
private SelectContentManageBLL selectContentManageBLL =
new SelectContentManageBLL();
/// <summary>
/// 试题类别管理业务处理对象
/// </summary>
private QuestionTypeManageBLL questionTypeManageBLL =
new QuestionTypeManageBLL();
```

② 实现 Page_Load 事件，代码如下。

```csharp
if (!IsPostBack)
{
    //获取教师 ID
    long teaId = Convert.ToInt64(Session[Common.Constants.SESSION_USER_ID]);
    //查询当前学期 ID
    long termId = new TermManageBLL().queryTerm(DateTime.Now).Id;
    //教师课程关系视图 Model 对象
    UvTeaSubRelationModel uvTeaSubRelationModel = new UvTeaSubRelationModel();
    uvTeaSubRelationModel.TeaId = teaId;
    uvTeaSubRelationModel.TermId = termId;
    uvTeaSubRelationModel.TeaStat = Common.Constants.STAT_VALID;
    uvTeaSubRelationModel.Stat = Common.Constants.STAT_OCSS_VERIFYPASS;
    //根据教师课程关系视图 Model 对象，查询教学任务
    DataTable dtSub = new TaskManageBLL().queryTeachTask(uvTeaSubRelationModel);
    //添加"请选择..."列表项
    dtSub = WebCommonUtil.addDdlFirstItem2DataTable( dtSub, "subName", "subId", 0);
    WebCommonUtil.dt2DropDownList(dtSub, ddlSub, "subName", "subId");
}
```

③ 实现课程下拉列表框 ddlSub 的 SelectedIndexChanged 事件，代码如下。

```csharp
//绑定章节下拉列表框
long subId = 0;
if (ddlSub.SelectedValue != "0")
{
    subId = Convert.ToInt64(ddlSub.SelectedValue);
    ddlChapter.Enabled = true;
}
else
    ddlChapter.Enabled = false;
//获取教师 ID
long teaId = Convert.ToInt64(Session[Common.Constants.SESSION_USER_ID]);
//查询当前学期 ID
long termId = new TermManageBLL().queryTerm(DateTime.Now).Id;
DataTable dtChap = new ChapManageBLL().queryTeaSubChap( teaId, subId, termId, false);
dtChap = WebCommonUtil.addDdlFirstItem2DataTable( dtChap, "chapName", "chapId", 0);
WebCommonUtil.dt2DropDownList(dtChap, ddlChapter, "chapName", "chapId");

//绑定 GridView
DataTable dtQuestion = questionManageBLL.queryQuestion(subId, 0, 0,true);
WebCommonUtil.dt2GridView(dtQuestion, gvQuestion);
WebCommonUtil.setModifyStatButton(gvQuestion);
```

④ 实现章节下拉列表框 ddlChapter 的 SelectedIndexChanged 事件，代码如下。

```
//绑定试题类别下拉列表框
long chapId = 0;
long subId = 0;
if (ddlChapter.SelectedValue != "0")
{
    subId = Convert.ToInt64(ddlSub.SelectedValue);
    chapId = Convert.ToInt64(ddlChapter.SelectedValue);
    ddlQuestionType.Enabled = true;
}
else
    ddlQuestionType.Enabled = false;
DataTable dtQuestionType =
        new QuestionTypeManageBLL().queryQuestionTypeByChapId(chapId);
dtQuestionType = WebCommonUtil.addDdlFirstItem2DataTable(
                dtQuestionType, "questionTypeName", "questionTypeId", 0);
WebCommonUtil.dt2DropDownList(
    dtQuestionType, ddlQuestionType, "questionTypeName", "questionTypeId");

//绑定 GridView
DataTable dtQuestion = questionManageBLL.queryQuestion(subId, chapId, 0,true);
WebCommonUtil.dt2GridView(dtQuestion, gvQuestion);
WebCommonUtil.setModifyStatButton(gvQuestion);
```

⑤ 实现停用按钮的 Click 事件，代码如下。

```
//得到停用课程类别编号
long id = Convert.ToInt64(e.CommandArgument.ToString());
//消息
string msg = "";
if (questionManageBLL.modifyStat(id, Common.Constants.STAT_INVALID))
    msg += " 修改操作成功！ ";
else
    msg += " 修改操作失败！ ";
string url = "QuestionManage.aspx";
//重定向
Response.Write(
"<script>alert('" + msg + "');location.href='" + url + "'</script>");
```

⑥ 实现启用按钮的 Click 事件，代码如下。

```
//得到停用课程类别编号
long id = Convert.ToInt64(e.CommandArgument.ToString());
//消息
string msg = "";
if (questionManageBLL.modifyStat(id, Common.Constants.STAT_VALID))
    msg += " 修改操作成功！ ";
else
    msg += " 修改操作失败！ ";
string url = "QuestionManage.aspx";
//重定向
Response.Write(
    "<script>alert('" + msg + "');location.href='" + url + "'</script>");
```

⑦ 实现课程下拉列表框发生改变的 SelectedIndexChanged 事件，代码如下。

```
//获取教师 ID
long teaId = Convert.ToInt64(Session[Common.Constants.SESSION_USER_ID]);
//查询当前学期 ID
long termId = new TermManageBLL().queryTerm(DateTime.Now).Id;
//课程 ID
long subId = 0;
```

```
if(ddlSub.SelectedValue!="0")
    subId = Convert.ToInt64(ddlSub.SelectedValue);
//教师课程章节视图
DataTable dtTeaSubChap =
        chapManageBLL.queryTeaSubChap(teaId, subId, termId,true);
WebCommonUtil.dt2GridView(dtTeaSubChap, gvChap);
WebCommonUtil.setModifyStatButton(gvChap);
```

⑧ 实现"添加试题"按钮的 Click 事件，代码如下。

```
//选项内容管理业务处理对象
SelectContentManageBLL selectContentManageBLL = new SelectContentManageBLL();
if (ddlChapter.SelectedValue != "0" && ddlSub.SelectedValue != "0")
{
    long chapId = Convert.ToInt64(ddlChapter.SelectedValue);
    long questionTypeId = Convert.ToInt64(ddlQuestionType.SelectedValue);
    string questionContent = string.Empty;
    string url = string.Empty;
    //选择题添加
    if (ucSelect.Visible == true)//选择题
    {

    }
    //填空题添加
    else if (ucJudge.Visible == true)//判断题
    {

    }
    //判断题添加
    else if (ucFill.Visible == true)
    {

    }
}
else
{
    string msg = "请完善信息！ ";
    //重定向
    Response.Write("<script>alert('" + msg + "')</script>");
}
```

选择题添加代码如下。

```
//获取题干内容
TextBox tb = (TextBox)ucSelect.FindControl("txtSelectContent");
questionContent = tb.Text;
//获取选项 A 内容
TextBox tbA = (TextBox)ucSelect.FindControl("txtSelectA");
string selA = tbA.Text;
//获取选项 A 是否正确
RadioButton rdbA = (RadioButton)ucSelect.FindControl("rdbA");
bool answerA = rdbA.Checked;
//获取选项 B 内容
TextBox tbB = (TextBox)ucSelect.FindControl("txtSelectB");
string selB = tbB.Text;
//获取选项 B 是否正确
RadioButton rdbB = (RadioButton)ucSelect.FindControl("rdbB");
bool answerB = rdbB.Checked;
//获取选项 C 内容
TextBox tbC = (TextBox)ucSelect.FindControl("txtSelectC");
string selC = tbC.Text;
```

```csharp
//获取选项C是否正确
RadioButton rdbC = (RadioButton)ucSelect.FindControl("rdbC");
bool answerC = rdbC.Checked;
//获取选项D内容
TextBox tbD = (TextBox)ucSelect.FindControl("txtSelectD");
string selD = tbD.Text;
//获取选项D是否正确
RadioButton rdbD = (RadioButton)ucSelect.FindControl("rdbD");
bool answerD = rdbD.Checked;

if (string.IsNullOrEmpty(questionContent))
{
    lblErrorMessage.Text = "请输入题干";
    return;
}
if (string.IsNullOrEmpty(selA) || string.IsNullOrEmpty(selB)
    || string.IsNullOrEmpty(selC) || string.IsNullOrEmpty(selD))
{
    lblErrorMessage.Text = "选项内容输入不全，请输入！ ";
    return;
}
else if (!answerA && !answerB && !answerC && !answerD)
{
    lblErrorMessage.Text = "选择题未给出正确选项！ ";
    return;
}
if(questionManageBLL.isExists(chapId, questionTypeId, questionContent))
{
    lblErrorMessage.Text = "题库中已存在该题，请重新添加！ ";
    return;
}
else
{
    //添加题干
    bool isInsertQuestion =
        questionManageBLL.addQuestion(chapId, questionTypeId, questionContent);
    //获取刚添加题干的ID
    long questionId=
        questionManageBLL.queryQuestionIdByCondition(
                        chapId, questionTypeId, questionContent);
    string answer=string.Empty;
    //查询选项是否存在
    bool isAnsAExists = selectContentManageBLL.isExists(questionId, selA);
    bool isAnsBExists = selectContentManageBLL.isExists(questionId, selB);
    bool isAnsCExists = selectContentManageBLL.isExists(questionId, selC);
    bool isAnsDExists = selectContentManageBLL.isExists(questionId, selD);
    //选项不存在，添加选项
    if (!isAnsAExists && !isAnsBExists && !isAnsCExists && !isAnsDExists)
    {
        string correct = answerA? "1":"0";
        bool isInsertAnswerA =
            selectContentManageBLL.addSelectContent(questionId, selA, correct);
        correct = answerB? "1":"0";
        bool isInsertAnswerB =
            selectContentManageBLL.addSelectContent(questionId, selB, correct);
        correct = answerC? "1":"0";
        bool isInsertAnswerC =
            selectContentManageBLL.addSelectContent(questionId, selC, correct);
```

```csharp
        correct = answerD? "1":"0";
        bool isInsertAnswerD =
            selectContentManageBLL.addSelectContent(questionId, selD, correct);
        if (isInsertQuestion && isInsertAnswerA
            && isInsertAnswerB && isInsertAnswerC && isInsertAnswerD)
        {
            msg = "新增试题成功！";
            url = "QuestionManage.aspx";
            //重定向
            Response.Write(
                "<script>alert('" + msg + "');location.href='" + url + "'</script>");
        }
    }
}
```

填空题添加代码如下。

```csharp
//获取题干内容
TextBox tb = (TextBox)ucJudge.FindControl("txtJudgeContent");
questionContent = tb.Text;
//获取答案
RadioButtonList rdbList = (RadioButtonList)ucJudge.FindControl("rdlJudgeResult");
string correct = rdbList.SelectedValue;
string answer = rdbList.SelectedItem.Text;
if (string.IsNullOrEmpty(questionContent))
{
    lblErrorMessage.Text = "请输入题干";
    return;
}
if (string.IsNullOrEmpty(correct) || string.IsNullOrEmpty(answer))
{
    lblErrorMessage.Text = "请输入答案";
    return;
}
if (questionManageBLL.isExists(chapId, questionTypeId, questionContent))
{
    lblErrorMessage.Text = "题库中已存在该题，请重新添加！";
    return;
}
else
{
    bool isInsertQuestion =
        questionManageBLL.addQuestion(chapId, questionTypeId, questionContent);
    long queId =
        questionManageBLL.queryQuestionIdByCondition(
                chapId, questionTypeId, questionContent);
    bool isInsertAnswer =
        selectContentManageBLL.addSelectContent(queId, answer, correct);
    if (isInsertQuestion && isInsertAnswer)
    {
        msg = "新增试题成功！";
        url = "QuestionManage.aspx";
        //重定向
        Response.Write(
            "<script>alert('" + msg + "');location.href='" + url + "'</script>");
    }
}
```

判断题添加代码如下。

```csharp
//获取题干内容
TextBox tb = (TextBox)ucFill.FindControl("txtBlankContent");
```

```
questionContent = tb.Text;
//获取答案
TextBox tb1 = (TextBox)ucFill.FindControl("txtBlankAnswer");
string answer = tb.Text;
if (string.IsNullOrEmpty(questionContent))
{
    lblErrorMessage.Text = "请输入题干";
    return;
}
if (string.IsNullOrEmpty(answer))
{
    lblErrorMessage.Text = "请输入答案";
    return;
}
if (questionManageBLL.isExists(chapId, questionTypeId, questionContent))
{
    lblErrorMessage.Text = "题库中已存在该题，请重新添加！";
    return;
}
else
{
    bool isInsertQuestion = questionManageBLL.addQuestion(chapId, questionTypeId, questionContent);
    long queId = questionManageBLL.queryQuestionIdByCondition(
                    chapId, questionTypeId, questionContent);
    bool isInsertAnswer = selectContentManageBLL.addSelectContent(
                    queId, answer, "1");
    if (isInsertQuestion && isInsertAnswer)
    {
        msg = "新增试题成功！";
        url = "QuestionManage.aspx";
        //重定向
        Response.Write(
            "<script>alert('" + msg + "');location.href='" + url + "'</script>");
    }
}
```

3. 页面代码的保存与运行

代码输入完成，先将页面代码保存，然后按"F5"键或单击工具栏上的"运行"按钮运行该程序，程序运行后，教师经登录成功后，选择"题库管理"选项，打开"题库管理"页面，显示如图 3-21 所示的效果。

—— 相关知识点 ——

自定义控件

知识点 3-8　自定义控件

自定义控件是能够在其中放置标记和 Web 服务器控件的容器，可以将其看作一个独立的单元，拥有自己的属性和方法，并可被放入到 ASPX 页面上。其工作原理与 ASP.NET 页面非常相似。在 Web 应用的界面设计时，当需要重复使用某个具有相同功能的界面元素时（如按钮、文本框等），或在构造公共用户界面时，就可以定义和使用自定义控件来达到上述目标。例如，在学习情境 1 "信息发布系统"中信息发布页面里日期的输入和学习情境 2 "网上选课系统"注册页面的日期输入中重复出现了日期的输入，为了统一日期输入框，可以使用

ASP.NET 中 TextBox、CommandButton 和 Calendar 控件来开发一个集成这 3 种控件的日期输入框自定义控件，在使用日期输入的页面，直接使用所开发的自定义控件。

（1）开发自定义控件。在"解决方案资源管理器"中，鼠标右键单击"工程"项目，弹出快捷菜单，选择"添加"→"添加新项"命令，在弹出的"添加新项"对话框中，选择"Web 用户控件"模板，并在"名称"输入框中输入所要建立的用户控件名（本例中，取名为 MyCalendar.ascx），如图 3-22 所示。

图 3-22　新建自定义控件

用户自定义控件的开发和开发普通网页很类似，直接将需要的标准控件从 ToolBox 中拖到页面上，并设置各控件的属性即可。MyCalendar 自定义控件使用了 1 行 2 列的表格，在第 1 列单元格中插入 1 个 Label 和 1 个 TextBox 控件，在第 2 个单元格中插入 1 个 Panel 控件，在 Panel 控件中放置 1 个日历控件，效果如图 3-23 所示。

具体功能实现可参考注册页面中"日期选择"功能的实现。

（2）使用自定义控件。在需要输入日期的页面中，直接将开发出来的控件拖动到 Web 页面，编译后即可使用。在注册页面中使用 MyCalendar 自定义控件，效果如图 3-23 所示。

图 3-23　日历自定义控件　　　　图 3-24　使用自定义控件

3.3.5　子任务 5 试卷管理页面设计

 子任务 5 描述

利用 ASP.NET 中的 DropDownList、Button、TextBox、Label、Repeater、GridView 等控件实现网上考试系统后台"试卷管理"功能。

教师登录网上考试系统，选择试卷管理，打开 PaperManage.aspx 页面，选择"任教课程→输入试卷信息（包括考试日期、试卷名称、试卷题型组题的数量及分值）"命令，然后单击"计算分值"按钮后，自动判断试卷题型组题的数量及分值的合理性。如果试卷题型组题的数量及分值合理，用户再单击"生成试卷"按钮，完成试卷的随机抽题工作；在试卷管理的页面下方显示该课程已生成试卷的信息。试卷管理的页面运行效果如图3-25所示。

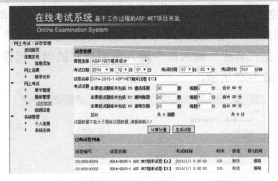

图3-25 "试卷管理"页面运行效果图

技能目标

① 能按照代码规范组织代码的编写；
② 能熟练掌握DropDownList控件级联知识；
③ 掌握对Repeater控件的遍历；
④ 能熟练掌握GridView控件绑定数据与分页知识；
⑤ 能熟练运用IsPostBack属性进行页面初始化设置。

操作要点与步骤

试卷管理的开发主要包括页面设计、代码设计等，其中代码设计包括BLL、DAL、Model层中的类的设计等。

▶ 1. UI层开发

添加PaperManage.aspx窗体。

（1）在"Web"项目中的"Admin/oes"文件夹中添加PaperManage.aspx窗体，母版页选择"master/OesSite.Master"。

（2）在<asp:Content></asp:Content>标签内添加10行6列的表格。

第1行：显示"试卷管理"信息，代码如下。

```
<tr>
    <th colspan="6" >试卷管理</th>
</tr>
```

第2行：课程选择，代码如下。

```
<tr>
    <td>课程选择</td>
    <td>
        <asp:DropDownList ID="ddlSub" runat="server"
            AutoPostBack="true" Width="180px"
            onselectedindexchanged="ddlSub_SelectedIndexChanged">
        </asp:DropDownList>
    </td>
```

```
        <td colspan="4"></td>
</tr>
```

第3行：考试日期、考试时间和考试时长等信息的选择与输入，代码如下。

```
<tr>
    <td>考试日期</td>
    <td>
        <asp:DropDownList ID="ddlYear" runat="server" Width="60px">
            <asp:ListItem Value="2014">2014</asp:ListItem>
            <asp:ListItem Value="2015">2015</asp:ListItem>
            <asp:ListItem Value="2016">2016</asp:ListItem>
            <asp:ListItem Value="2017">2017</asp:ListItem>
        </asp:DropDownList>年
        <asp:DropDownList ID="ddlMonth" runat="server" Width="40px">
            <asp:ListItem Value="01">01</asp:ListItem>
            <asp:ListItem Value="02">02</asp:ListItem>
            <asp:ListItem Value="03">03</asp:ListItem>
            <asp:ListItem Value="04">04</asp:ListItem>
            <asp:ListItem Value="05">05</asp:ListItem>
            <asp:ListItem Value="06">06</asp:ListItem>
            <asp:ListItem Value="07">07</asp:ListItem>
            <asp:ListItem Value="08">08</asp:ListItem>
            <asp:ListItem Value="09">09</asp:ListItem>
            <asp:ListItem Value="10">10</asp:ListItem>
            <asp:ListItem Value="11">11</asp:ListItem>
            <asp:ListItem Value="12">12</asp:ListItem>
        </asp:DropDownList>月
        <asp:DropDownList ID="ddlDay" runat="server" Width="40px">
            <asp:ListItem Value="01">01</asp:ListItem>
            <asp:ListItem Value="02">02</asp:ListItem>
            <asp:ListItem Value="03">03</asp:ListItem>
            <asp:ListItem Value="04">04</asp:ListItem>
            <asp:ListItem Value="05">05</asp:ListItem>
            <asp:ListItem Value="06">06</asp:ListItem>
            <asp:ListItem Value="07">07</asp:ListItem>
            <asp:ListItem Value="08">08</asp:ListItem>
            <asp:ListItem Value="09">09</asp:ListItem>
            <asp:ListItem Value="10">10</asp:ListItem>
            <asp:ListItem Value="11">11</asp:ListItem>
            <asp:ListItem Value="12">12</asp:ListItem>
            <asp:ListItem Value="13">13</asp:ListItem>
            <asp:ListItem Value="14">14</asp:ListItem>
            <asp:ListItem Value="15">15</asp:ListItem>
            <asp:ListItem Value="16">16</asp:ListItem>
            <asp:ListItem Value="17">17</asp:ListItem>
            <asp:ListItem Value="18">18</asp:ListItem>
            <asp:ListItem Value="19">19</asp:ListItem>
            <asp:ListItem Value="20">20</asp:ListItem>
            <asp:ListItem Value="21">21</asp:ListItem>
            <asp:ListItem Value="22">22</asp:ListItem>
            <asp:ListItem Value="23">23</asp:ListItem>
            <asp:ListItem Value="24">24</asp:ListItem>
            <asp:ListItem Value="25">25</asp:ListItem>
            <asp:ListItem Value="26">26</asp:ListItem>
            <asp:ListItem Value="27">27</asp:ListItem>
            <asp:ListItem Value="28">28</asp:ListItem>
            <asp:ListItem Value="29">29</asp:ListItem>
            <asp:ListItem Value="30">30</asp:ListItem>
            <asp:ListItem Value="31">31</asp:ListItem>
        </asp:DropDownList>日
```

```
                </td>
                <td>考试时间</td>
                <td>
                    <asp:DropDownList ID="ddlHour" runat="server" Width="40px">
                        <asp:ListItem Value="07">07</asp:ListItem>
                        <asp:ListItem Value="08">08</asp:ListItem>
                        <asp:ListItem Value="09">09</asp:ListItem>
                        <asp:ListItem Value="10">10</asp:ListItem>
                        <asp:ListItem Value="11">11</asp:ListItem>
                        <asp:ListItem Value="12">12</asp:ListItem>
                        <asp:ListItem Value="13">13</asp:ListItem>
                        <asp:ListItem Value="14">14</asp:ListItem>
                        <asp:ListItem Value="15">15</asp:ListItem>
                        <asp:ListItem Value="16">16</asp:ListItem>
                        <asp:ListItem Value="17">17</asp:ListItem>
                        <asp:ListItem Value="18">18</asp:ListItem>
                        <asp:ListItem Value="19">19</asp:ListItem>
                        <asp:ListItem Value="20">20</asp:ListItem>
                    </asp:DropDownList>时
                    <asp:DropDownList ID="ddlMinute" runat="server" Width="40px">
                        <asp:ListItem Value="00">00</asp:ListItem>
                        <asp:ListItem Value="10">10</asp:ListItem>
                        <asp:ListItem Value="20">20</asp:ListItem>
                        <asp:ListItem Value="30">30</asp:ListItem>
                        <asp:ListItem Value="40">40</asp:ListItem>
                        <asp:ListItem Value="50">50</asp:ListItem>
                    </asp:DropDownList>分
                </td>
                <td>考试时长</td>
                <td>
                    <asp:TextBox ID="txtTimeLength" runat="server" Width="40px">100
                    </asp:TextBox>分钟
                </td>
            </tr>
```

第 4 行：试卷名称输入，代码如下。

```
            <tr>
                <td>试卷名称</td>
                <td colspan="5">
                    <asp:TextBox ID="txtPaperName" runat="server" Width="530px">
                    </asp:TextBox>
                </td>
            </tr>
```

第 5 行：利用 Repeater 控件显示所选择课程各种题型的题量，根据各种题型的题量输入试卷各种题型应抽题量及每题的分值，并计算各种题型的分值，代码如下。

```
            <tr>
                <td style="vertical-align:top" rowspan="2">考试试题</td>
                <td colspan="5">
                    <asp:Repeater ID="rpQuestionTypeList" runat="server">
                        <HeaderTemplate>
                            <table>
                        </HeaderTemplate>
                        <ItemTemplate>
                            <tr>
                                <td style="width:200px;">
                                    本课程试题库共包括
                                    <span style="color:Red"><b>
                                    <asp:Label ID="lblQustionCount" runat="server"
```

```
                                Text='<%#Eval("questionCount")%>'></asp:Label>
                            </b></span> 道<%# Eval("questionTypeName")%></td>
                            <td style="width:100px;">
                                <asp:TextBox ID="txtCount" runat="server" Width="60px"
                                    MaxLength="2" >0</asp:TextBox>题
                            </td>
                            <td style="width:100px;">
                                每题
                                <asp:TextBox ID="txtPoint" runat="server" Width="40px"
                                    MaxLength="2" >0.0</asp:TextBox>分
                            </td>
                            <td style="width:80px;">
                                合计
                                <asp:Label ID="lblTotal" runat="server">0</asp:Label> 分
                            </td>
                            <td>
                                <asp:Label ID="lblQuestionTypeId" runat="server"
                                    Visible="false"
                                    Text='<%# Eval("questionTypeId")%>'></asp:Label>
                            </td>
                        </tr>
                    </ItemTemplate>
                    <FooterTemplate>
                        </table>
                    </FooterTemplate>
                </asp:Repeater>
        </td>
    </tr>
```

第 6 行：计算总题量及总分值，代码如下。

```
<tr>
    <td colspan="5">
        <table>
            <tr>
                <td style="width:180px;">
                    总计
                </td>
                <td style="width:100px;">
                    共 <asp:Label ID="lblPaperQuestionCount"
                            runat="server">0</asp:Label> 道题
                </td>
                <td style="width:100px;">
                </td>
                <td style="width:100px;">
                    共 <asp:Label ID="lblPaperScore"
                            runat="server" Enabled="false" >0</asp:Label> 分
                </td>
            </tr>
        </table>
    </td>
</tr>
```

第 7 行：显示出错信息，代码如下。

```
<tr>
    <td colspan="6" style="color:Red">
        <asp:Label ID="lblErrorMessage" runat="server" ></asp:Label>
    </td>
</tr>
```

第8行："计算分值"和"生成试卷"按钮，代码如下。

```html
<tr>
    <td colspan="6" style="text-align:center;">
        <asp:Button ID="btnCalc" runat="server" CssClass="button"
            Text=" 计算分值 " onclick="btnCalc_Click"    />
        <asp:Button ID="btnSubmit" runat="server" CssClass="button"
            Text=" 生成试卷 " OnClick="btnSubmit_Click" />
    </td>
</tr>
```

第9行：显示已有试卷列表，代码如下。

```html
<tr>
    <th colspan="6">
        已有试卷列表
    </th>
</tr>
```

第10行：在表格的单元格中插入一个GridView控件，代码如下。

```html
<tr>
    <td colspan="6">
        <asp:GridView ID="gvPaper" runat="server" AutoGenerateColumns="False"
            CellPadding="4" ForeColor="#333333" GridLines="None"
            AllowPaging="True"  PageSize="10" HeaderStyle-Height="20px"
            onpageindexchanging="gvPaper_PageIndexChanging">
            <Columns>

            </Columns>
            <RowStyle BackColor="#F7F6F3" ForeColor="#333333" />
            <PagerStyle BackColor="#284775"
                    ForeColor="White" HorizontalAlign="Center"/>
            <AlternatingRowStyle BackColor="White" ForeColor="#284775" />
        </asp:GridView>
    </td>
</tr>
```

在< Columns ></ Columns >标签内设置gvPaper控件的Columns，添加代码如下。

```html
<asp:TemplateField HeaderText="试卷编号">
    <ItemTemplate >
        <%#Eval("paperNo") %>
    </ItemTemplate>
    <ItemStyle Width="100px" />
</asp:TemplateField>
<asp:TemplateField HeaderText="试卷名称">
    <ItemTemplate>
        <a href='PaperDetailView.aspx?id=<%# Eval("id") %>'  target="_blank" >
            <%#Eval("paperName") %>
        </a>
    </ItemTemplate>
    <ItemStyle Width="200px" />
</asp:TemplateField>
<asp:TemplateField HeaderText="考试时间">
    <ItemTemplate>
        <%#Eval("examDate")%>
    </ItemTemplate>
    <ItemStyle Width="120px" />
</asp:TemplateField>
<asp:TemplateField HeaderText="时长">
    <ItemTemplate >
        <%#Eval("timeLength")%>
    </ItemTemplate>
```

```
            <ItemStyle Width="40px" />
        </asp:TemplateField>
        <asp:TemplateField HeaderText="状态">
            <ItemTemplate >
                <!--采用 Label 控件，以便于在代码中查找该字段-->
                <asp:Label ID="lblStat" runat="server" Text='<%#Eval("stat") %>'>
                </asp:Label>
            </ItemTemplate>
            <ItemStyle Width="40px" />
        </asp:TemplateField>
        <asp:TemplateField HeaderText="停用/启用" HeaderStyle-HorizontalAlign="Center">
            <ItemTemplate>
                <asp:LinkButton ID= "lbnDisable" runat="server"
                    CommandArgument='<%# Eval("id") %>'
                    OnCommand= "lbnDisable_Click "
                    OnClientClick= "return confirm('你确定要停用该试卷?'); "  >
                    停用
                </asp:LinkButton>
                <asp:LinkButton ID= "lbnEnable" runat="server"
                    CommandArgument='<%# Eval("id") %>'
                    OnCommand= "lbnEnable_Click "
                    OnClientClick= "return confirm('你确定要启用该试卷?'); "  >
                    启用
                </asp:LinkButton>
            </ItemTemplate>
            <ItemStyle Width="60px" HorizontalAlign="Center" />
        </asp:TemplateField>
```

试卷管理页面用到了 2 个 TextBox、2 个 Button、3 个 Label、6 个 DropDownList、1 个 GridView、1 个 Repeater 控件以及嵌套在 GridView 控件中的 2 个 LinkButton 和 1 个 Label 控件，嵌套在 Repeater 控件中的 2 个 Label 和 2 个 TextBox 控件，各控件属性设置如表 3-22 所示。

表 3-22　子任务 5　内容层控件主要属性设置表

控件名	属性名	设置值
DropDownList1	ID	ddlSub
	Width	180px
	AutoPostBack	True
	onselectedindexchanged	ddlSub_SelectedIndexChanged
DropDownList2	ID	ddlYear
	Width	60px
DropDownList3	ID	ddlMonth
	Width	40px
DropDownList4	ID	ddlDay
	Width	40px
DropDownList5	ID	ddlHour
	Width	40px
DropDownList6	ID	ddlMinute
	Width	40px
Button1	ID	btnCalc
	CssClass	button
	Text	计算分值
	onclick	btnCalc_Click
Button2	ID	btnSubmit
	CssClass	button

续表

控件名	属性名	设置值
Button2	Text	生成试卷
	onclick	btnSubmit_Click
Label1	ID	lblErrorMessage
Label2	ID	lblPaperQuestionCount
Label3	ID	lblPaperScore
Label4	ID	lblQustionCount
	Text	<%# Eval("questionCount")%>
Label5	ID	lblTotal
Label6	ID	lblStat
	Text	<%#Eval("stat") %>
TextBox1	ID	txtTimeLength
	Width	40px
TextBox2	ID	txtPaperName
	Width	530px
TextBox1	ID	txtCount
	Width	60px
	MaxLength	2
TextBox4	ID	txtPoint
	Width	40px
	MaxLength	2
GridView1	ID	gvQuestion
	AutoGenerateColumns	False
	AllowPaging	True
	PageSize	15
	onpageindexchanging	gvQuestion_PageIndexChanging
LinkButton1	ID	lbnDisable
	CommandArgument	<%# Eval("id ") %>
	OnCommand	lbnDisable_Click
	OnClientClick	return confirm('你确定要停用该试卷？');
LinkButton2	ID	lbnEnable
	CommandArgument	<%# Eval("id") %>
	OnCommand	lbnEnable_Click
	OnClientClick	return confirm('你确定要启用该试卷？');

2. PaperManage.aspx 页面功能实现

完成了 PaperManage.aspx 页面及各控件的属性设计后，还需要编写页面后置代码文件 PaperManage.aspx.cs 程序以及进行 BLL、DAL、Model 三层的开发等。

（1）Model 层实现。参照情境 2 中的"基础信息管理"模块开发，完成数据表及视图封装类的开发。试卷管理 Model 层主要包括 UtPaperModel、UtPaperPointModel 及相应封装类的设计。

（2）DAL 层实现。参照情境 2 中的"基础信息管理"模块开发，完成数据访问层类的设计。试卷管理 DAL 层主要包括 UtPaperDAL、UtPaperPointDAL 类的设计。

（3）BLL 层实现。BLL 层的实现包括 PaperManageBLL、PaperDetailManageBLL 类的设计。

① PaperDetailManageBLL 业务处理类开发。

a. 在 BLL 项目中"admin/oes"文件夹中添加 PaperDetailManageBLL 类，代码如下。

```
/// <summary>
/// 试卷详情管理业务处理类
/// </summary>
public class PaperDetailManageBLL
{

}
```

b. 在 PaperDetailManageBLL 中添加类体成员属性，代码如下。

```
/// <summary>
/// 试卷详情 DAL 对象
/// </summary>
private UtPaperDetailDAL utPaperDetailDAL = new UtPaperDetailDAL();
```

c. 添加"保存试卷中试题信息"的 addPaperDetail()方法，代码如下。

```
/// <summary>
/// 保存试卷中试题信息
/// </summary>
/// <param name="utPaperModel">试卷信息封装对象</param>
/// <returns>true_保存成功  false_保存失败</returns>
public bool addPaperDetail(long paperId,long subId,
                           int questionCount,long questionTypeId)
{
    DataTable dt =
        utPaperDetailDAL.queryQuestionId(questionCount, subId,questionTypeId);
    if (dt!=null && dt.Rows.Count != 0)
    {
        for (int i = 0; i < dt.Rows.Count; i++)
        {
            long questionId = Convert.ToInt64(dt.Rows[i]["questionId"]);
            Model.exam.UtPaperDetailModel utPaperDetaiModel =
                                        new Model.exam.UtPaperDetailModel();
            utPaperDetaiModel.PaperID = paperId;
            utPaperDetaiModel.QuestionID = questionId;
            utPaperDetailDAL.save(utPaperDetaiModel);
        }
        return true;
    }
    else
        return false;
}
```

② PaperManageBLL 业务处理类设计。

a. 在 BLL 项目中"admin/oes"文件夹中添加 PaperManageBLL 类，代码如下。

```
/// <summary>
/// 试卷管理业务处理类
/// </summary>
public class PaperManageBLL
{

}
```

b. 在 PaperManageBLL 中添加类体成员属性，代码如下。

```
/// <summary>
/// 试卷数据表 DAL 对象
/// </summary>
private UtPaperDAL utPaperDAL = new UtPaperDAL();
```

c. 添加"根据课程 ID,查询该课程不同试题类型的题量,返回不同类型的试题数量 datatable"的 queryQuestionCount()方法,代码如下。

```csharp
/// <summary>
/// 根据课程 ID,查询该课程不同试题类型的题量,返回不同类型的试题数量 datatable
/// </summary>
/// <param name="subId">课程 ID</param>
/// <returns>questionTypeId,questionTypeName,questionCount 的 datatable 对象</returns>
public DataTable queryQuestionCount(long subId)
{
    UvQuestionDAL uvQuestionDAL = new UvQuestionDAL();
    return uvQuestionDAL.queryQuestionCount(subId);
}
```

d. 添加"保存试卷信息"的 addPaper()方法,代码如下。

```csharp
/// <summary>
/// 保存试卷信息
/// </summary>
/// <param name="utPaperModel">试卷信息封装对象</param>
/// <returns>true_保存成功 false_保存失败</returns>
public bool addPaper(Model.exam.UtPaperModel utPaperModel)
{
    return utPaperDAL.save(utPaperModel);
}
```

e. 添加"保存试卷分值"的 addPaperPoint()方法,代码如下。

```csharp
/// <summary>
/// 保存试卷分值
/// </summary>
/// <param name="utPaperPointModel">试卷分值封装对象</param>
/// <returns>true_保存成功 false_保存失败</returns>
public bool addPaperPoint(Model.exam.UtPaperPointModel utPaperPointModel)
{
    return new UtPaperPointDAL().save(utPaperPointModel);
}
```

f. 添加"根据前缀,生成试卷编号"的 createPaperNoByPrefixNo()方法,代码如下。

```csharp
/// <summary>
/// 根据前缀,生成试卷编号
/// </summary>
/// <param name="prefixNo">前缀</param>
/// <param name="length">长度</param>
/// <returns>试卷编号</returns>
public string createPaperNoByPrefixNo(string prefixNo,int length)
{
    string maxNo = utPaperDAL.queryMaxNoByPrefix(prefixNo);
    if (maxNo == string.Empty)
        maxNo = prefixNo + Common.CommonUtil.fillZeroAtLeft2Length("1", length - prefixNo.Length);
    else
        maxNo = (Convert.ToInt64(maxNo) + 1).ToString();
    return maxNo;
}
```

g. 添加"根据试卷信息,查询试卷 ID"的 queryPaperId()方法,代码如下。

```csharp
/// <summary>
/// 根据试卷信息,查询试卷 ID
/// </summary>
/// <param name="utPaperModel">试卷信息封装对象</param>
/// <returns>试卷 ID</returns>
```

```csharp
public long queryPaperId(Model.exam.UtPaperModel utPaperModel)
{
    long paperId = 0;
    DataTable dt = utPaperDAL.queryByCondition(utPaperModel);
    if (dt.Rows.Count != 0)
        paperId = Convert.ToInt64(dt.Rows[0]["id"]);
    return paperId;
}
```

h. 添加"根据课程 ID, 查询该课程所有试卷"的方法 queryAllPaperBySubId(), 代码如下。

```csharp
/// <summary>
/// 根据课程 ID, 查询该课程的所有试卷, 返回 utPaperModel 的 datatable 对象
/// </summary>
/// <param name="subId">课程 ID</param>
/// <param name="stat2cn">状态位转换为中文 true_转换 false_不转换</param>
/// <returns>utPaperModel 的 datatable 对象</returns>
public DataTable queryAllPaperBySubId(long subId,bool stat2cn)
{
    Model.exam.UtPaperModel utPaperModel = new Model.exam.UtPaperModel();
    utPaperModel.SubId = subId;
    DataTable dt = utPaperDAL.queryByCondition(utPaperModel);
    if (stat2cn)
    {
        for(int i=0;i<dt.Rows.Count;i++)
        {
            string stat = dt.Rows[i]["stat"].ToString();
            if (stat == Common.Constants.STAT_VALID)
                stat = Common.Constants.STAT_VALID_CN;
            else
                stat = Common.Constants.STAT_INVALID_CN;
            dt.Rows[i]["stat"] = stat;
        }
    }
    return dt;
}
```

i. 添加"修改试卷状态"的 modifyStat()方法, 代码如下。

```csharp
/// <summary>
/// 修改试卷状态
/// </summary>
/// <param name="id">试卷 ID</param>
/// <param name="stat">试卷新状态</param>
/// <returns>true_修改成功 false_修改失败</returns>
public bool modifyStat(long id, string stat)
{
    bool result = false;
    if (stat.Trim() != string.Empty)
    {
        Model.exam.UtPaperModel utPapaerModel = new Model.exam.UtPaperModel();
        utPapaerModel.Stat = stat;
        utPapaerModel.Id = id;
        result = utPaperDAL.update(utPapaerModel);
    }
    return result;
}
```

(4) Web 层后置代码文件实现。Web 层后置代码文件主要实现 PaperManage.aspx.cs 文件。

① 添加类体成员变量, 代码如下。

```csharp
/// <summary>
/// 试卷管理业务处理对象
/// </summary>
private PaperManageBLL paperManageBLL = new PaperManageBLL();
/// <summary>
/// 试卷详情管理业务处理对象
/// </summary>
private PaperDetailManageBLL paperDetailManageBLL = new PaperDetailManageBLL();
/// <summary>
/// 数组，0列_题库试题数量，1列_保存网页中输入的试题数量，2列_试题类型id，3列_分值
/// </summary>
private string[,] tmp = new string[10, 4];
/// <summary>
/// 数组的维数
/// </summary>
private int arrayCount;
```

② 实现 Page_Load 事件，代码如下。

```csharp
//获取教师 ID
long teaId = Convert.ToInt64(Session[Common.Constants.SESSION_USER_ID]);
//查询当前学期 ID
long termId = new TermManageBLL().queryTerm(DateTime.Now).Id;
if (Page.IsPostBack == false)
{
    //教师课程关系视图 Model 对象
    UvTeaSubRelationModel uvTeaSubRelationModel = new UvTeaSubRelationModel();
    uvTeaSubRelationModel.TeaId = teaId;
    uvTeaSubRelationModel.TermId = termId;
    uvTeaSubRelationModel.TeaStat = Common.Constants.STAT_VALID;
    uvTeaSubRelationModel.Stat = Common.Constants.STAT_OCSS_VERIFYPASS;
    //根据教师课程关系视图 Model 对象，查询教学任务
    DataTable dtSub = new TaskManageBLL().queryTeachTask(uvTeaSubRelationModel);
    //添加 "请选择..." 列表项
    dtSub = WebCommonUtil.addDdlFirstItem2DataTable( dtSub, "subName", "subId", 0);
    WebCommonUtil.dt2DropDownList(dtSub, ddlSub, "subName", "subId");
}
```

③ 实现课程下拉列表框 ddlSub 的 SelectedIndexChanged 事件，代码如下。

```csharp
if (ddlSub.SelectedValue != "0")
{
    //绑定课程题库中的课题类型和数量
    rpQuestionTypeList.DataSource = paperManageBLL.queryQuestionCount(
                    Convert.ToInt64(ddlSub.SelectedValue));
    rpQuestionTypeList.DataBind();
    //绑定查询的该课程试卷
    DataTable dtPaper =paperManageBLL.queryAllPaperBySubId(
                    Convert.ToInt64(ddlSub.SelectedValue), true);
    WebCommonUtil.dt2GridView(dtPaper, gvPaper);
    WebCommonUtil.setModifyStatButton(gvPaper);
}
```

④ 实现计算分值和试题数量的 calc()方法，代码如下。

```csharp
public bool calc()
{
    int totalQuestionCount = 0;
    float totalScore = 0;

    int i = 0;
    foreach (RepeaterItem item in rpQuestionTypeList.Items)
    {
```

```csharp
            TextBox txtCount = item.FindControl("txtCount") as TextBox;
            TextBox txtPoint = item.FindControl("txtPoint") as TextBox;
            Label lblQuestionTypeId = item.FindControl("lblQuestionTypeId") as Label;
            Label lblTotal = item.FindControl("lblTotal") as Label;
            Label lblQustionCount = item.FindControl("lblQustionCount") as Label;
            tmp[i, 0] = lblQustionCount.Text;
            tmp[i, 1] = txtCount.Text.Trim();
            tmp[i, 2] = lblQuestionTypeId.Text;
            tmp[i, 3] = txtPoint.Text.Trim();
            i++;
            float itemScore =
                Convert.ToInt32(txtCount.Text) * Convert.ToSingle(txtPoint.Text);
            lblTotal.Text = itemScore.ToString();
            totalQuestionCount += Convert.ToInt32(txtCount.Text);
            totalScore += itemScore;
        }
        arrayCount = i;
        //页面输入错误
        bool error = false;
        for (i=0; i <arrayCount; i++)
        {
            int questionCount = Convert.ToInt32(tmp[i, 0]);
            int questionCount1 = Convert.ToInt32(tmp[i, 1]);
            if (questionCount < questionCount1)
            {
                error = true;
                break;
            }
        }
        if (error)
        {
            lblErrorMessage.Text = "试题数量不能大于题库试题数量,请重新输入！ ";
            return false;
        }
        lblPaperQuestionCount.Text = totalQuestionCount.ToString();
        lblPaperScore.Text = totalScore.ToString();
        return true;
    }
```

⑤ 实现停用按钮的 Click 事件，代码如下。

```csharp
//得到 ID
long id = Convert.ToInt64(e.CommandArgument.ToString());
//消息
string msg = string.Empty;
if (paperManageBLL.modifyStat(id, Common.Constants.STAT_INVALID))
    msg += "修改操作成功！ ";
else
    msg += "修改操作失败！ ";
string url = "PaperManage.aspx";
//重定向
Response.Write(
"<script>alert('" + msg + "');location.href='" + url + "'</script>");
```

⑥ 实现启用按钮的 Click 事件，代码如下。

```csharp
//得到 ID
long id = Convert.ToInt64(e.CommandArgument.ToString());
//消息
string msg = string.Empty;
if (paperManageBLL.modifyStat(id, Common.Constants.STAT_VALID))
    msg += "修改操作成功！ ";
```

```
else
    msg += "修改操作失败！";
string url = "PaperManage.aspx";
//重定向
Response.Write(
"<script>alert('" + msg + "');location.href='" + url + "'</script>");
```

⑦ 实现"计算分值"按钮的 Click 事件，代码如下。

```
calc();
```

⑧ 实现"生成试卷"按钮的 Click 事件，代码如下。

```
if (ddlSub.SelectedValue == "0")
{
    lblErrorMessage.Text = "课程未选，请选择！";
    ddlSub.Focus();
    return;
}
if (txtTimeLength.Text.Trim() == string.Empty)
{
    lblErrorMessage.Text = "考试时长未输入，请输入！";
    txtTimeLength.Focus();
    return;
}
if (txtPaperName.Text.Trim() == string.Empty)
{
    lblErrorMessage.Text = "试卷名称为输入，请输入！";
    txtPaperName.Focus();
    return;
}
if (calc())//页面信息验证通过
{
    //保存试卷基本信息
    UtPaperModel utPaperModel = new UtPaperModel();
    utPaperModel.CreateDate = DateTime.Now;
    string examDate = ddlYear.SelectedValue + "-" + ddlMonth.SelectedValue + "-" + ddlDay.SelectedValue ;
    examDate += " " + ddlHour.SelectedValue + ":" + ddlMinute.SelectedValue + ":00";
    utPaperModel.ExamDate = Convert.ToDateTime(examDate);
    utPaperModel.PaperName = txtPaperName.Text.Trim();
    utPaperModel.PaperNo = paperManageBLL.createPaperNoByPrefixNo(DateTime.Now.ToString("yyyyMMdd"), 12);
    utPaperModel.Stat = Common.Constants.STAT_VALID;
    utPaperModel.SubId = Convert.ToInt64(ddlSub.SelectedValue);
    utPaperModel.TimeLength = Convert.ToInt32(txtTimeLength.Text.Trim());
    //保存结果
    bool result = false;
    if (paperManageBLL.addPaper(utPaperModel))//试卷基本信息保存成功
    {
        //试卷 ID
        long paperId = paperManageBLL.queryPaperId(utPaperModel);

        //保存试题分值和试题
        for (int i = 0; i < arrayCount; i++)
        {
            int questionCount = Convert.ToInt32(tmp[i, 1]);
            long questionTypeId = Convert.ToInt64(tmp[i, 2]);
            float point = Convert.ToSingle(tmp[i, 3]);
            //保存试题分值
            UtPaperPointModel utPaperPointModel = new UtPaperPointModel();
```

```
            utPaperPointModel.PaperID = paperId;
            utPaperPointModel.Point = point;
            utPaperPointModel.QuestionTypeID = questionTypeId;
            result = paperManageBLL.addPaperPoint(utPaperPointModel);
            //保存试题
            long subId = Convert.ToInt64(ddlSub.SelectedValue);
            if (result)
                    result = paperDetailManageBLL.addPaperDetail(paperId, subId, questionCount, questionTypeId);
        }
    }
    string msg = string.Empty;
    string url = "PaperManage.aspx";
    if (result)
            msg = "添加成功！";
    else
            msg = "添加失败！";
    Response.Write("<script>alert('" + msg + "');location.href='" + url + "'</script>");
}
```

3. 页面代码的保存与运行

代码输入完成，先将页面代码保存，然后按"F5"键或单击工具栏上的"运行"按钮运行该程序，程序运行后，教师经登录成功后，选择"试卷管理"选项，打开"试卷管理"页面，显示如图 3-25 所示的效果。

3.3.6 子任务 6 试卷详情查看页面设计

子任务 6 描述

利用 HTML 的 Input 控件和 ASP.NET 的 Label、Repeater 控件实现网上考试系统后台"试卷详情"查看页面功能。

教师登录后，在"试卷管理"页面的试卷列表中单击"试卷名称"选项，打开"试卷详情"查看页面，运行效果如图 3-26 所示。

图 3-26 "试卷详情"查看页面

 技能目标

① 能按照代码规范组织代码的编写；
② 能熟练运用 Repeater 控件进行数据的绑定；
③ 能熟练运用 DataTable 进行数据的处理。

操作要点与步骤

试卷详情的开发主要包括页面设计、代码设计等，其中代码设计包括 BLL、DAL 层中的类的修改以及页面后置代码文件的编写。

1. 添加 PaperDetailView.aspx 窗体

（1）新建 PaperDetailView.aspx 窗体。在"Web"项目的"Admin/oes"文件夹，从弹出的快捷菜单中，选择"添加"→"新建项…"命令，在弹出的对话框中，选择"Web 窗体"选项，在名称对应的文本框中输入"PaperDetailView"，单击"添加"按钮，完成 PaperDetailView.aspx 窗体的添加。

（2）添加样式表的引用，代码如下。

```
<title>试卷详情查看页面</title>
<link rel="stylesheet" href="~/css/public.css" type="text/css" />
```

（3）在<form></form>标签内添加表格，代码如下。

```
<table style="margin-left:auto; margin-right:auto; width:800px;">

</table>
```

（4）在表格内，添加 4 行 1 列表格。

第 1 行：显示试卷名称，代码如下。

```
<tr>
    <td style="text-align:center">
        <h2>
        <asp:Label ID="lblPageTitle" runat="server"></asp:Label>
        </h2>
    </td>
</tr>
```

第 2 行：显示试卷的基本信息，代码如下。

```
<tr>
    <td style="text-align:center">
        考试时长:
        <span style="color:Red">
            <asp:Label ID="lblExamTimeLength" runat="server"></asp:Label>
        </span>
        <span style="color:Green;">
            |
        </span>
        卷面总分:
        <span style="color:Red">
            <asp:Label ID="lblTotalScore" runat="server"></asp:Label>
        </span>
        <span style="color:Green">
            |
        </span>
```

```
            卷面题量：
            <span style="color:Red">
                <asp:Label ID="lblQuestionCount" runat="server"></asp:Label>
            </span>
            <span style="color:Green">
                |
            </span>
            开考时间：
            <span style="color:Red">
                <asp:Label ID="lblExamStartTime" runat="server"></asp:Label>
            </span>
            <span style="color:Green">
                |
            </span>
            试卷创建时间：
            <span style="color:Red">
                <asp:Label ID="lblCreateDateTime" runat="server"></asp:Label>
            </span>
        </td>
    </tr>
```

第 3 行：显示试卷中的试题种类及该类试题的题量、分值、总分和试题信息，代码如下。

```
    <tr>
        <td>
            <asp:Repeater ID="rpQuestionTypeList" runat="server">
                <HeaderTemplate>
                    <table>
                </HeaderTemplate>
                <ItemTemplate>

                </ItemTemplate>
                <FooterTemplate>
                    </table>
                </FooterTemplate>
            </asp:Repeater>
        </td>
    </tr>
```

在< ItemTemplate ></ ItemTemplate >标签内插入 2 行 1 列的表格，第 1 行显示试题的种类及试题量、分值等信息。第 2 行嵌套 Repeater，用来显示该试题类别下的所有试题，代码如下。

```
<tr>
    <td style="text-align:left">
        <asp:Label ID="lblItemOrder" runat="server" Text='<%# Eval("itemOrder")%>'></asp:Label>、
        <asp:Label ID="lblQuestionTypeName" runat="server" Text='<%# Eval("questionTypeName")%>'></asp:Label>
        (
            每题<asp:Label ID="lblPaperPoint" runat="server" Text='<%# Eval("paperPoint")%>'></asp:Label>分
            共<asp:Label ID="lblItemValue" runat="server" Text='<%# Eval("questionCount")%>'></asp:Label>题
            合计<asp:Label ID="lblQuestionCount" runat="server" Text='<%# Eval("itemValue")%>'></asp:Label>分
        )
    </td>
</tr>
```

```
            <tr>
                <td style="text-align:left">
                    <asp:Repeater ID='rpItem' runat="server">
                        <HeaderTemplate>
                            <table>
                        </HeaderTemplate>
                        <ItemTemplate>
                            <tr style="height:20px;">
                                <td>
                                    <%# Eval("itemContent")%>
                                </td>
                            </tr>
                        </ItemTemplate>
                        <FooterTemplate>
                            </table>
                        </FooterTemplate>
                    </asp:Repeater>
                </td>
            </tr>
```

第 4 行：放置关闭按钮，代码如下。

```
<tr>
    <td style="text-align:center;">
        <input type="button" class="button"
 value=" 关 闭 " onclick="javascript:window.close();" />
    </td>
</tr>
```

试卷详情页面用到了 6 个 Label、2 个 Repeater 以及嵌套在 Repeater 控件中的 5 个 Label 控件，各控件属性设置如表 3-23 所示。

表 3-23　子任务 6　内容层控件主要属性设置表

控件名	属性名	设置值
Label1	ID	lblPageTitle
Label2	ID	lblExamTimeLength
Label3	ID	lblTotalScore
Label4	ID	lblQuestionCount
Label5	ID	lblExamStartTime
Label6	ID	lblCreateDateTime
Label7	ID	lblItemOrder
	Text	<%# Eval("itemOrder")%>
Label8	ID	lblQuestionTypeName
	Text	<%# Eval("questionTypeName")%>
Label9	ID	lblPaperPoint
	Text	<%# Eval("paperPoint")%>
Label10	ID	lblItemValue
	Text	<%# Eval("questionCount")%>
Label11	ID	lblQuestionCount
	Text	<%# Eval("itemValue")%>
Repeater1	ID	rpQuestionTypeList
Repeater2	ID	rpItem

▶ 2. PaperDetailView.aspx 页面功能实现

完成了 PaperDetailView.aspx 页面及各控件的属性设计后，还需要编写页面后置代码文件

PaperDetailView.aspx.cs，页面后置代码文件将调用 BLL 层的业务类，BLL 层业务类将调用 DAL 层的数据库访存类。

（1）DAL 层实现。DAL 层的实现，主要包括 UtPaperDetailDAL 和 UtPaperDAL 类的修改。

① UtPaperDetailDAL 类修改。添加"根据试卷 ID，试题类型 ID，查询试题题干 ID 和题干内容"的 queryQuestion()方法，代码如下。

```
/// <summary>
/// 根据试卷 ID，试题类型 ID，查询试题题干 ID 和题干内容
/// </summary>
/// <param name="paperId">试卷 ID</param>
/// <param name="questionTypeId">试题类型 ID</param>
/// <returns>试题题干 ID 和题干内容的 datatable 对象</returns>
public DataTable queryQuestion(long paperId, long questionTypeId)
{
    sql = "select distinct questionId,questionContent ";
    sql += "from uv_exam_paperDetail ";
    sql += "where 1=1 ";
    sql += " and paperId=" + paperId ;
    sql += " and questionTypeId=" + questionTypeId;
    sql += " order by questionId ";
    return dbUtil.dbQuery(sql);
}
```

② UtPaperDAL 类的修改。添加"根据试卷 ID，查询该试卷的试题类别信息"的 queryPaperItemByPaperId()方法，代码如下。

```
/// <summary>
/// 根据试卷 ID，查询该试卷的试题类别信息
///包括试题类别 ID，类别 no，试题类别名称，分值，试题数量，总分
/// </summary>
/// <param name="paperId">试卷 ID</param>
/// <returns>试题类别信息</returns>
public DataTable queryPaperItemByPaperId(long paperId)
{
    sql =
        "select questionTypeId,questionTypeNo,questionTypeName,paperPoint,
            paperPoint*COUNT(questionTypeId) as itemValue,
            COUNT(questionTypeId) as questionCount ";
    sql += "from uv_exam_paperDetail ";
    sql += "where 1=1 and paperId=" + paperId + " ";
    sql +=
        "group by questionTypeId,questionTypeName ,paperPoint,questionTypeNo ";
    sql += "order by questionTypeId ";
    return dbUtil.dbQuery(sql);
}
```

（2）BLL 层实现。BLL 层的实现，主要包括 PaperDetailManageBLL、PaperManageBLL 和 SelectContentManageBLL 类的修改。

① PaperDetailManageBLL 类修改。添加"根据试卷 ID，查询试卷中的试题数量"的 queryQuestionCountByPaperId()方法，代码如下。

```
/// <summary>
/// 根据试卷 ID，查询试卷中的试题数量
/// </summary>
/// <param name="paperId">试卷 ID</param>
/// <returns>试题数量</returns>
```

```csharp
public int queryQuestionCountByPaperId(long paperId)
{
    return utPaperDetailDAL.queryQuestionCountByPaperId(paperId);
}
```

添加"根据试卷 ID, 试题类型 ID, 查询试题题干 ID 和题干内容"的 queryQuestion()方法, 代码如下。

```csharp
/// <summary>
/// 根据试卷 ID, 试题类型 ID, 查询试题题干 ID 和题干内容
/// </summary>
/// <param name="paperId">试卷 ID</param>
/// <param name="questionTypeId">试题类型 ID</param>
/// <returns>试题题干 ID 和题干内容的 datatable 对象</returns>
public DataTable queryQuestion(long paperId, long questionTypeId)
{
    return utPaperDetailDAL.queryQuestion(paperId, questionTypeId);
}
```

② PaperManageBLL 类的修改。添加"根据试卷 ID, 查询该试卷的试题类别信息（包括试题类别 ID, 试题类别名称, 分值, 试题数量, 总分）"的 queryPaperItemByPaperId()方法, 代码如下。

```csharp
/// <summary>
/// 根据试卷 ID, 查询该试卷的试题类别信息（包括试题类别 ID, 试题类别名称, 分值, 试题数量, 总分）
/// </summary>
/// <param name="paperId">试卷 ID</param>
/// <returns>试题类别信息</returns>
public DataTable queryPaperItemByPaperId(long paperId)
{
    return utPaperDAL.queryPaperItemByPaperId(paperId);
}
```

添加"根据试卷 ID, 查询试卷信息"的 queryPaperById()方法, 代码如下。

```csharp
/// <summary>
/// 根据试卷 ID, 查询试卷信息
/// </summary>
/// <param name="paperId">试卷 ID</param>
/// <returns>试卷信息封装类对象</returns>
public Model.exam.UtPaperModel queryPaperById(long paperId)
{
    return utPaperDAL.queryById(paperId);
}
```

③ SelectContentManageBLL 类修改。添加"根据试题 ID, 查询试题选项内容"的 querySelectContentByQuestionId()方法, 代码如下。

```csharp
/// <summary>
/// 根据试题 ID, 查询试题选项内容
/// </summary>
/// <param name="questionId">试题 ID</param>
/// <returns></returns>
public DataTable querySelectContentByQuestionId(long questionId)
{
    UtSelectContentModel utSelectContentModel = new UtSelectContentModel();
    utSelectContentModel.QuestionID = questionId;
    return utSelectContentDAL.queryByCondition(utSelectContentModel);
}
```

（3）编写页面后置代码文件 PaperDetailView.aspx.cs 程序，代码如下。
PaperDetailView.aspx.cs 文件的 Page_Load 事件代码如下。

```csharp
if (Page.IsPostBack == false)
{
    PaperManageBLL paperManageBLL = new PaperManageBLL();
    PaperDetailManageBLL paperDetailManageBLL = new PaperDetailManageBLL();
    //获取试卷 ID
    long paperId = Convert.ToInt64(Request["id"]);
    //查询试卷基本信息
    UtPaperModel utPaperModel = paperManageBLL.queryPaperById(paperId);
    //将基本信息绑定到页面上
    lblPageTitle.Text = utPaperModel.PaperName;
    lblCreateDateTime.Text = utPaperModel.CreateDate.ToString("yyyy/MM/dd HH:mm:ss");
    lblExamStartTime.Text = utPaperModel.ExamDate.ToString("yyyy年MM月dd日　HH时mm分");
    lblExamTimeLength.Text = utPaperModel.TimeLength.ToString();
    lblQuestionCount.Text =
        paperDetailManageBLL.queryQuestionCountByPaperId(paperId).ToString();
    //查询试卷中试题信息
    DataTable dtPaperItem = paperManageBLL.queryPaperItemByPaperId(paperId);
    //添加试题序号
    dtPaperItem.Columns.Add("itemOrder");
    if (dtPaperItem != null && dtPaperItem.Rows.Count != 0)
    {
        //总分
        float totalScore = 0;
        //遍历数据表，获取总分、对选择题进行处理
        for(int i=0;i<dtPaperItem.Rows.Count;i++)
        {
            dtPaperItem.Rows[i]["itemOrder"] =
                Common.Constants.ItemOrder.Substring(i,1);
            float itemValue =
                Convert.ToSingle(dtPaperItem.Rows[i]["itemValue"]);
            int questionCount =
                Convert.ToInt32(dtPaperItem.Rows[i]["questionCount"]);
            //处理选择题的题量和选择题总分
            if (dtPaperItem.Rows[i]["questionTypeName"].ToString() == "选择题")
            {
                questionCount /= 4;
                itemValue /= 4;
                dtPaperItem.Rows[i]["itemValue"] = itemValue;
                dtPaperItem.Rows[i]["questionCount"] = questionCount;
            }
            totalScore += itemValue;
        }
        //绑定总分
        lblTotalScore.Text = totalScore.ToString();
        //绑定试题种类
        rpQuestionTypeList.DataSource = dtPaperItem;
        rpQuestionTypeList.DataBind();
        //绑定每一项试题
        for (int i = 0; i < dtPaperItem.Rows.Count; i++)
        {
            long questionTypeId =
                Convert.ToInt64(dtPaperItem.Rows[i]["questionTypeId"]);
            string questionTypeName =
                dtPaperItem.Rows[i]["questionTypeName"].ToString();
```

```csharp
//试题内容
DataTable dtQuestion =
        paperDetailManageBLL.queryQuestion(paperId, questionTypeId);
//绑定到页面上的数据表
DataTable dt = new DataTable();
string itemContent = string.Empty;
dt.Columns.Add("itemContent");
SelectContentManageBLL selectContentManageBLL =
                    new SelectContentManageBLL();
for (int j = 0; j < dtQuestion.Rows.Count; j++)
{
    //添加题干
    itemContent = "<b>" + (j+1).ToString() + "." +
        dtQuestion.Rows[j]["questionContent"].ToString() + "</b>";
    DataRow dr = dt.NewRow();
    dr["itemContent"] = itemContent;
    dt.Rows.Add(dr);
    //获取试题 ID
    long questionId =
        Convert.ToInt64(dtQuestion.Rows[j]["questionId"]);
    //查询选项内容
    DataTable dtSelectContent =selectContentManageBLL
            .querySelectContentByQuestionId(questionId);
    //正确答案
    string correct = string.Empty;
    if (questionTypeName == "选择题")
    {
        for (int k = 0; k < dtSelectContent.Rows.Count; k++)
        {
            if (k == 0)
                itemContent = "A.";
            else if (k == 1)
                itemContent = "B.";
            else if (k == 2)
                itemContent = "C.";
            else if (k == 3)
                itemContent = "D.";
            if (
                dtSelectContent.Rows[k]["correct"].ToString() == "1")
            {
                if (k == 0)
                    correct = "   答案: A";
                else if (k == 1)
                    correct = "   答案: B";
                else if (k == 2)
                    correct = "   答案: C";
                else if (k == 3)
                    correct = "   答案: D";
            }
            itemContent +=
                dtSelectContent.Rows[k]["selectContent"].ToString();
            //添加选项
            dr = dt.NewRow();
            dr["itemContent"] = itemContent;
            dt.Rows.Add(dr);
        }
        //添加答案
        dr = dt.NewRow();
```

```
                    dr["itemContent"] = correct;
                    dt.Rows.Add(dr);
                }
                else if (questionTypeName == "判断题")
                {
                    if (dtSelectContent.Rows[0]["correct"].ToString() == "1")
                        correct = "   答案: 正确";
                    else
                        correct = "   答案: 错误";
                    dr = dt.NewRow();
                    dr["itemContent"] = correct;
                    dt.Rows.Add(dr);
                }
                else//其他类型
                {
                    correct = "   答案: " +
                        dtSelectContent.Rows[0]["selectContent"].ToString();
                    dr = dt.NewRow();
                    dr["itemContent"] = correct;
                    dt.Rows.Add(dr);
                }
            }
            //绑定到页面
            Repeater rpItem =
                (Repeater) rpQuestionTypeList.Items[i].FindControl("rpItem");
            rpItem.DataSource = dt;
            rpItem.DataBind();
        }
    }
}
```

▶ 3. 页面代码的保存与运行

代码输入完成，先将页面代码保存，然后按"F5"键或单击工具栏上的"运行"按钮运行该程序，程序运行后，教师经登录成功后，通过试卷管理页面打开试卷详情页面，显示如图 3-17 所示的效果。

3.3.7　子任务 7　批阅试卷页面设计

 子任务 7 描述

利用 ASP.NET 的 DropDownList、及 GridView 控件实现后台"批阅试卷"页面设计和程序设计。网上考试系统后台"批阅试卷"页面及运行效果如图 3-27 及图 3-28 所示。

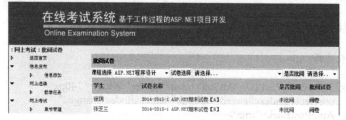

图 3-27　答卷列表效果图

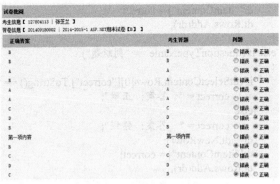

图 3-28　答卷批阅效果图

① 能熟练掌握 DropDownList 控件的级联操作；
② 能熟练掌握 DropDownList 控件的数据绑定；
③ 能熟练掌握 GridView 控件的分页操作；
④ 能熟练掌握 Repeater 控件的数据绑定；
⑤ 能熟练掌握 Repeater 控件的遍历操作；
⑥ 能熟练运用 RadioButtonList 控件。

 操作要点与步骤

批阅试卷功能的开发主要包括页面设计、代码开发等，其中代码设计包括 BLL、DAL、Model 层中类的修改以及页面后置代码文件的设计。

1. UI 层设计

UI 层主要包括答卷列表和答卷批阅两个页面的设计。
（1）答卷列表页面设计。
① 添加答卷列表 CorrectingPaper.aspx 窗体。在"Web"项目的"Admin/oes"文件夹，添加 CorrectingPaper.aspx 窗体，母版页选择"master/OesSite.Master"。
② 在<asp:Content></asp:Content>标签内添加 3 行 6 列的表格。
第 1 行：显示"批阅试卷"信息，代码如下。

```
<tr>
    <th colspan="6">批阅试卷</th>
</tr>
```

第 2 行：课程选择、试卷选择和试卷批阅与否选择等，代码如下。

```
<tr>
    <td>课程选择</td>
    <td>
        <asp:DropDownList ID="ddlSub" runat="server" Width="140px"
            onselectedindexchanged="ddlSub_SelectedIndexChanged"
            AutoPostBack="true">
        </asp:DropDownList>
    </td>
```

```
<td>试卷选择</td>
<td>
    <asp:DropDownList ID="ddlPaper" runat="server" Width="220px"
        AutoPostBack="true" Enabled="False"
        onselectedindexchanged="ddlPaper_SelectedIndexChanged">
    </asp:DropDownList>
</td>
<td>是否批阅</td>
<td>
    <asp:DropDownList ID="ddlStat" runat="server" Width="80px"
        AutoPostBack="True"
        onselectedindexchanged="ddlStat_SelectedIndexChanged" >
        <asp:ListItem Value="">请选择..</asp:ListItem>
        <asp:ListItem Value="0">未批阅</asp:ListItem>
        <asp:ListItem Value="1">已批阅</asp:ListItem>
    </asp:DropDownList>
</td>
</tr>
```

第3行：插入一个 GridView 控件，用于显示答卷列表，代码如下。

```
<tr>
    <td colspan="6">
        <asp:GridView ID="gvStuAnswer" runat="server"
            AutoGenerateColumns="False" CellPadding="4"
            ForeColor="#333333" GridLines="None"
            AllowPaging="True"    PageSize="15"
            HeaderStyle-Height="20px"
            onpageindexchanging="gvStuAnswer_PageIndexChanging" >
            <Columns>

            </Columns>
            <RowStyle BackColor="#F7F6F3" ForeColor="#333333" />
            <PagerStyle BackColor="#284775"
                    ForeColor="White" HorizontalAlign="Center"/>
            <AlternatingRowStyle BackColor="White" ForeColor="#284775" />
        </asp:GridView>
    </td>
</tr>
```

在< Columns ></ Columns >标签内设置名为 gvStuAnswer 的 GridView 控件，代码如下。

```
<asp:TemplateField HeaderText="学生">
    <ItemTemplate >
        <%#Eval("stuName")%>
    </ItemTemplate>
    <ItemStyle Width="100px" />
</asp:TemplateField>
<asp:TemplateField HeaderText="试卷名称">
    <ItemTemplate >
        <%#Eval("paperName") %>
    </ItemTemplate>
    <ItemStyle Width="300px" />
</asp:TemplateField>
<asp:TemplateField HeaderText="是否批阅">
    <ItemTemplate >
        <%# Eval("stuAnswerStat")%>
    </ItemTemplate>
    <ItemStyle Width="60px" />
</asp:TemplateField>
<asp:TemplateField HeaderText="批阅试卷">
    <ItemTemplate >
```

```
                <a href='CorrectingStuAnswer.aspx?id=<%# Eval("studentAnswerId") %>'
                    target="_blank" >
                阅卷
                </a>
            </ItemTemplate>
            <ItemStyle Width="60px" />
        </asp:TemplateField>
```

答卷列表页面用到了 3 个 DropDownList、1 个 GridView 控件,各控件属性设置如表 3-24 所示。

表 3-24 子任务 7 内容层控件主要属性设置表

控件名	属性名	设置值
DropDownList1	ID	ddlSub
	Width	340px
	AutoPostBack	True
	onselectedindexchanged	ddlSub_SelectedIndexChanged
DropDownList2	ID	ddlPaper
	Width	220px
	AutoPostBack	True
	onselectedindexchanged	ddlPaper_SelectedIndexChanged
DropDownList3	ID	ddlStat
	Width	80px
	AutoPostBack	True
	onselectedindexchanged	ddlStat_SelectedIndexChanged
GridView1	ID	gvStuAnswer
	AutoGenerateColumns	False
	AllowPaging	True
	PageSize	15
	onpageindexchanging	gvStuAnswer_PageIndexChanging

(2) 答卷批阅页面设计。

① 添加答卷批阅 CorrectingStuAnswer.aspx 窗体。在"Web"项目的"Admin/oes"文件夹,添加 CorrectingStuAnswer.aspx 窗体。

② 添加样式表 public.css 引用,代码如下。

```
<title>试卷批阅</title>
<link rel="stylesheet" href="~/css/public.css" type="text/css" />
```

③ 在<form></form>标签内添加 5 行 1 列表格,代码如下。

```
<table
style="margin-left:auto; margin-right:auto; width:800px; text-align:left">

</table>
```

第 1 行:显示试卷批阅信息,代码如下。

```
<tr>
    <th>试卷批阅</th>
</tr>
```

第 2 行:显示考生信息,代码如下。

```
<tr>
    <td>
        考生信息
        <asp:Label ID="lblStuNo" runat="server"></asp:Label>
```

```
                <asp:Label ID="lblStuName" runat="server"></asp:Label>】
        </td>
    </tr>
```

第3行：显示考卷信息，代码如下。

```
    <tr>
        <td>
            考卷信息
                【 <asp:Label ID="lblPaperNo" runat="server"></asp:Label> |
                   <asp:Label ID="lblPaperName" runat="server"></asp:Label> 】
        </td>
    </tr>
```

第4行：显示考生答题信息，代码如下。

```
    <tr>
        <td>
            <asp:Repeater ID="rpStuAnswer" runat="server">
                <HeaderTemplate>
                    <table>
                        <tr>
                            <th></td>
                            <th>正确答案</th>
                            <th>考生答题</th>
                            <th>判题</th>
                            <th></th>
                        </tr>
                </HeaderTemplate>
                <ItemTemplate>
                    <tr style="height:20px;">
                        <td>
                            <asp:Label ID="lblStuAnswerDetailId" runat="server"
                                Visible="false"
                                Text='<%# Eval("stuAnswerDetailId")%>'></asp:Label>
                        </td>
                        <td>
                            <%# Eval("rightAnswer")%>
                        </td>
                        <td>
                            <%# Eval("stuAnswer")%>
                        </td>
                        <td>
                            <asp:RadioButtonList ID="rdlResult" runat="server"
                                Width="100px" RepeatDirection="Horizontal">
                                <asp:ListItem Value="0">错误</asp:ListItem>
                                <asp:ListItem Value="1">正确</asp:ListItem>
                            </asp:RadioButtonList>
                        </td>
                        <td></td>
                    </tr>
                </ItemTemplate>
                <FooterTemplate>
                    </table>
                </FooterTemplate>
            </asp:Repeater>
        </td>
    </tr>
```

第5行：提交"批阅"按钮，代码如下。

```
    <tr>
        <td style="text-align:center;">
```

```
            <asp:Button ID="btnSubmit" runat="server" Text="提交批阅"
                CssClass="button" onclick="btnSubmit_Click" />
        </td>
    </tr>
```

批阅答卷页面用到了 4 个 Label、1 个 Button、1 个 Repeater 以及嵌套在 Repeater 控件中的 1 个 Label 和 1 个 RadioButtonList 控件，各控件属性设置如表 3-25 所示。

表 3-25　子任务 7 内容层控件主要属性设置表

控件名	属性名	设置值
Label1	ID	lblStuNo
Label2	ID	lblStuName
Label3	ID	lblPaperNo
Label4	ID	lblPaperName
Label5	ID	lblStuAnswerDetailId
	Visiable	False
	Text	<%# Eval("stuAnswerDetailId")%>
Repeater1	ID	rpStuAnswer
RadioButtonList1	ID	rdlResult
	Width	100px
	RepeatDirection	Horizontal
Button1	ID	btnSubmit
	Text	提交批阅
	CssClass	button
	onclick	btnSubmit_Click

▶2. 页面功能实现

完成了页面及各控件的属性设计后，还需要编写页面后置代码文件以及对 BLL、DAL、Model 三层进行设计。

（1）Model 层实现。参照情境 2 中的"基础信息管理"模块开发，完成数据表及视图封装类的开发。批阅试卷的 Model 层主要包括 UvStuAnswerDetailModel 及相应封装类的设计。

（2）DAL 层实现。考生答卷详情 DAL 层主要包括 UvStuAnswerDetailDAL 类的开发。具体开发可参照情境 2 中的"基础信息管理"模块开发。

① 在 UvStuAnswerDetailDAL 类中添加 queryStuAnswerPaper()方法，代码如下。

```
/// <summary>
/// 根据课程 ID，试卷 ID，答卷状态
/// 查询答卷信息（考生编号，考生姓名，试卷编号，试卷名称，学生答卷 ID，答卷状态）
/// </summary>
/// <param name="subId"></param>
/// <param name="paperId"></param>
/// <param name="stat"></param>
/// <returns></returns>
public DataTable queryStuAnswerPaper(long subId, long paperId,string stat)
{
    sql = "select distinct stuNo,stuName,paperNo,paperName, ";
    sql += "studentAnswerId,stuAnswerStat ";
    sql += "from uv_exam_studentAnswerDetail ";
    sql += "where 1=1 ";
    if(subId!=0)
```

```
        sql += "and subId=" + subId + " ";
    if(paperId!=0)
        sql += "and paperId=" + paperId + " ";
    if (stat != string.Empty)
        sql += " and stuAnswerStat='" + stat + "'";
    return dbUtil.dbQuery(sql);
}
```

② 在 UvStuAnswerDetailDAL 类中添加 queryStuAnswerPaper()方法，代码如下。

```
/// <summary>
/// 根据答卷 ID，查询答卷基本信息
/// （考生编号，考生姓名，试卷编号，试卷名称，学生答卷 ID，答卷状态）
/// </summary>
/// <param name="studentAnswerId"></param>
/// <returns></returns>
public UvStuAnswerDetailModel queryStuAnswerInfo(long studentAnswerId)
{
    if(studentAnswerId==0)
        return null;
    sql = "select distinct stuNo,stuName,paperNo,paperName,stuAnswerStat ";
    sql += "from uv_exam_studentAnswerDetail    ";
    sql += "where studentAnswerId=" + studentAnswerId;
    DataTable dt = dbUtil.dbQuery(sql);
    if (dt == null || dt.Rows.Count == 0)
        return null;
    UvStuAnswerDetailModel uvStuAnswerDetailModel =
                        new UvStuAnswerDetailModel();
    uvStuAnswerDetailModel.StuModel.StuNo = dt.Rows[0]["stuNo"].ToString();
    uvStuAnswerDetailModel.StuModel.StuName = dt.Rows[0]["stuName"].ToString();
    uvStuAnswerDetailModel.PaperModel.PaperNo =
                        dt.Rows[0]["paperNo"].ToString();
    uvStuAnswerDetailModel.PaperModel.PaperName =
                        dt.Rows[0]["paperName"].ToString();
    uvStuAnswerDetailModel.StuAnswerModel.Stat =
                        dt.Rows[0]["stuAnswerStat"].ToString();
    return uvStuAnswerDetailModel;
}
```

③ 在 UvStuAnswerDetailDAL 类中添加 queryStuAnswerDetail()方法，代码如下。

```
/// <summary>
/// 根据考生答卷 ID，查询答题信息
/// </summary>
/// <param name="studentAnswerId"></param>
/// <returns></returns>
public DataTable queryStuAnswerDetail(long studentAnswerId)
{
    if(studentAnswerId==0)
        return null;
    UvStuAnswerDetailModel uvStuAnswerDetailModel = new UvStuAnswerDetailModel();
    uvStuAnswerDetailModel.StuAnswerDetailModel.StudentAnswerID = studentAnswerId;
    return queryByCondition(uvStuAnswerDetailModel);
}
```

（3）BLL 层实现。BLL 层开发主要是 StuAnswerManageBLL 类的修改。

① 添加类体属性，代码如下。

```
/// <summary>
/// 学生答卷详情视图 DAL 处理对象
/// </summary>
private UvStuAnswerDetailDAL uvStuAnswerDetailDAL = new UvStuAnswerDetailDAL();
```

② 添加 queryStuAnswerPaper()方法，代码如下。

```csharp
/// <summary>
/// 根据课程ID，试卷ID，答卷状态，查询答卷
/// </summary>
/// <param name="subId"></param>
/// <param name="paperId"></param>
/// <param name="stat"></param>
/// <param name="stat2cn"></param>
/// <returns></returns>
public DataTable queryStuAnswerPaper(long subId, long paperId, string stat,bool stat2cn)
{
    DataTable dt = uvStuAnswerDetailDAL.queryStuAnswerPaper( subId, paperId,stat);
    if(dt==null||dt.Rows.Count==0)
        return null;
    if(stat2cn)
    {
        stat = string.Empty;
        for(int i=0;i<dt.Rows.Count;i++)
        {
            stat = dt.Rows[i]["stuAnswerStat"].ToString();
            if(stat==Common.Constants.STAT_INVALID)
                stat = "未批阅";
            else
                stat = "已批阅";
            dt.Rows[i]["stuAnswerStat"] = stat;
        }
    }
    return dt;
}
```

③ 添加 queryStuAnswerInfo()方法，代码如下。

```csharp
/// <summary>
/// 根据答卷ID，查询答卷基本信息
/// （考生编号，考生姓名，试卷编号，试卷名称，学生答卷ID，答卷状态）
/// </summary>
/// <param name="studentAnswerId"></param>
/// <returns></returns>
public UvStuAnswerDetailModel queryStuAnswerInfo(long studentAnswerId)
{
    return uvStuAnswerDetailDAL.queryStuAnswerInfo(studentAnswerId);
}
```

④ 添加 queryStuAnswerDetail()方法，代码如下。

```csharp
/// <summary>
/// 根据考生答卷ID，查询答题信息
/// </summary>
/// <param name="studentAnswerId"></param>
/// <returns></returns>
public DataTable queryStuAnswerDetail(long studentAnswerId)
{
    return uvStuAnswerDetailDAL.queryStuAnswerDetail(studentAnswerId);
}
```

（4）Web 层后置代码文件实现。Web 层后置代码文件主要包括对 CorrectingPaper.aspx.cs 和 CorrectingStuAnswer.aspx.cs 文件的实现。

① CorrectingPaper.aspx 窗体的后置代码文件 CorrectingPaper.aspx.cs 的实现。CorrectingPaper.aspx 窗体主要包括 Page_Load 事件、课程下拉列表项变化事件、试卷下拉列表项变化事件、答卷状态列表项变化事件以及答卷列表分页事件等。

a. 添加类体属性，代码如下。

```csharp
/// <summary>
/// 学生答卷业务处理对象
/// </summary>
private StuAnswerManageBLL stuAnswerManageBLL = new StuAnswerManageBLL();
```

b. 实现 Page_Load 事件，代码如下。

```csharp
//获取教师 ID
long teaId = Convert.ToInt64(Session[Common.Constants.SESSION_USER_ID]);
//查询当前学期 ID
long termId = new TermManageBLL().queryTerm(DateTime.Now).Id;
if (Page.IsPostBack == false)
{
    //教师课程关系视图 Model 对象
    UvTeaSubRelationModel uvTeaSubRelationModel = new UvTeaSubRelationModel();
    uvTeaSubRelationModel.TeaId = teaId;
    uvTeaSubRelationModel.TermId = termId;
    uvTeaSubRelationModel.TeaStat = Common.Constants.STAT_VALID;
    uvTeaSubRelationModel.Stat = Common.Constants.STAT_OCSS_VERIFYPASS;
    //根据教师课程关系视图 Model 对象，查询教学任务
    DataTable dtSub = new TaskManageBLL().queryTeachTask(uvTeaSubRelationModel);
    //添加 "请选择..." 列表项
    dtSub = WebCommonUtil.addDdlFirstItem2DataTable( dtSub, "subName", "subId", 0);
    WebCommonUtil.dt2DropDownList(dtSub, ddlSub, "subName", "subId");
}
```

c. 实现课程下拉列表项改变的 SelectedIndexChanged 事件，代码如下。

```csharp
if (ddlSub.SelectedValue != "0")
{
    //绑定课程的试卷列表
    long subId = Convert.ToInt64(ddlSub.SelectedValue);
    string stat = ddlStat.SelectedValue;
    ddlPaper.Enabled = true;
    DataTable dtPaper = new PaperManageBLL().queryAllPaperBySubId(subId, false);
    dtPaper = WebCommonUtil.addDdlFirstItem2DataTable( dtPaper, "paperName", "id", 0);
    WebCommonUtil.dt2DropDownList(dtPaper, ddlPaper, "paperName", "id");
    //绑定查询的该课程答卷
    DataTable dt = stuAnswerManageBLL.queryStuAnswerPaper(subId, 0, stat, true);
    WebCommonUtil.dt2GridView(dt, gvStuAnswer);
}
else
    ddlPaper.Enabled = false;
```

d. 实现试卷下拉列表项改变的 SelectedIndexChanged 事件，代码如下。

```csharp
//绑定课程的试卷列表
long subId = Convert.ToInt64(ddlSub.SelectedValue);
long paperId = 0;
if (ddlPaper.SelectedValue != "0")
    paperId = Convert.ToInt64(ddlPaper.SelectedValue);
string stat = ddlStat.SelectedValue;
DataTable dtPaper = new PaperManageBLL().queryAllPaperBySubId(subId, false);
dtPaper = WebCommonUtil.addDdlFirstItem2DataTable(dtPaper, "paperName", "id", 0);
WebCommonUtil.dt2DropDownList(dtPaper, ddlPaper, "paperName", "id");
//绑定查询的该课程答卷
DataTable dt = stuAnswerManageBLL.queryStuAnswerPaper( subId, paperId, stat, true);
WebCommonUtil.dt2GridView(dt, gvStuAnswer);
```

e. 实现答卷状态下拉列表项改变的 SelectedIndexChanged 事件，代码如下。

```csharp
long subId = Convert.ToInt64(ddlSub.SelectedValue);
long paperId = 0;
if (ddlPaper.Enabled == true)
    paperId = Convert.ToInt64(ddlPaper.SelectedValue);
```

```
string stat = ddlStat.SelectedValue;
//绑定查询的该课程答卷
DataTable dt = stuAnswerManageBLL.queryStuAnswerPaper( subId, paperId, stat, true);
WebCommonUtil.dt2GridView(dt, gvStuAnswer);
```

f. 实现答卷列表 gvStuAnswer 的 PageIndexChanging 事件（分页），代码如下。

```
gvStuAnswer.PageIndex = e.NewPageIndex;
long subId = Convert.ToInt64(ddlSub.SelectedValue);
long paperId = 0;
if (ddlPaper.Enabled == true)
    paperId = Convert.ToInt64(ddlPaper.SelectedValue);
string stat = ddlStat.SelectedValue;
//绑定查询的该课程答卷
DataTable dt = stuAnswerManageBLL.queryStuAnswerPaper( subId, paperId, stat, true);
WebCommonUtil.dt2GridView(dt, gvStuAnswer);
```

② CorrectingStuAnswer.aspx 窗体的后置代码文件 CorrectingStuAnswer.aspx.cs 的实现。

CorrectingStuAnswer.aspx 窗体主要包括 Page_Load 事件、批阅按钮的 Click 事件的实现。

a. 添加类体属性，代码如下。

```
/// <summary>
/// 学生答卷业务处理对象
/// </summary>
private StuAnswerManageBLL stuAnswerManageBLL = new StuAnswerManageBLL();
```

b. 实现 Page_Load 事件，代码如下。

```
if (Page.IsPostBack == false)
{
    //查询答卷基本信息
    long stuAnswerId = Convert.ToInt64(Request["id"]);
    Session.Remove("stuAnswerId");
    Session.Add("stuAnswerId", stuAnswerId);

    UvStuAnswerDetailModel uvStuAnswerDetailModel =
        stuAnswerManageBLL.queryStuAnswerInfo(stuAnswerId);
    //绑定答卷基本信息
    lblStuNo.Text = uvStuAnswerDetailModel.StuModel.StuNo;
    lblStuName.Text = uvStuAnswerDetailModel.StuModel.StuName;
    lblPaperNo.Text = uvStuAnswerDetailModel.PaperModel.PaperNo;
    lblPaperName.Text = uvStuAnswerDetailModel.PaperModel.PaperName;

    //查询答题
    DataTable dt = stuAnswerManageBLL.queryStuAnswerDetail(stuAnswerId);
    rpStuAnswer.DataSource = dt;
    rpStuAnswer.DataBind();
    //设置判题按钮
    for (int i = 0; i < dt.Rows.Count; i++)
    {
        RadioButtonList rdlResult =
            (RadioButtonList) rpStuAnswer.Items[i].FindControl("rdlResult");
        DataRow dr = dt.Rows[i];
        string rightAnswer = dr["rightAnswer"].ToString().Trim();
        string stuAnswer = dr["stuAnswer"].ToString().Trim();
        if (rightAnswer == stuAnswer)
            rdlResult.SelectedValue = "1";
        else
            rdlResult.SelectedValue = "0";
    }
}
```

c. 实现"批阅试卷"的 Click 事件，代码如下。

```csharp
//遍历 rpStuAnswer
for (int i = 0; i < rpStuAnswer.Items.Count; i++)
{
    RadioButtonList rdlResult =
        (RadioButtonList)rpStuAnswer.Items[i].FindControl("rdlResult");
    Label lblStuAnswerDetailId =
        (Label)rpStuAnswer.Items[i].FindControl("lblStuAnswerDetailId");
    long stuAnsweDetailId = Convert.ToInt64(lblStuAnswerDetailId.Text);
    string result = rdlResult.SelectedValue;
    UtStudentAnswerDetailModel utStudentAnswerDetailModel =
        new UtStudentAnswerDetailModel();
    utStudentAnswerDetailModel.Id = stuAnsweDetailId;
    utStudentAnswerDetailModel.Result = result;
    //更新数据
    stuAnswerManageBLL.modifyStuAnswerDetail(utStudentAnswerDetailModel);
}
//更新成绩
long stuAnswerId = Convert.ToInt64(Session["stuAnswerId"]);
Session.Remove("stuAnswerId");
//查询试题,统计总分
DataTable dt = stuAnswerManageBLL.queryStuAnswerDetail(stuAnswerId);
float totalScore = 0;
for (int i = 0; i < dt.Rows.Count; i++)
{
    DataRow dr = dt.Rows[i];
    string result = dr["result"].ToString().Trim();
    float point = Convert.ToSingle(dr["point"]);
    if (result == "1")
        totalScore += point;
}
UtStudentAnswerModel utStudentAnswerModel = new UtStudentAnswerModel();
utStudentAnswerModel.Id = stuAnswerId;
utStudentAnswerModel.Score = totalScore;
utStudentAnswerModel.Stat = "1";//更新为已改试卷
stuAnswerManageBLL.modifyStuAnswer(utStudentAnswerModel);
Response.Write("<script>alert('批阅完成!');window.close();</script>");
```

3. 页面代码的保存与运行

代码输入完成,先将页面代码保存,然后按"F5"键或单击工具栏上的"运行"按钮运行该程序,程序运行后,教师需要登录,然后选择"批阅试卷"选项,打开"试卷列表"页面,显示如图 3-27 所示效果,在"试卷列表"中,单击"批阅"选项,打开批阅试卷页面,显示如图 3-28 所示效果。

3.4 任务 4:网上考试系统前台程序实现

3.4.1 子任务 1 考卷选择页面设计

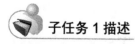
子任务 1 描述

利用 ASP.NET 的 GridView 控件实现网上考试系统前台"考卷选择"页面。
学生登录后,单击"网上考试"选项,打开"网上考试"页面,该页面显示本学期学生可参加的所有考试的试卷,学生在考试时间开考前 5 分钟到开考后 15 分钟之内,通过单击页面上的"进入考试"链接,则可打开考试页面。"考卷选择"页面运行效果如图 3-29 所示。

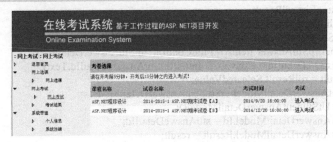

图 3-29 "考卷选择"页面运行效果图

技能目标

① 能按照代码规范进行代码的编写;
② 能熟练运用 GridView 控件进行数据的绑定。

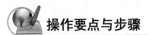操作要点与步骤

试卷管理的开发主要包括页面设计、代码开发等,其中代码开发包括 BLL、DAL、Model 层中的类的设计等。

1. UI 层开发

添加 Exam.aspx 窗体。

(1) 在"Web"项目中的"Front/oes"文件夹中添加 Exam.aspx 窗体,母版页选择"master/OesSite.Master"。

(2) 在<asp:Content></asp:Content>标签内添加 2 行 1 列的表格。

第 1 行:显示"考卷选择"信息,代码如下。

```
<tr>
    <th>考卷选择</th>
</tr>
```

第 2 行:考卷列表,代码如下。

```
<tr>
    <td>
        <asp:GridView ID="gvPaper" runat="server" AutoGenerateColumns="False"
            CellPadding="4" ForeColor="#333333" GridLines="None"
            AllowPaging="True"    PageSize="20" HeaderStyle-Height="20px"
            onpageindexchanging="gvPaper_PageIndexChanging" >
            <Columns>

            </Columns>
            <RowStyle BackColor="#F7F6F3" ForeColor="#333333" />
            <PagerStyle HorizontalAlign="Center"
                BackColor="#284775" ForeColor="White" />
            <AlternatingRowStyle BackColor="White" ForeColor="#284775" />
        </asp:GridView>
    </td>
</tr>
```

在< Columns ></ Columns >标签内设置名为 gvPaper 的 GridView 控件，代码如下。

```
<asp:TemplateField HeaderText="课程名称">
    <ItemTemplate >
        <%#Eval("subName") %>
    </ItemTemplate>
    <ItemStyle Width="100px" />
</asp:TemplateField>
<asp:TemplateField HeaderText="试卷名称">
    <ItemTemplate >
        <%#Eval("paperName") %>
    </ItemTemplate>
    <ItemStyle Width="200px" />
</asp:TemplateField>
<asp:TemplateField HeaderText="考试时间">
    <ItemTemplate >
        <%#Eval("examDate") %>
    </ItemTemplate>
    <ItemStyle Width="100px" />
</asp:TemplateField>
<asp:HyperLinkField DataNavigateUrlFields="paperId"
    DataNavigateUrlFormatString="PaperExam.aspx?id={0}" HeaderText="考试"
    Target="_blank" Text="进入考试" >
<ItemStyle Width="60px" />
</asp:HyperLinkField>
```

试卷管理页面用到了 1 个 GridView 控件，控件属性设置如表 3-26 所示。

表 3-26　子任务 1 内容层控件主要属性设置表

控 件 名	属 性 名	设 置 值
GridView1	ID	gvPaper
	AutoGenerateColumns	False
	AllowPaging	True
	PageSize	20
	onpageindexchanging	gvPaper_PageIndexChanging

▶ 2. Exam.aspx 页面功能实现

完成了 Exam.aspx 页面及各控件的属性设计后，还需要编写页面后置代码文件 Exam.aspx.cs 程序以及 BLL、DAL、Model 三层的开发等。

（1）Model 层实现。Model 层中主要的 uv_exam_stuPaper 视图的 Model 封装类及封装扩展类设计。

① UvStuPaperModel 类的设计。

a. 在 Model 类库的 "exam" 文件夹中，新建 UvStuPaperModel 类，代码如下。

```
/// <summary>
/// 学生试卷视图封装类
/// </summary>
public class UvStuPaperModel
{

}
```

b. 在 UvStuPaperModel 类中新建属性和 get/set 方法，代码如下。

```
/// <summary>
/// 试卷信息封装对象
/// </summary>
```

```csharp
private UtPaperModel paperModel;
public UtPaperModel PaperModel
{
    get { return paperModel; }
    set { paperModel = value; }
}
/// <summary>
/// 学生课程关系视图封装对象
/// </summary>
private Model.ocss.UvStuSubRelationModel stuSubRelation;
public Model.ocss.UvStuSubRelationModel StuSubRelation
{
    get { return stuSubRelation; }
    set { stuSubRelation = value; }
}
public UvStuPaperModel()
{
    paperModel = new UtPaperModel();
    stuSubRelation = new ocss.UvStuSubRelationModel();
}
```

② UvStuPaperModelEx 类的设计。

a. 在 Model 类库的 "exam" 文件夹中,新建 UvStuPaperModelEx 类,代码如下。

```csharp
/// <summary>
/// 学生试卷视图信息封装类扩展类
/// </summary>
public class UvStuPaperModelEx : ICommonModelEx<UvStuPaperModel>
{

}
```

b. 在 UvStuPaperModelEx 类中添加类体变量,代码如下。

```csharp
/// <summary>
/// 定义 sql 语句变量
/// </summary>
private string sql = string.Empty;
```

c. 在 UvStuPaperModelEx 类中实现 IcommonModelEx 接口的方法,代码如下。

```csharp
public string getSelectSql(UvStuPaperModel uvStuPaperModel)
{
    sql = "select paperId,paperNo,paperName,createDate,examDate,timeLength,paperStat,";
    sql += "stuSubId,stuSubStat,";
    sql += "termId,termStartYear,termEndYear,termOrder,term,";
    sql += "stuId,stuNo,stuName,gender,joinDate,tel,addr,stuStat,";
    sql += "stuClassId,stuClassNo,stuClassName,stuClassStat,";
    sql += "stuMajorId,stuMajorNo,stuMajorName,stuMajorStat,";
    sql += "stuDepId,stuDepNo,stuDepName,stuDepStat,";
    sql += "loginId,role,loginStat,";
    sql += "subId,subNo,subName,credit,subStat,";
    sql += "subTypeId,subTypeNo,subTypeName,subTypeStat,";
    sql += "subDepId,subDepNo,subDepName,subDepStat,";
    sql += "classId,classNo,className,classStat ";
    sql += "from uv_exam_stuPaper ";
    sql += "where 1=1 ";
    if (uvStuPaperModel != null)
    {
        //设置 ut_exam_paper 信息部分
        if (uvStuPaperModel.PaperModel.Id != 0)
            sql += " and paperId=" + uvStuPaperModel.PaperModel.Id;
        ...
```

```
            //设置 uv_ocss_studentSubjectRelation 信息部分
            if (uvStuPaperModel.StuSubRelation.Id != 0)
                sql += " and stuSubId=" + uvStuPaperModel.StuSubRelation.Id;
            ...
        }
        return sql;
    }
    public string getInsertSql(UvStuPaperModel uvStuPaperModel)
    {
        return sql;
    }
    public string getDeleteSql(long id)
    {
        return sql;
    }
    public string getUpdateSql(UvStuPaperModel uvStuPaperModel)
    {
        return sql;
    }
    public string getQueryMaxNoByPrefix(string prefixNo)
    {
        return sql;
    }
```

（2）DAL 层实现。DAL 层主要包括 UvStuPaperDAL 类的实现。

① 在 DAL 的 "exam" 文件夹中，添加 UvStuPaperDAL 类，代码如下。

```
/// <summary>
/// 学生试卷视图 DAL 类
/// </summary>
public class UvStuPaperDAL : ICommonDAL<UvStuPaperModel>
{

}
```

② 在 UvStuPaperDAL 类中添加类体变量，代码如下。

```
/// <summary>
/// 数据库操作对象
/// </summary>
private DBUtil dbUtil = new DBUtil();
/// <summary>
/// 学生试卷视图封装扩展对象
/// </summary>
private UvStuPaperModelEx uvStuPaperModelEx = new UvStuPaperModelEx();
/// <summary>
/// 定义 sql 语句变量
/// </summary>
private string sql = string.Empty;
```

③ 实现 ICommonDAL 接口中的方法。参照情境 2 中的 "基础信息管理" 模块开发，设计 UvStuPaperDAL 类，实现 ICommonDAL 接口中方法。

④ 在 UvStuPaperDAL 类中添加查询变量，代码如下。

```
/// <summary>
/// 根据学生 ID，学期 ID，查询该学生能参考考试的考卷基本信息（包括考卷 ID，考卷名称，课程名称，考试时间）
/// </summary>
/// <param name="stuId">学生 ID</param>
/// <param name="termId">学期 ID</param>
/// <returns>考卷基本信息的 datatable 对象</returns>
```

```
public DataTable queryPaperInfo(long stuId,long termId)
{
    sql = "select distinct paperId, papername,subName,examdate ";
    sql += "from uv_exam_stuPaper ";
    sql += "where 1=1 ";
    sql += " and paperStat='" + Common.Constants.STAT_VALID + "' ";
    sql += " and stuId=" + stuId + " ";
    sql += " and termId=" + termId + " ";
    return dbUtil.dbQuery(sql);
}
```

(3) BLL 层实现。BLL 层的实现包括对 PaperManageBLL 类的修改。

在 PaperManageBLL 类中添加 queryPaperInfo()方法，代码如下。

```
/// <summary>
/// 根据学生 ID，课程 ID，学期 ID，查询该学生能参考考试的考卷基本信息（包括考卷 ID，考卷名称，课程名称，考试时间）
/// </summary>
/// <param name="stuId">学生 ID</param>
/// <param name="termId">学期 ID</param>
/// <returns>考卷基本信息的 datatable 对象</returns>
public DataTable queryPaperInfo(long stuId, long termId)
{
    return new UvStuPaperDAL().queryPaperInfo(subId, stuId, termId);
}
```

(4) Web 层后置代码文件实现。实现 Web 层后置代码文件 Exam.aspx.cs 程序设计。

① 实现"初始化页面数据"的 initData2Page()方法，代码如下。

```
/// <summary>
/// 初始化页面数据
/// </summary>
private void initData2Page()
{
    //获取教师 ID
    long stuId = Convert.ToInt64(Session[Common.Constants.SESSION_USER_ID]);
    //查询当前学期 ID
    long termId = new TermManageBLL().queryTerm(DateTime.Now).Id;
    PaperManageBLL paperManageBLL = new PaperManageBLL();
    //查询考卷基本信息
    DataTable dtPaper = paperManageBLL.queryPaperInfo(stuId, termId);
    WebCommonUtil.dt2GridView(dtPaper, gvPaper);
}
```

② 实现 Page_Load 事件，代码如下。

```
if (Page.IsPostBack == false)
{
    initData2Page();
}
```

③ 实现 gvPaper 的 PageIndexChanging 事件，代码如下。

```
gvPaper.PageIndex = e.NewPageIndex;
initData2Page();
```

3. 页面代码的保存与运行

代码输入完成，先将页面代码保存，然后按"F5"键或单击工具栏上的"运行"按钮运行该程序，程序运行后，学生经登录成功后，选择"网上考试"选项，打开"试卷选择"页面，显示如图 3-29 所示的效果。

3.4.2 子任务 2 网上考试页面设计

 子任务 2 描述

利用 ASP.NET 的 Label、Button、Repeater 等控件实现网上考试系统前台"网上考试"页面。

学生登录后,单击"网上考试"选项,打开"网上考试"页面,单击"进入考试"链接,打开"网上考试"页面,"网上考试"页面运行效果如图 3-30 所示。

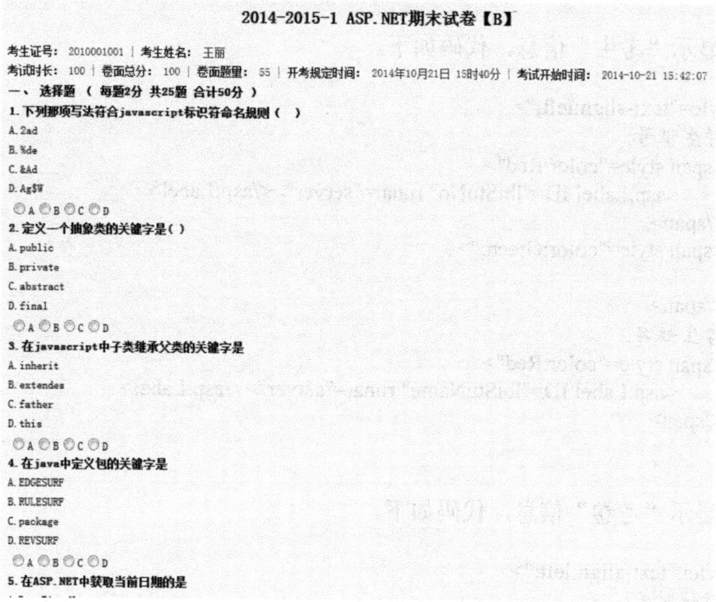

图 3-30 "网上考试"页面运行效果图

 技能目标

① 能按照代码规范进行代码的编写;
② 能熟练运用 Repeater 控件进行数据的绑定;
③ 能熟练运用 Session 进行数据传递。

操作要点与步骤

网上考试功能的开发主要包括页面设计、代码设计等,其中代码设计包括 BLL、DAL、Model 层中的类的设计等。

▶ **1. UI 层开发**

添加 PaperExam.aspx 窗体。

(1) 在"Web"项目中的"Front/oes"文件夹中添加 PaperExam.aspx 窗体。

(2) 添加 public.css 样式表的引用，代码如下。

```html
<title>试卷详情查看页面</title>
<link rel="stylesheet" href="~/css/public.css" type="text/css" />
```

(3) 在<form></form>标签内添加 5 行 1 列的表格，代码如下。

```html
<table style="margin-left:auto; margin-right:auto; width:800px;">
</table>
```

第 1 行：显示"考卷名称"信息，代码如下。

```html
<tr>
    <td style="text-align:center">
        <h2>
            <asp:Label ID="lblPageTitle" runat="server"></asp:Label>
        </h2>
    </td>
</tr>
```

第 2 行：显示"考生"信息，代码如下。

```html
<tr>
    <td style="text-align:left;">
        考生证号：
        <span style="color:Red">
            <asp:Label ID="lblStuNo" runat="server"></asp:Label>
        </span>
        <span style="color:Green;">
            |
        </span>
        考生姓名：
        <span style="color:Red">
            <asp:Label ID="lblStuName" runat="server"></asp:Label>
        </span>
    </td>
</tr>
```

第 3 行：显示"考卷"信息，代码如下。

```html
<tr>
    <td style="text-align:left;">
        考试时长：
        <span style="color:Red">
            <asp:Label ID="lblExamTimeLength" runat="server"></asp:Label>
        </span>
        <span style="color:Green;">
            |
        </span>
        卷面总分：
        <span style="color:Red">
            <asp:Label ID="lblTotalScore" runat="server"></asp:Label>
        </span>
        <span style="color:Green">
            |
        </span>
        卷面题量：
        <span style="color:Red">
            <asp:Label ID="lblQuestionCount" runat="server"></asp:Label>
        </span>
        <span style="color:Green">
            |
        </span>
        开考规定时间：
        <span style="color:Red">
```

```
                <asp:Label ID="lblExamStartTime" runat="server"></asp:Label>
            </span>
            <span style="color:Green">
                |
            </span>
            考试开始时间:
            <span style="color:Red">
                <asp:Label ID="lblStartExamTime" runat="server"></asp:Label>
            </span>
        </td>
    </tr>
```

第 4 行:显示"考卷"信息,代码如下。

```
    <tr>
        <td>
            <asp:Repeater ID="rpQuestionTypeList" runat="server">
                <HeaderTemplate>
                    <table>
                </HeaderTemplate>
                <ItemTemplate>

                </ItemTemplate>
                <FooterTemplate>
                    </table>
                </FooterTemplate>
            </asp:Repeater>
        </td>
    </tr>
</tr>
```

在< ItemTemplate ></ ItemTemplate >标签内插入 2 行 1 列的表格,第 1 行显示试题的种类及试题量、分值等信息。第 2 行嵌套 Repeater 控件,用来显示该试题类别下的所有试题,代码如下。

```
    <tr>
        <td style="text-align:left">
            <asp:Label ID="lblItemOrder" runat="server"
                Text='<%# Eval("itemOrder")%>'></asp:Label>、
            <asp:Label ID="lblQuestionTypeName" runat="server"
                Text='<%# Eval("questionTypeName")%>'></asp:Label>
            (
                每题<asp:Label ID="lblPaperPoint" runat="server"
                Text='<%# Eval("paperPoint")%>'></asp:Label>分
                共<asp:Label ID="lblItemValue" runat="server"
                Text='<%# Eval("questionCount")%>'></asp:Label>题
                合计<asp:Label ID="lblQuestionCount" runat="server"
                Text='<%# Eval("itemValue")%>'></asp:Label>分
            )
        </td>
    </tr>
    <tr>
        <td style="text-align:left">
            <asp:Repeater ID='rpItem' runat="server">
                <HeaderTemplate>
                    <table>
                </HeaderTemplate>
                <ItemTemplate>
                    <tr style="height:20px;">
                        <td>
                            <%# Eval("itemContent")%>
```

```
                        </td>
                    </tr>
                </ItemTemplate>
                <FooterTemplate>
                    </table>
                </FooterTemplate>
            </asp:Repeater>
        </td>
    </tr>
```

第 5 行:"提交答卷"按钮,代码如下。

```
    <tr>
        <td style="text-align:center;">
            <asp:Button ID="btnSubmit" runat="server" CssClass="button"
                Text="提交试卷" onclick="btnSubmit_Click" />
        </td>
    </tr>
```

网上考试页面用到了 8 个 Label、1 个 Button、2 个 Repeater 以及嵌套在 Repeater 控件中的 5 个 Label 控件,各控件属性设置如表 3-27 所示。

表 3-27 子任务 2 内容层控件主要属性设置表

控 件 名	属 性 名	设 置 值
Label1	ID	lblPageTitle
Label2	ID	lblStuNo
Label3	ID	lblStuName
Label4	ID	lblExamTimeLength
Label5	ID	lblTotalScore
Label6	ID	lblQuestionCount
Label7	ID	lblExamStartTime
Label8	ID	lblStartExamTime
Label9	ID	lblItemOrder
	Text	<%# Eval("itemOrder")%>
Label10	ID	lblQuestionTypeName
	Text	<%# Eval("questionTypeName")%>
Label11	ID	lblPaperPoint
	Text	<%# Eval("paperPoint")%>
Label12	ID	lblItemValue
	Text	<%# Eval("questionCount")%>
Label13	ID	lblQuestionCount
	Text	<%# Eval("itemValue")%>
Button1	ID	btnSubmit
	Text	提交试卷
	CssClass	button
	onClick	btnSubmit_Click
Repeater1	ID	rpQuestionTypeList
Repeater2	ID	rpItem

2. PaperExam.aspx 页面功能实现

完成了 PaperExam.aspx 页面及各控件的属性设计后,还需要编写页面后置代码文件 Exam.aspx.cs 程序以及对 BLL、DAL、Model 三层进行开发等。

（1）Model 层实现。Model 层主要包括 ut_exam_studentAnswer、ut_exam_studentAnswerDetail 数据表的 Model 封装类 UtStudentAnswerModel、UtStudentAnswerDetailModel 及封装扩展类 UtStudentAnswerModelEx、UtStudentAnswerDetailModelEx 的设计。开发可参照"情境 2 基本信息管理"中的数据表封装类和扩展类的设计。

（2）DAL 层实现。DAL 层主要包括 UtStudentAnswerDAL、UtStudentAnswerDetailDAL 类的设计，可参照"情境 2 基本信息管理"中的 DAL 层的实现。

（3）BLL 层实现。BLL 层主要是实现"学生答卷管理业务处理"StuAnswerManageBLL 类的设计。

① 在 BLL 类库的"front/oes"文件夹中添加 StuAnswerManageBLL 类，代码如下。

```
/// <summary>
/// 学生答卷管理业务类
/// </summary>
public class StuAnswerManageBLL
{

}
```

② 添加类体属性，代码如下。

```
/// <summary>
/// 学生答卷基本信息 DAL 处理对象
/// </summary>
private UtStudentAnswerDAL utStudentAnswerDAL = new UtStudentAnswerDAL();
/// <summary>
/// 学生答卷详细信息 DAL 处理对象
/// </summary>
private UtStudentAnswerDetailDAL utStudentAnswerDetailDAL =
new UtStudentAnswerDetailDAL();
```

③ 添加"添加答卷基本信息"的 addStuAnswer()方法，代码如下。

```
/// <summary>
/// 添加答卷基本信息
/// </summary>
/// <param name="utStudentAnswerModel"></param>
/// <returns></returns>
public bool addStuAnswer(UtStudentAnswerModel utStudentAnswerModel)
{
    return utStudentAnswerDAL.save(utStudentAnswerModel);
}
```

④ 添加"修改答卷基本信息"的 modifyStuAnswer()方法，代码如下。

```
/// <summary>
/// 修改答卷基本信息
/// </summary>
/// <param name="utStudentAnswerModel"></param>
/// <returns></returns>
public bool modifyStuAnswer(UtStudentAnswerModel utStudentAnswerModel)
{
    return utStudentAnswerDAL.update(utStudentAnswerModel);
}
```

⑤ 添加"查询答卷基本信息"的 queryStuAnswer()方法，代码如下。

```
/// <summary>
/// 查询答卷基本信息
/// </summary>
/// <param name="utStudentAnswerModel"></param>
/// <returns></returns>
public UtStudentAnswerModel queryStuAnswer(
```

```
                    UtStudentAnswerModel utStudentAnswerModel)
{
    DataTable dt = utStudentAnswerDAL.queryByCondition(utStudentAnswerModel);
    utStudentAnswerModel = null;
    if (dt != null && dt.Rows.Count == 1)
    {
        utStudentAnswerModel = new UtStudentAnswerModel();
        utStudentAnswerModel.Id = Convert.ToInt64(dt.Rows[0]["id"]);
        utStudentAnswerModel.PaperId = Convert.ToInt64(dt.Rows[0]["paperId"]);
        utStudentAnswerModel.StuId = Convert.ToInt64(dt.Rows[0]["stuId"]);
        utStudentAnswerModel.StartTime =
                    Convert.ToDateTime(dt.Rows[0]["startTime"]);
        utStudentAnswerModel.EndTime =
                    Convert.ToDateTime(dt.Rows[0]["endTime"]);
        utStudentAnswerModel.Score = Convert.ToSingle(dt.Rows[0]["score"]);
    }
    return utStudentAnswerModel;
}
```

⑥ 添加"添加答题基本信息"的 addStuAnswer()方法，代码如下。

```
/// <summary>
/// 添加答题基本信息
/// </summary>
/// <param name="utStudentAnswerDetailModel"></param>
/// <returns></returns>
public bool addStuAnswerDetail(
UtStudentAnswerDetailModel utStudentAnswerDetailModel)
{
    return utStudentAnswerDetailDAL.save(utStudentAnswerDetailModel);
}
```

⑦ 添加"修改答题信息"的 modifyStuAnswerDetail()方法，代码如下。

```
/// <summary>
/// 修改答题信息
/// </summary>
/// <param name="utStudentAnswerDetailModel"></param>
/// <returns></returns>
public bool modifyStuAnswerDetail(
UtStudentAnswerDetailModel utStudentAnswerDetailModel)
{
    return utStudentAnswerDetailDAL.update(utStudentAnswerDetailModel);
}
```

⑧ 添加"查询答题信息"的 queryStuAnswerDetail()方法，代码如下。

```
/// <summary>
/// 查询答题信息
/// </summary>
/// <param name="utStudentAnswerDetailModel"></param>
/// <returns></returns>
public UtStudentAnswerDetailModel queryStuAnswerDetail(
UtStudentAnswerDetailModel utStudentAnswerDetailModel)
{
    DataTable dt =
        utStudentAnswerDetailDAL.queryByCondition(utStudentAnswerDetailModel);
    utStudentAnswerDetailModel = null;
    if (dt != null && dt.Rows.Count == 1)
    {
        utStudentAnswerDetailModel = new UtStudentAnswerDetailModel();
        utStudentAnswerDetailModel.Id = Convert.ToInt64(dt.Rows[0]["id"]);
        utStudentAnswerDetailModel.StudentAnswerID =
                    Convert.ToInt64(dt.Rows[0]["studentAnswerID"]);
```

```
                    utStudentAnswerDetailModel.QuestionID =
                            Convert.ToInt64(dt.Rows[0]["questionID"]);
                    utStudentAnswerDetailModel.RightAnswer =
                            dt.Rows[0]["rightAnswer"].ToString();
                    utStudentAnswerDetailModel.StuAnswer =
                            dt.Rows[0]["stuAnswer"].ToString();
        }
        return utStudentAnswerDetailModel;
}
```

(4) Web 层后置代码文件实现。Web 层后置代码文件 PaperExam.aspx.cs 的实现。

① 添加类体变量，代码如下。

```
/// <summary>
/// 学生答卷管理业务处理对象
/// </summary>
private StuAnswerManageBLL stuAnswerManageBLL = new StuAnswerManageBLL();
/// <summary>
/// 试卷管理业务处理对象
/// </summary>
private PaperManageBLL paperManageBLL = new PaperManageBLL();
/// <summary>
/// 试卷详情业务处理对象
/// </summary>
private PaperDetailManageBLL paperDetailManageBLL = new PaperDetailManageBLL();
/// <summary>
/// 试卷 ID
/// </summary>
private long paperId ;
/// <summary>
/// 学生 ID
/// </summary>
private long stuId;
/// <summary>
/// 答卷 ID
/// </summary>
private long stuAnswerId ;
/// <summary>
/// 保存答题 ID，行_试题类型数，列_答题 ID
/// </summary>
private string session_stuAnswerId = string.Empty;
```

② 实现 Page_Load 事件，代码如下。

```
if (Page.IsPostBack == false)
{
    //学生 ID
    stuId = Convert.ToInt64(Session[Common.Constants.SESSION_USER_ID]);
    //试卷 ID
    paperId = Convert.ToInt64(Request["id"]);

    UtPaperModel utPaperModel = paperManageBLL.queryPaperById(paperId);
    DateTime examDateTime = utPaperModel.ExamDate;
    //距离考试开始 5 分钟
    DateTime dateTime1 = examDateTime.AddMinutes(-5);
    //已经开考 15 分钟
    DateTime dateTime2 = examDateTime.AddMinutes(15);
    //当前时间不在考试时间范围内
    if (DateTime.Now < dateTime1 || DateTime.Now > dateTime2)
    {
        Response.Write("<script>alert('请在考试时间内参加考试，考试时间为：开考前 5 分钟和
```

开考后 15 分钟之间！');window.close();</script>");
        }
        //将基本信息绑定到页面上
        lblPageTitle.Text = utPaperModel.PaperName;
        lblExamStartTime.Text = utPaperModel.ExamDate.ToString("yyyy 年 MM 月 dd 日　HH 时 mm 分");
        lblStartExamTime.Text = DateTime.Now.ToString("yyyy-MM-dd HH:mm:ss");
        lblExamTimeLength.Text = utPaperModel.TimeLength.ToString();
        //查询试题数量
        lblQuestionCount.Text =
            paperDetailManageBLL.queryQuestionCountByPaperId(paperId).ToString();
        //查询考生信息
        Model.basis.UvStuModel stuModel =
            new BLL.admin.ocss.StuManageBLL().queryStuById(stuId, false);
        lblStuNo.Text = stuModel.StuNo;
        lblStuName.Text = stuModel.StuName;
        //向 ut_exam_studentAnswer 数据表插入答卷基本信息
        UtStudentAnswerModel utStudentAnswerModel = new UtStudentAnswerModel();
        utStudentAnswerModel.PaperId = paperId;
        utStudentAnswerModel.Score = 0;
        utStudentAnswerModel.StartTime = DateTime.Now;
        utStudentAnswerModel.EndTime = Common.Constants.DATATIME_EMPTY;
        utStudentAnswerModel.StuId = stuId;
        //调用 BLL 保存答卷基本信息
        stuAnswerManageBLL.addStuAnswer(utStudentAnswerModel);
        //查询保存答卷的 ID
        stuAnswerId = stuAnswerManageBLL.queryStuAnswer(utStudentAnswerModel).Id;

        //查询试卷中试题信息
        DataTable dtPaperItem = paperManageBLL.queryPaperItemByPaperId(paperId);
        //添加试题序号列
        dtPaperItem.Columns.Add("itemOrder");
        if (dtPaperItem != null && dtPaperItem.Rows.Count != 0)
        {
            //计算总分，并绑定总分及试题种类到页面
            bindTotalScore(dtPaperItem);
            //绑定试题到页面
            paperQuestion2rp(dtPaperItem);
        }
        Session.Remove("session_stuAnswerId");
        Session.Add("session_stuAnswerId", session_stuAnswerId);
        Session.Remove("stuAnswerId");
        Session.Add("stuAnswerId", stuAnswerId);
    }
```

③ 实现"交卷"按钮的 Click 事件，代码如下。

```
session_stuAnswerId = Session["session_stuAnswerId"].ToString();
Session.Remove("session_stuAnswerId");
//遍历 rpQuestionTypeList
for (int i = 0; i < rpQuestionTypeList.Items.Count; i++)
{
    //获取试题类型名称
    Label lblQuestionTypeName =
        (Label)rpQuestionTypeList.Items[i].FindControl("lblQuestionTypeName");
    string questionTypeName = lblQuestionTypeName.Text;

    //获取嵌套的试题数量 Label 控件：lblItemValue
    Label lblItemValue = rpQuestionTypeList.Items[i].FindControl("lblItemValue") as Label;
    //试题数量
```
```

```csharp
        int questionCount = Convert.ToInt32(lblItemValue.Text);
        //遍历试题
        for (int j = 0; j < questionCount; j++)
        {
            //获取试题 ID
            int index = session_stuAnswerId.IndexOf(",");
            long stuAnswerDetailId = Convert.ToInt64(
                            session_stuAnswerId.Substring(0, index));
            session_stuAnswerId = session_stuAnswerId.Substring(index + 1);
            //学生答案
            string stuAnswer = string.Empty;
            if (questionTypeName == "选择题")
            {
                string name = "rdSelect" + j.ToString();
                if (string.IsNullOrEmpty(Request[name]))
                    stuAnswer = " ";
                else
                    stuAnswer = Request[name];
            }
            else if (questionTypeName == "判断题")
            {
                string name = "rdJudge" + j.ToString();
                if (string.IsNullOrEmpty(Request[name]))
                    stuAnswer = " ";
                else
                    stuAnswer = Request[name];
            }
            else
            {
                string name = "txtOther" + j.ToString();
                if (string.IsNullOrEmpty(Request[name]))
                    stuAnswer = " ";
                else
                    stuAnswer = Request[name];
            }
            //保存答案
            UtStudentAnswerDetailModel utStudentAnswerDetailModel =
            new UtStudentAnswerDetailModel();
            utStudentAnswerDetailModel.Id = stuAnswerDetailId;
            utStudentAnswerDetailModel.StuAnswer = stuAnswer;
            stuAnswerManageBLL.modifyStuAnswerDetail(utStudentAnswerDetailModel);
        }
    }
    //更新答卷结束时间
    stuAnswerId = Convert.ToInt64(Session["stuAnswerId"]);
    UtStudentAnswerModel utStudentAnswerModel = new UtStudentAnswerModel();
    utStudentAnswerModel.Id = stuAnswerId;
    utStudentAnswerModel.EndTime = DateTime.Now;
    stuAnswerManageBLL.modifyStuAnswer(utStudentAnswerModel);
    //移除 session 中的信息
    Session.Remove("stuAnswerId");
    Session.Remove("session_stuAnswerId");
    Response.Write("<script>alert('交卷成功！');window.close();</script>");
```

④ 实现"绑定总分到试卷上"的 bindTotalScore()方法，代码如下。

```csharp
/// <summary>
/// 绑定总分到试卷上
/// </summary>
/// <param name="dtPaperItem">试卷试题</param>
```

```csharp
public void bindTotalScore(DataTable dtPaperItem)
{
    //总分
    float totalScore = 0;
    //遍历数据表，获取总分、对选择题进行处理
    for(int i=0;i<dtPaperItem.Rows.Count;i++)
    {
        dtPaperItem.Rows[i]["itemOrder"] =
                        Common.Constants.ItemOrder.Substring(i,1);
        float itemValue = Convert.ToSingle(dtPaperItem.Rows[i]["itemValue"]);
        int questionCount =
                        Convert.ToInt32(dtPaperItem.Rows[i]["questionCount"]);
        //处理选择题的题量和选择题总分
        if (dtPaperItem.Rows[i]["questionTypeName"].ToString() == "选择题")
        {
            questionCount /= 4;
            itemValue /= 4;
            dtPaperItem.Rows[i]["itemValue"] = itemValue;
            dtPaperItem.Rows[i]["questionCount"] = questionCount;
        }
        totalScore += itemValue;
    }
    //绑定总分
    lblTotalScore.Text = totalScore.ToString();
    //绑定试题种类
    rpQuestionTypeList.DataSource = dtPaperItem;
    rpQuestionTypeList.DataBind();
}
```

⑤ 实现"绑定试题到 repeater"的 paperQuestion2rp()方法，代码如下。

```csharp
/// <summary>
/// 绑定试题到 repeater
/// </summary>
/// <param name="dtPaperItem">试题种类</param>
public void paperQuestion2rp(DataTable dtPaperItem)
{
    for (int i = 0; i < dtPaperItem.Rows.Count; i++)
    {
        long questionTypeId = Convert.ToInt64(dtPaperItem.Rows[i]["questionTypeId"]);
        string questionTypeName = dtPaperItem.Rows[i]["questionTypeName"].ToString();
        //试题内容
        DataTable dtQuestion = paperDetailManageBLL.queryQuestion(
                                                paperId, questionTypeId);
        //绑定到页面上的数据表
        DataTable dt = new DataTable();
        string itemContent = string.Empty;
        dt.Columns.Add("itemContent");
        SelectContentManageBLL selectContentManageBLL =
                            new SelectContentManageBLL();
        //绑定每一道考题
        for (int j = 0; j < dtQuestion.Rows.Count; j++)
        {
            //添加题干
            itemContent = "<b>" + (j + 1).ToString() + "." +
                    dtQuestion.Rows[j]["questionContent"].ToString() + "</b>";
            DataRow dr = dt.NewRow();
            dr["itemContent"] = itemContent;
            dt.Rows.Add(dr);
            //获取试题 ID
```

```csharp
        long questionId = Convert.ToInt64(dtQuestion.Rows[j]["questionId"]);
        //查询选项内容
        DataTable dtSelectContent =
        selectContentManageBLL.querySelectContentByQuestionId(questionId);

        //学生答卷
        if (questionTypeName == "选择题")
        {
            dt =addSelectContent2dt(
                    dt,dtSelectContent,itemContent,i,j,questionId);
        }
        else if (questionTypeName == "判断题")
        {
            dt = addJuge2dt(dt,dtSelectContent,itemContent,i,j,questionId);
        }
        else//其他类型
        {
            dt =
            addOther2dt(dt,dtSelectContent,itemContent,i,j,questionId);
        }
    }
    //绑定到页面
    Repeater rpItem =
        (Repeater)rpQuestionTypeList.Items[i].FindControl("rpItem");
    rpItem.DataSource = dt;
    rpItem.DataBind();
}
```

⑥ 实现"添加选择题到 dt"的 addSelectContent2dt()方法，代码如下。

```csharp
/// <summary>
/// 添加选择题到 dt
/// </summary>
/// <param name="dt">目标 datatable</param>
/// <param name="dtSelectContent">选项 datatable</param>
/// <param name="itemContent">试题内容</param>
/// <param name="order">试题顺序</param>
/// <param name="questionId">试题 ID</param>
/// <returns>dt 对象</returns>
public DataTable addSelectContent2dt(
DataTable dt,DataTable dtSelectContent,string itemContent,
int rows,int order,long questionId)
{
    string stuAnswer = "答案：";
    string correct = string.Empty;
    DataRow dr;
    for (int k = 0; k < dtSelectContent.Rows.Count; k++)
    {
        if (k == 0)
            itemContent = "A.";
        else if (k == 1)
            itemContent = "B.";
        else if (k == 2)
            itemContent = "C.";
        else if (k == 3)
            itemContent = "D.";
        if (dtSelectContent.Rows[k]["correct"].ToString() == "1")
        {
            if (k == 0)
```

```csharp
                        correct = "A";
                    else if (k == 1)
                        correct = "B";
                    else if (k == 2)
                        correct = "C";
                    else if (k == 3)
                        correct = "D";
            }
            itemContent += dtSelectContent.Rows[k]["selectContent"].ToString();
            //添加选项
            dr = dt.NewRow();
            dr["itemContent"] = itemContent;
            dt.Rows.Add(dr);
    }
    //添加选项
    string name = "rdSelect" + order.ToString();
    stuAnswer = "<input id=\"" + name + "A\"  type=\"radio\" name=\"" +
                name + "\" value=\"A\" />A";
    stuAnswer += "<input id=\"" + name + "B\"  type=\"radio\" name=\"" +
                name + "\" value=\"B\" />B";
    stuAnswer += "<input id=\"" + name + "C\"  type=\"radio\" name=\"" +
                name + "\" value=\"C\" />C";
    stuAnswer += "<input id=\"" + name + "D\"  type=\"radio\" name=\"" +
                name + "\" value=\"D\" />D";
    //添加答案
    dr = dt.NewRow();
    dr["itemContent"] = stuAnswer;
    dt.Rows.Add(dr);
    //插入到答卷中:
    UtStudentAnswerDetailModel utStudentAnswerDetailModel =
                                new UtStudentAnswerDetailModel();
    utStudentAnswerDetailModel.QuestionID = questionId;
    utStudentAnswerDetailModel.RightAnswer = correct;
    utStudentAnswerDetailModel.StuAnswer = string.Empty;
    utStudentAnswerDetailModel.StudentAnswerID = stuAnswerId;
    //保存答题详情
    stuAnswerManageBLL.addStuAnswerDetail(utStudentAnswerDetailModel);
    session_stuAnswerId +=
  stuAnswerManageBLL.queryStuAnswerDetail(utStudentAnswerDetailModel).Id + ",";
    return dt;
}
```

⑦ 实现"添加其他类型的试题到 dt"的 addOther2dt()方法,代码如下。

```csharp
/// <summary>
/// 添加其他类型的试题到 dt
/// </summary>
/// <param name="dt">目标 datatable</param>
/// <param name="dtSelectContent">选项 datatable</param>
/// <param name="itemContent">试题内容</param>
/// <param name="order">试题顺序</param>
/// <param name="questionId">试题 ID</param>
/// <returns>dt 对象</returns>
public DataTable addOther2dt(
DataTable dt, DataTable dtSelectContent, string itemContent,
int rows, int order, long questionId)
{
    string stuAnswer = "答案: ";
    string name = "txtOther" + order.ToString();
    string correct = dtSelectContent.Rows[0]["selectContent"].ToString();
```

```csharp
        stuAnswer += "<textarea id=\"" + name + "\" name=\"" +
            name + "\" style=\"width:740px;font-size:12px;\" rows=\"2\"></textarea>";
        DataRow dr = dt.NewRow();
        dr["itemContent"] = stuAnswer;
        dt.Rows.Add(dr);
        //插入到答卷中：
        UtStudentAnswerDetailModel utStudentAnswerDetailModel =
                        new UtStudentAnswerDetailModel();
        utStudentAnswerDetailModel.QuestionID = questionId;
        utStudentAnswerDetailModel.RightAnswer = correct;
        utStudentAnswerDetailModel.StuAnswer = string.Empty;
        utStudentAnswerDetailModel.StudentAnswerID = stuAnswerId;
        //保存答题详情
        stuAnswerManageBLL.addStuAnswerDetail(utStudentAnswerDetailModel);
        session_stuAnswerId += stuAnswerManageBLL.queryStuAnswerDetail
(utStudentAnswerDetailModel).Id + ",";
        return dt;
    }
```

⑧ 实现"添加判断题到 dt"的 addJuge2dt()方法，代码如下。

```csharp
    /// <summary>
    /// 添加判断题到 dt
    /// </summary>
    /// <param name="dt">目标 datatable</param>
    /// <param name="dtSelectContent">选项 datatable</param>
    /// <param name="itemContent">试题内容</param>
    /// <param name="order">试题顺序</param>
    /// <param name="questionId">试题 ID</param>
    /// <returns>dt 对象</returns>
    public DataTable addJuge2dt(DataTable dt, DataTable dtSelectContent,
            string itemContent, int rows, int order, long questionId)
    {
        string stuAnswer = "答案：";
        string correct;
        if (dtSelectContent.Rows[0]["correct"].ToString() == "1")
            correct = "正确";
        else
            correct = "错误";
        string name = "rdJudge" + order.ToString();
        stuAnswer += "<input id=\"" + name + "Right\"   type=\"radio\"
            name=\"" + name + "\" value=\"正确\" />正确";
        stuAnswer += "<input id=\"" + name + "Wrong\"   type=\"radio\"
            name=\"" + name + "\" value=\"错误\" />错误";
        DataRow dr = dt.NewRow();
        dr["itemContent"] = stuAnswer;
        dt.Rows.Add(dr);
        //插入到答卷中
        UtStudentAnswerDetailModel utStudentAnswerDetailModel =
                new UtStudentAnswerDetailModel();
        utStudentAnswerDetailModel.QuestionID = questionId;
        utStudentAnswerDetailModel.RightAnswer = correct;
        utStudentAnswerDetailModel.StuAnswer = string.Empty;
        utStudentAnswerDetailModel.StudentAnswerID = stuAnswerId;
        //保存答题详情
        stuAnswerManageBLL.addStuAnswerDetail(utStudentAnswerDetailModel);
        session_stuAnswerId +=
stuAnswerManageBLL.queryStuAnswerDetail(utStudentAnswerDetailModel).Id + ",";
```

```
        return dt;
    }
```

3. 页面代码的保存与运行

代码输入完成，先将页面代码保存，然后按"F5"键或单击工具栏上的"运行"按钮运行该程序，程序运行后，学生经登录成功后，选择"网上考试"选项，打开"试卷选择"页面，在"试卷选择"页面的试卷列表中，单击"进入考试"链接，打开网上考试页面，显示如图 3-30 所示的效果。

——— 相关知识点 ———

Input HTML 控件

知识点 3-9 Input HTML 控件

Input HTML 控件，主要用于搜集用户信息，根据不同的 type 属性值，输入字段有文本字段、复选框、单选按钮、按钮等。表 3-28 所示为 Input HTML 控件常用的属性、值及描述。

表 3-28 Input HTML 控件常用的属性、值及描述

属性	值	描述
checked	checked	规定此 Input 元素首次加载时应当被选中
disabled	disabled	当 Input 元素加载时禁用此元素
maxlength	number	规定输入字段中的字符的最大长度
name	field_name	定义 Input 元素的名称
readonly	readonly	规定输入字段为只读
size	number_of_char	定义输入字段的宽度
src	URL	定义以提交按钮形式显示的图像的 URL
type	button checkbox file hidden image password radio reset submit text	规定 Input 元素的类型
value	value	规定 Input 元素的值

Input HTML 控件常见的事件有 tabindex、accesskey、onfocus、onblur、onselect、onchange、onclick、ondblclick、onmousedown、onmouseup、onmouseover、onmousemove、onmouseout、onkeypress、onkeydown 和 onkeyup。

3.4.3 子任务 3 考试结果查询页面设计

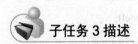
子任务 3 描述

利用 ASP.NET 的 GridView 等控件实现前台"考试结果查询"页面设计和程序设计。网

上考试系统前台"考试结果查询"页面运行效果如图 3-31 所示。

学生登录成功后,单击"考试结果"菜单项,打开"考试结果查询"页面,在页面中显示该学生的所有课程成绩。

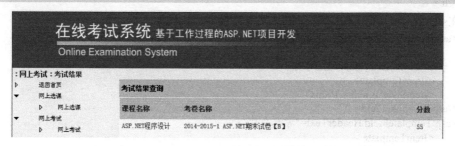

图 3-31 "考试结果查询"页面运行效果图

① 能按照代码规范进行代码的编写;
② 能熟练运用 GridView 控件进行数据的绑定;
③ 能熟练运用 GridView 控件进行分页;
④ 能熟练处理 DataTable 对象。

考试结果查询的设计主要包括页面设计和代码设计,其中代码设计包括 BLL 类库的 StuAnswerManageBLL、UvStuAnswerDetailDAL 类的修改,以及考试结果查看窗体后置代码文件的实现。

1. 添加 ExamResult.aspx 窗体

(1)在"Web"项目的"Front/oes"文件夹,添加 ExamResult.aspx 窗体,母版页选择"master/OesSite.Master"。

(2)在<asp:Content></asp:Content>标签内插入 2 行 1 列的表格。

第 1 行:显示"考试结果查询"信息,代码如下:

```
<tr>
    <th>考试结果查询</th>
</tr>
```

第 2 行:采用 GridView 控件来显示"考试结果"信息,代码如下:

```
<tr>
    <td>
        <asp:GridView ID="gvExamResult" runat="server"
AutoGenerateColumns="False"
            CellPadding="4" ForeColor="#333333" GridLines="None"
            AllowPaging="True"   PageSize="30" HeaderStyle-Height="20px"
            onpageindexchanging="gvExamResult_PageIndexChanging" >
            <Columns>

            </Columns>
            <RowStyle BackColor="#F7F6F3" ForeColor="#333333" />
            <PagerStyle BackColor="#284775" ForeColor="White"
```

```
                        HorizontalAlign="Center"/>
                    <AlternatingRowStyle BackColor="White" ForeColor="#284775" />
                </asp:GridView>
            </td>
        </tr>
```

在<Columns></Columns>标签内，采用模板列，代码如下。

```
<asp:TemplateField HeaderText="课程名称">
    <ItemTemplate >
        <%#Eval("subName") %>
    </ItemTemplate>
    <ItemStyle Width="100px" />
</asp:TemplateField>
<asp:TemplateField HeaderText="考卷名称">
    <ItemTemplate >
        <%#Eval("paperName") %>
    </ItemTemplate>
    <ItemStyle Width="400px" />
</asp:TemplateField>
<asp:TemplateField HeaderText="分数">
    <ItemTemplate >
        <%#Eval("score") %>
    </ItemTemplate>
    <ItemStyle Width="40px" />
</asp:TemplateField>
```

考试结果查询窗体用到了 1 个 GridView 控件，控件属性设置如表 3-29 所示。

表 3-29 子任务 3 内容层控件主要属性设置表

控件名	属性名	设置值
GridView1	ID	gvExamResult
	AutoGenerateColumns	False
	AllowPaging	True
	PageSize	30
	onpageindexchanging	gvExamResult_PageIndexChanging

2. ExamResult.aspx 页面功能实现

完成了 ExamResult.aspx 页面及各控件的属性设计后，还需要编写页面后置代码文件 ExamResult.aspx.cs 程序，页面的后置代码文件将调用 StuAnswerManageBL 类进行业务逻辑处理，需要修改 StuAnswerManageBLL 类进行业务处理，在其中添加"根据学生 ID，查询学生的考试结果"的方法。

（1）DAL 层实现。修改 DAL 类库中的 UvStuAnswerDetailDAL 类，添加"根据学生 ID，查询学生的考试结果"的 queryExamResult()方法，代码如下。

```
/// <summary>
/// 根据学生 ID，查询学生的考试结果
/// </summary>
/// <param name="stuId"></param>
/// <returns></returns>
public DataTable queryExamResult(long stuId)
{
    sql = "select distinct subId,paperName,score,examDate ";
    sql += "from uv_exam_studentAnswerDetail ";
    sql += "where 1=1 ";
    sql += "and stuAnswerStat='" + Common.Constants.STAT_VALID + "' ";
```

```
            if(stuId!=0)
                sql += "and stuId=" + stuId + " ";
            sql += "order by examDate desc ";
            return dbUtil.dbQuery(sql);
        }
```

（2）BLL 层实现。修改 BLL 类库中的 StuAnswerManageBLL，添加"根据学生 ID，查询学生的考试结果"的 queryExamResult()方法，代码如下。

```
/// <summary>
/// 根据学生 ID，查询学生的考试结果
/// </summary>
/// <param name="stuId"></param>
/// <returns></returns>
public DataTable queryExamResult(long stuId)
{
    return uvStuAnswerDetailDAL.queryExamResult(stuId);
}
```

（3）页面后置代码文件实现。编写 ExamResult.aspx 窗体后置代码文件 ExamResult.aspx.cs 的程序。

ExamResult.aspx 窗体后置代码文件 ExamResult.aspx.cs 的程序包括 Page_Load 事件和成绩列表 gvExamResult 控件的分页事件。

① 添加类体变量，代码如下。

```
/// <summary>
/// 学生答卷管理业务处理对象
/// </summary>
private StuAnswerManageBLL stuAnswerManageBLL = new StuAnswerManageBLL();
```

② 添加 data2Page()方法，代码如下。

```
private void data2Page()
{
    long stuId = Convert.ToInt64(Session[Common.Constants.SESSION_USER_ID]);
    DataTable dt = stuAnswerManageBLL.queryExamResult(stuId);
    //添加课程名称
    dt.Columns.Add("subName");
    SubManageBLL subManageBLL = new SubManageBLL();
    for (int i = 0; i < dt.Rows.Count; i++)
    {
        DataRow dr = dt.Rows[i];
        long subId = Convert.ToInt64(dr["subId"]);
        dr["subName"] = subManageBLL.querySubById(subId, false).SubName;
    }
    WebCommonUtil.dt2GridView(dt, gvExamResult);
}
```

③ Page_Load 事件代码如下，代码如下。

```
if (Page.IsPostBack == false)
    data2Page();
```

④ 成绩列表 gvExamResult 控件的分页事件，代码如下。

```
gvExamResult.PageIndex = e.NewPageIndex;
data2Page();
```

3. 页面代码的保存与运行

代码输入完成，先将页面代码保存，然后按"F5"键或单击工具栏上的"运行"按钮运行该程序，程序运行后，学生经登录成功后，单击"考试结果"选项，打开"考试结果查询"页面，显示如图 3-31 所示的效果。

3.5 任务5：网上考试系统测试

任务描述

完成"网上考试"单元测试。目的是测试"网上考试"页面能否完成网上考试的功能。

技能目标

① 能掌握网上考试系统"网上考试"单元测试用例的设计方法；
② 能学会利用设计的单元测试用例进行"网上考试"单元测试。

操作要点与步骤

（1）学生登录前台，选择"网上考试"导航菜单打开试卷列表页面，从试卷列表页面中选择"进入考试"链接，则学生可进入到考试页面，为单元测试做好准备工作。

（2）按表3-30设计网上考试系统"考试"单元测试用例。

表3-30 网上考试系统"考试"单元测试用例

"考试"单元测试用例设计					
"考试"功能是否正确					
前提条件					
1. 已正确生成测试用的试卷 2. 进入此前台人员为学生					
输入/动作					
页面（PaperExam.aspx）					
测试用例阶段				实际测试阶段	
页面操作	判断方法		期望输出	实际输出	备注
打开页面	1. 开考到开考15分钟之内允许考试 2. 查看 ut_exam_paper 数据表		非考试时间弹出不允许考试 页面考生信息、试卷信息、考题信息与数据库信息一致	与期望一致	
交卷	查看 uv_exam_studentAnswerDetail 视图		考生答题情况与实际考试情况一致	与期望一致	
数据表（ut_exam_studentAnswer）					
测试用例阶段				实际测试阶段	
字段名称	描述	判断方法	期望输出	实际输出	备注
ID	主键，自动增长	在数据库中查看	自动增长	与期望一致	
papered	试卷ID	写入数据与考生考卷ID是否相等	写入数据与考生考卷ID一致	与期望一致	
stuId	学生ID	写入数据与考生ID是否相等	写入数据与考生ID一致	与期望一致	
startTime	考试开始时间	写入数据与开考时间是否相等	写入数据与开考时间一致	与期望一致	

续表

字段名称	描述	测试用例阶段		实际测试阶段	
		判断方法	期望输出	实际输出	备注
endTime	考试结束时间	写入数据与终考时间是否相等	1. 开考时数据为 1900-01-01 00:00:00 2. 交卷时写入交卷时间	与期望一致	
score	考试成绩	写入数据是否为 0	写入数据位 0	与期望一致	
stat	答卷状态	写入数据是否为 0	写入数据位 0	与期望一致	

数据表（ut_exam_studentAnswerDetail）

字段名称	描述	测试用例阶段		实际测试阶段	
		判断方法	期望输出	实际输出	备注
ID	自动增长	在数据库中查看	自动增长	与期望一致	
studentAnswerId	答卷 ID	查看 ut_exam_studentAnswer 表的 ID	与 ut_exam_studentAnswer 表 ID 值一致	与期望一致	
questionId	试题 ID	查看 uv_exam_paperDetail 视图进行比较	与 uv_exam_paperDetail 视图中的 questionId 一致	与期望一致	
rightAnswer	正确答案	查看 uv_exam_paperDetail 视图进行比较	与 uv_exam_paperDetail 视图中的正确的 selectContent 一致	与期望一致	
stuAnswer	学生答案	查看 ut_exam_studentAnswerDetail 视图进行比较	与页面答卷数据一致	与期望一致	
result	答题结果	为 0	为 0	与期望一致	

期望输出	
"考试"模块功能均正确实现	
实际情况（测试时间与描述）	
功能正确实现	
测试结论	通过

（3）按表 3-30 设计网上考试系统"考试"单元测试用例进行测试：根据表中测试用例的"判断方法"测试"实际输出"是否与"期望输出"的一致。

（4）按表 3-30 设计网上考试系统"考试"单元测试用例进行实际的测试，测试所有的"期望输出"是否全部满足，最后得出"测试结论"是通过或不通过。

3.6 任务 6：部署、维护（创建 Windows 安装程序包部署 Web 应用程序）

任务描述

使用"创建 Windows 安装程序包部署 Web 应用程序"的功能来安装部署网上考试系统。采用情境 2 预编译网站的方法，对情境 3 的系统进行预编译，然后对预编译的系统创建

Windows 安装程序包并进行安装部署。

技能目标

掌握"创建 Windows 安装程序包部署 Web 应用程序"功能的操作。

操作要点与步骤

（1）发布 Web 站点。参照情境 2 的"部署、维护"，将"网上考试系统"发布到"C:\oes"文件夹中。

（2）创建 Windows 安装部署包。

① 打开预编译网站的文件夹"C:\oes"。打开 Visual Studio 2010，依次选择"文件"→"打开"→"网站(E)…"命令，在弹出的对话框中，选择预编译网站存放的"C:\oes"文件夹。

② 生成解决方案。在解决方案资源管理器中，右击"解决方案 'oes'"选项，选择"生成解决方案"选项，将解决方案保存到一个文件夹中，如"C:\oes"文件夹。

③ 添加 Web 安装项目。在解决方案资源管理器中，右击解决方案，选择"添加"→"新建项目(N)…"命令，打开如图 3-32 所示的窗口，在名称文本框中输入"OesWebSetup"，单击"确定"按钮，完成 Web 安装项目的添加。

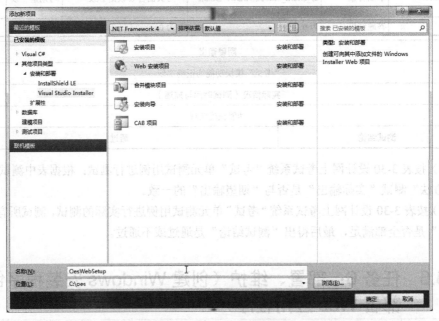

图 3-32 "添加新项目"窗口

④ 打开预编译网站的文件夹"C:\oes"在"OesWebSetup"项目上右击，从弹出的快捷菜单中，选择"属性"选项，打开属性页设置窗口，如图 3-33 所示。

在图 3-33 中，单击"系统必备"按钮，打开"系统必备"对话框，如图 3-34 所示。

在图 3-34 中，选择"Microsoft .NET Framework 4 Client Profile(x86 和 x64)"选项，同时选择"从与我的应用程序相同的位置下载系统必备组件"单选按钮。单击"确定"按钮，完成"系统必备"的设置。

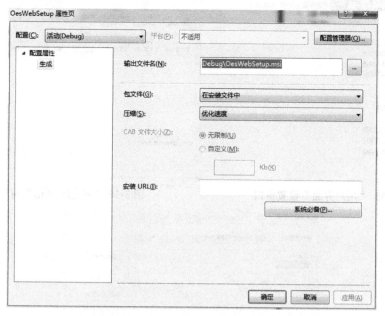

图 3-33 "Oes WebSetup 属性页"窗口

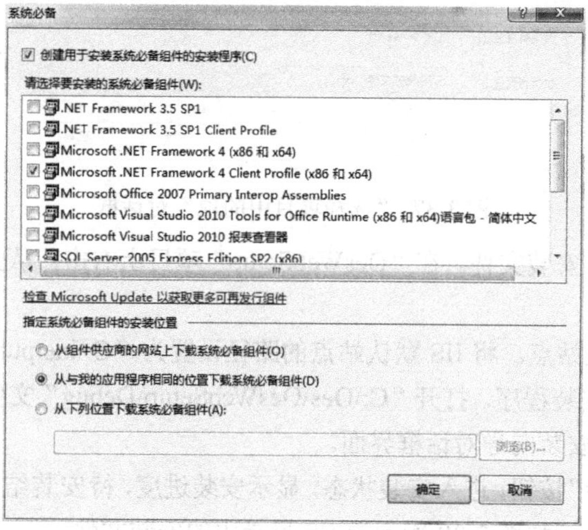

图 3-34 "系统必备"对话框

⑤ 启动设置。在"OesWebSetup"项目上右击,从弹出的快捷菜单中,选择"视图"→"用户界面"命令,打开"用户界面"设置窗口,如图 3-35 所示。

右击"启动"选项,从弹出的快捷菜单中,选择"添加对话框"选项,打开如图 3-36 所示的"添加对话框"窗口。

在图 3-36 中,选择"许可协议"选项,单击"确定"按钮,完成"许可协议"对话框的添加。在图 3-35 中,单击"许可协议"选项,在属性窗口中,点击 LicenseFile 属性右侧的下拉箭头,选择"浏览…"命令,打开"选择项目中的项"对话框,如图 3-37 所示。

在图 3-37 中,选中许可协议文件后,单击"添加文件"按钮,将许可协议文件添加到项目中,单击"确定"按钮,完成 LicenseFile 属性的设置。

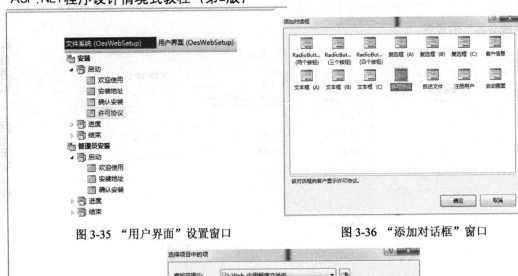

图3-35 "用户界面"设置窗口　　　　　图3-36 "添加对话框"窗口

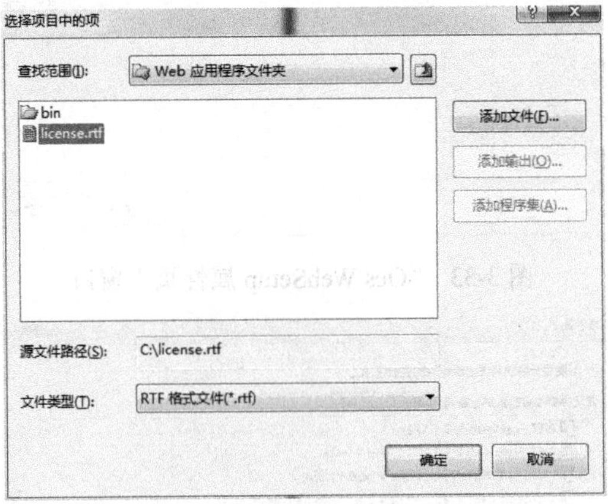

图3-37 "选择项目中的项"对话框

⑥ 生成Windows安装文件。在"OesWebSetup"项目上右击，从弹出的快捷菜单中，选择"生成"命令。

（3）配置IIS默认站点。将IIS默认站点的路径设置为"C:\inetpub\wwwroot"。

（4）运行生成的安装程序。打开"C:\Oes\OesWebSetup\Debug"文件夹，单击"setup.exe"文件，进入如图3-38安装向导对话框界面。

连续单击"下一步"按钮，进入安装状态，显示安装进度，待安装结束后，打开"C:\inetpub\wwwroot"文件夹，显示如图3-39所示的IIS目录中的安装文件。

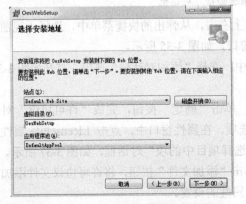

图3-38 "OesWebSetup"安装向导对话框

图3-39 IIS目录中的安装文件

（5）运行。在浏览器中输入网址，如"http://192.168.107.222/OesWebSetup/"打开网上考试系统，如图 3-40 所示。

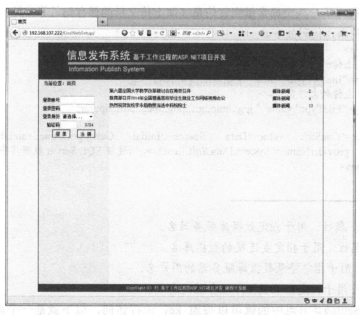

图 3-40　系统运行效果图

说明

添加其他特性到 Windows 安装程序，例如，自定义的动作、运行条件、文件类型相关和注册设定。关于这些特性的更多细节，请参阅 Visual Studio 2010 文档。

相关知识点

<appSettings>节点、<connectionStrings>节点、<configSections>节点、<system.web>节点（<authentication>、<authorization>、<customErrors>、<compilation>、<globalization>（全球化设置）和<sessionState>）

当新建一个 ASP.NET 网站时，项目中都会自动添加一个名叫 Web.config 的 XML 文件，它用来储存 ASP.NET Web 应用程序的配置信息。

Web.config 文件是一个 XML 文本文件，它用来储存 ASP.NET Web 应用程序的配置信息（如最常用的设置 ASP.NET Web 应用程序的身份验证方式），它可以出现在应用程序的每一个目录中。当通过 ASP.NET 新建一个 Web 应用程序后，默认情况下会在根目录下自动创建一个默认的 Web.config 文件，包括默认的配置设置，所有的子目录都继承它的配置设置。如果想修改子目录的配置设置，开发人员可以在该子目录下新建一个 Web.config 文件。它可以提供除从父目录继承的配置信息以外的配置信息，也可以重写或修改父目录中定义的设置。

Web.config 是以 XML 文件规范存储的，它的根节点是<configuration>，即所有的配置节点都应包括在<configuration></configuration>中。在<configuration>节点下的常见子节点有：<appSettings>、<connectionStrings>、<configSections>和<system.web>。

知识点 3-10 <appSettings>节点

<appSettings>节点元素以"键/值"对的形式配置，<appSettings>节点元素除了可以存储 ASP.NET 应用程序的一些全局常量配置信息（如上传文件的保存路径等）外，还可以设置连接数据库的字符串，代码如下。

```
<appSettings>
    <!--允许上传的图片格式类型-->
    <add key="ImageType" value=".jpg;.bmp;.gif;.png;.jpeg"/>
    <!--允许上传的文件类型-->
    <add key="FileType" value=".jpg;.bmp;.gif;.png;.jpeg;.pdf;.zip;.rar;.xls;.doc"/>
    <add key="ConStr" value="Data Source=.;Initial Catalog=OnlineExamDB;User ID=sa;Password=1234" providerName="System.Data.SqlClient" />  //连接 SQL Server 数据库字符串
</appSettings>
```

🔍 说明

Data Source 属性：用于指定数据库服务器名。
Database 属性：用于指定要连接的数据库名。
Uid 属性：用于指定登录数据库服务器的用户名。
Pwd 属性：用于指定登录数据库服务器的密码。

对于<appSettings>节点中的值可以按照 key 进行访问，以下就是一个读取 key 值为 "ConStr"节点值的例子，访问 Web.config 文件时，可以通过如下代码来获取上面例子中建立的连接字符串。

```
SqlConnection conn = new SqlConnection (System.Configuration. ConfigurationManager. AppSettings["ConStr "].ToString());
```

这样做的好处是一旦开发时所用的数据库和部署时的数据库不一致，仅仅需要用记事本之类的文本编辑工具编辑<appSettings>节点元素的"键/值"对即可。

知识点 3-11 <connectionStrings>节点

Web.config 配置文件中有两个节点元素（<appSettings>元素和<connectionStrings>元素）均可配置数据库连接，<connectionStrings>元素专门用来配置数据库的连接字符串。

在<connectionStrings>节点中通过增加任意个节点来保存数据库连接字符串，将来在代码中通过代码的方式动态获取节点的值来实例化数据库连接对象，这样一旦部署时数据库连接信息发生变化仅需要更改此处的配置即可，而不必因为数据库连接信息的变化而需要改动程序代码和重新部署。

以下就是一个<connectionStrings>节点配置的例子。

在 Web.config 文件的<connectionStrings>…</connectionString>节点中添加以下代码，连接 SQL Server 数据库。

```
<connectionStrings >
    <add name="DBConnectionString" connectionString="Data Source=.;Initial Catalog=OnlineExamDB;User ID=sa;Password=1234" providerName= "System.Data. SqlClient" />
</connectionStrings>
```

在代码中可以读取 Web.config 文件的<connectionStrings>节点配置实例化数据库连接对象，下面的代码为读取 Web.config 节点配置实例化 SqlConnection 对象。

```
SqlConnection conn = new SqlConnection (System.Configuration.ConfigurationManager. ConnectionStrings["DBConnectionString"].ConnectionString);
```

这样做的好处是一旦开发时所用的数据库和部署时的数据库不一致，仅仅需要用记事本之类的文本编辑工具编辑<connectionStrings>元素的值即可。

🔍 说明

① 在 Web.config 中可以设置很多方面的内容,但并不是所有的设置都需要在 Web.config 中亲自编写。例如连接数据库时,Visual Studio 会自动将连接字符串写入 Web.config 中。
② 通过使用下面的代码可以获取上面例子中建立的连接字符串"DBConnectionString"。
SqlConnection conn = new SqlConnection (System.Configuration. ConfigurationManager. ConnectionStrings["DBConnectionString"].ConnectionString);

知识点 3-12 <configSections>节点

为了增加应用程序的可移植性,通常网站需要配置一些自定义的节点,实现自己的节点。通过下面的例子来说明<configSections>节点的使用方法。

在 Web.config 中加入<configSections>节点信息,代码如下。

```
<configSections>
    <sectionGroup name="WebSiteInfo">
        <section name="basicInfo" type="ConfigurationSectionTest.WebSiteInfoHandler"/>
        <section name="fileUpload" type="ConfigurationSectionTest.WebSiteInfoHandler"/>
    </sectionGroup>
</configSections>
<WebSiteInfo>
    <basicInfo>
        <add key="name" value="huchen's homepage"/>
        <add key="version" value="1.0"/>
    </basicInfo>
    <fileUpload>
        <add key="fileUploadPath" value="E:\\MyHomePage\\Web\\Upload\\"/>
        <add key="fileUploadSizeMax" value="2M"/>
    </fileUpload>
</WebSiteInfo>
```

以上在 WebSiteInfo 节点下定义了两个节点 basicInfo 和 fileUpload,并定义了节点处理程序类 ConfigurationSectionTest.WebSiteInfoHandler,并且随后运用了自己定义的节点。

在 App_Code 里新建一个类 ConfigurationSectionTest.WebSiteInfoHandler,如下显示的是节点处理程序类 ConfigurationSectionTest.WebSiteInfoHandler 的内容,代码如下。

```
namespace ConfigurationSectionTest
{
///<summary>
///WebSiteInfoHandler 的摘要说明
///</summary>
    public class WebSiteInfoHandler extends IconfigurationSectionHandler
    {
        public WebSiteInfoHandler()
        {
//TODO: 在此处添加构造函数逻辑
}
#region IConfigurationSectionHandler 成员

public object Create(object parent, object configContext, System.Xml.XmlNode section)
    {
//这里首先返回一个 hello,并且在此处设置一个断点。看看程序什么时候执行到这
        return "hello";
    }
```

```
            #endregion
        }
}
```

然后在 Default.aspx 的 Page_Load 事件处理程序中去访问自定义的节点，并在 ConfigurationSettings.GetConfig("WebSiteInfo/basicInfo")这条语句上设置断点，代码如下。

```
protected void Page_Load(object sender, EventArgs e)
{
    Object o = ConfigurationSettings.GetConfig("WebSiteInfo/basicInfo");
}
```

启动调试，程序首先执行到 ConfigurationSettings.GetConfig("WebSiteInfo/basicInfo")语句。接着执行到 ConfigurationSectionTest.WebSiteInfoHandler 中的 Create 函数。此时 Create 函数中参数的值如下：

parent 为 null；

configContext 为配置上下文对象；

section 的 InnerXml 为<add key="name" value="huchen's homepage" /><add key="version" value="1.0" />

单击继续执行程序按钮，程序执行 return "hello"语句。在执行完 Object o = ConfigurationSettings.GetConfig("WebSiteInfo/basicInfo")语句后"o"的值为"hello"。

当读取自定义节点的内容时，程序去执行定义的节点处理程序，并把节点中的内容传给 Create 函数中的参数。然后执行 Create 函数体并返回结果给调用者，也就是 ConfigurationSettings.GetConfig("WebSiteInfo/basicInfo")。

知识点 3-13　<system.web>节点

<system.web>节点下常用的子节点有<authorization>、<authentication>、<customErrors>和<compilation>等。

（1）<authentication>子节点。<authentication>子节点用来设置 ASP.NET 身份验证模式，有4种身份验证模式，它们的值分别如表 3-31 所示。

表 3-31　4 种身份验证模式

模式	说明
Windows	使用 Windows 身份验证，适用于域用户或者局域网用户
Forms	使用表单验证，依靠网站开发人员进行身份验证
Passport	使用微软提供的身份验证服务进行身份验证
None	不进行任何身份验证

<authentication>子节点控制用户对网站、目录或者单独页的访问，必须配合<authorization>节点一起使用。

任务：验证用户身份成功，并登录后台 admin 文件夹里的 admin.aspx 后台管理页面，否则禁止匿名用户访问项目中的 admin 文件夹里的任何一个文件。

在根目录下的 Web.config 中加入如下代码。

```
<system.web>
    <authentication mode="Forms">
        <forms loginUrl = "Login.aspx" defaultUrl = "admin/admin.aspx"  name = ".ASPXFORMSAUTH">
        </forms>
    </authentication>
</system.web>
```

loginUrl：用户没有登录，跳转到的登录页面。
defaultUrl：正确登录之后，在没有指向页时，默认跳转的页面。
Name：表示 Cookie 的名称为.ASPXFORMSAUTH。
要完成上面的任务还必须对<authorization>子节点进行配置。

（2）<authorization>子节点。<authorization>子节点是授权节点，授权的目的是确定是否应该授予给定资源请求的访问权限。有两种基本方式来授予对给定资源的访问权限：文件授权和 URL 授权。

① 文件授权：文件授权由 FileAuthorizationModule 执行，它在使用 Windows 身份验证时处于活动状态。它执行.aspx 或.asmx 处理程序文件的访问控制列表（ACL）检查以确定用户是否应其具有访问权限。应用程序可以进一步使用模拟在正在访问的资源上进行资源检查。

② URL 授权：URL 授权由 URLAuthorizationModule 执行，它将用户和角色映射到 URL 命名空间的块上。此模块实现正和负两种授权断言。也就是说，对于某些集、用户或角色，该模块可用于有选择地允许或拒绝对 URL 命名空间的任意部分的访问。

URLAuthorizationModule 在任何时候都是可用的。只需在配置文件的<authorization>部分的<allow>或<deny>元素中放置用户和（或）角色的列表即可。

要完成上面的任务还必须对<authentication>子节点进行配置。在 admin 文件夹下新建一个 Web.config 文件，并加入以下代码。

```
<system.web>
    <!--拒绝匿名用户访问此目录下的任何文件-->
    <authorization>
        <deny users="?"/>
    </authorization>
</system.web>
```

其中，deny users="?" 表示禁止匿名用户访问 admin 目录下的任何文件。

此时若访问 admin 下的任何文件，都会自动跳转到 Login.aspx 登录页面，要求必须先登录，否则访问不到未经授权的页面。

以下代码向 Kim 和管理角色的成员授予权限，而拒绝 John 和所有匿名用户。

```
<authorization>
    <allow users="Kim"/>
    <allow roles="Admins"/>
    <deny users="John"/>
    <deny users="?"/>
</authorization>
```

（3）<customErrors>子节点。<customErrors>子节点用于定义一些自定义错误信息的信息。此节点有 Mode 和 defaultRedirect 两个属性。其中 defaultRedirect 属性是一个可选属性，表示应用程序发生错误时重定向到的默认 URL，如果没有指定该属性则显示一般性错误；Mode 属性是一个必选属性，它有三个可能值，它们所代表的意义分别如表 3-32 所示。

表 3-32 < customErrors >子节点的 Mode 属性值

Mode	说　　明
On	表示在本地和远程用户都会看到自定义错误信息
Off	禁用自定义错误信息，本地和远程用户都会看到详细的错误信息
RemoteOnly	表示本地用户将看到详细错误信息，而远程用户将会看到自定义错误信息

在开发调试阶段为了便于查找错误，Mode 属性建议设置为 Off，而在部署阶段应将 Mode 属性设置为 On 或者 RemoteOnly，以避免这些详细的错误信息暴露了程序代码细节从而引来黑客的入侵。

配置<customErrors>代码如下。

```
<customErrors mode="On" defaultRedirect="GenericErrorPage.htm">
    <error statusCode="403" redirect="403.htm" />
    <error statusCode="404" redirect="404.htm" />
</customErrors>
```

在<customErrors>子节点下还包含有<error>子节点，<error>子节点主要是根据服务器的 HTTP 错误状态代码而重定向到自定义的错误页面，注意要使<error>子节点下的配置生效，必须将<customErrors>子节点的 Mode 属性设置为"On"或"RemoteOnly"。

在上面的配置中如果用户访问的页面不存在就会跳转到 404.htm 页面，如果用户没有权限访问请求的页面则会跳转到 403.htm 页面。403.htm 和 404.htm 页面都是自己添加的页面，可以在页面中给出友好的错误提示。

（4）<compilation>子节点。<compilation>子节点配置 ASP.NET 使用的所有编译设置。默认的 Debug 属性为"True"，即允许调试，在这种情况下会影响网站的性能，所以在程序编译完成交付使用之后应将其设为"False"，这样会改善网站的性能。

（5）<globalization>子节点（全球化设置）。为了使网站适应全球化，可以在 Web.config 文件中配置相应的设置，使网站符合当地的使用习惯，步骤如下。

① 新建一个网站，默认主页是 Default.aspx。

② 打开 Web.config 文件。

③ 在 Web.config 文件的<system.web>…</system.web>节点中添加以下代码，使网站符合中文习惯。

```
<globalization
    fileEncoding="gb2312"
    requestEncoding=" gb2312"
    responseEncoding=" gb2312"
    culture="zh-CN"/>
```

需要设置的属性如下。

● RequestEncoding 属性：指定 Request 请求的编码方式，默认为 UTF-8 编码，大多数情况下 RequestEncoding 和 ResponseEncoding 属性的编码应该相同。

● ResponseEncoding 属性：指定 Response 响应的编码方式，默认为 UTF-8 编码。

● FileEncoding 属性：指定扩展名为.aspx、.asmx 和.asax 文件默认的编码方式。

● Culture 属性：指定本地化的语系地区，不同的地区拥有不同的日期时间格式、数字等默认的本地化设定。

（6）<sessionState>子节点。Session 变量其实指的就是访问者从到达某个特定主页到离开为止的那段时间。每个访问者都会单独获得一个 Session。在 Web 应用程序中，当一个用户访问该应用时，Session 类型的变量可以供这个用户在该 Web 应用的所有页面中共享数据。

Session 变量在 ASP.NET 中有着很广泛的用途，尤其是有会员的系统必须要用到。如会员的登录账号、时间、状态，以及许许多多该记录的实时数据（如购物系统记录使用者的购物篮内的商品），这些信息属于使用者私人所有，通常开发者都是使用 Session 记录处理。通过 Session 对象来记录使用者私有的数据变量，供用户再次对服务器提出要求时做出确认，用户在程序的 Web 页面之间跳转时，存在 Session 对象中的变量将不会消失。下面通过范例讲解如何在 Web.config 中设置 Session 变量的生命周期，步骤如下。
① 新建一个网站，默认主页是 Default.aspx。
② 打开 Web.config 文件。
③ 在 Web.config 文件的<system.web>…</system.web>节点中添加以下代码。

<sessionState mode="InProc" timeout="10"></sessionState >

设置 Session 变量的生命周期为 10 分钟。

配置 Session 变量的生命周期是在<sessionState>…< sessionState />中，需要设置以下几个属性。

- Mode 属性：Off 表示禁止会话状态；Inproc 表示工作进程自身存储会话状态；StateServer 表示将会话信息存放在一个单独的 ASP.NET 状态服务中；SqlServer 表示将把会话信息存放在 SQL Server 数据库中。
- StateConnectionString 属性：用于设置 ASP.NET 应用程序存储远程会话状态的服务器名，默认是本地名。
- Cookieless 属性：该参数为 True 时，表示不使用 Cookie 会话标识客户；反之，为 False 时，表示启动会话状态。
- Timeout 属性：该参数用于设置会话时间，超过该期限，会话自动中断，默认为 20，就是指 Session 变量的超时期限是 20 分钟。

练习园地 3

一、基础题

1. 简述在操作使用 Ajax 后的页面时有什么不同。
2. 简述 ASP.NET 的 Ajax 扩展控件几个常见控件的作用。哪些控件是必须要的？
3. 本系统在开发中，为学习情境 3 "网上考试系统" 单独开发了一个母版页，请说出为什么要这样开发。
4. 可以通过设置标准 HTML 中 Input 的 type 属性为 button，达到在页面上显示一个 button 的目的，这个 button 和 ASP.NET 提供的 Button 控件有何区别？请比较它们的优缺点。
5. 网上考试系统中，试卷详情查看和网上考试页面均未基于母版页进行开发，请说出原因。
6. 网上考试系统中，试卷详情查看和网上考试页面均使用了 DataList 控件来显示 table 中的信息，请说出 DataList 的结构。
7. 结合网上考试页面的 Load 事件，分析如何防止一个学生多次考同一门课程。
8. 请说出 DropDownList 控件的 AutoPostBack 属性的作用。如果需要几个 DropDownList 进行级联时，是否一定要设置 AutoPostBack 为 True？

二、实战题

1. 参考试卷生成页面，完成对已有试卷进行修改的页面。
2. 试卷生成页面中，根据各章节进行选题，在保存时没有进行校验章节选题数和章节中最大试题数量之间的关系，选题数应不大于最大试题数量，根据这一关系，对试卷生成页面进行改进。
3. 如何避免选课审核未通过的学生查看课程试卷的情况？

三、挑战题

1. 试卷详情页面暂未考虑权限，结合所学的知识，请完成只有任课教师，才能打开试卷详情页面的功能。

2. 请参照"网上考试系统"的实现过程，改造学习情境 2 "网上选课系统"，使学习情境 2 支持 Ajax。